医疗建设系列丛书

医学实验室设计与建设指南

曹国庆 主编

中国建材工业出版社

图书在版编目（CIP）数据

医学实验室设计与建设指南/曹国庆主编．--北京：
中国建材工业出版社，2023.9
（医疗建设系列丛书）
ISBN 978-7-5160-3753-9

Ⅰ.①医…　Ⅱ.①曹…　Ⅲ.①医学检验—实验室—建
筑设计—指南　Ⅳ.①TU244.5-62

中国国家版本馆 CIP 数据核字（2023）第 079952 号

内容提要

本书系统地介绍了医学实验室设计与建设技术及相关知识。全书共 8 章，分别为总则、规划布局、建筑装饰、机电工程、建设要点、工程检测和验收、实验室低碳发展路径、工程案例。学习本书，读者可以全面了解和掌握医学实验室尤其是医院临床实验室建筑各专业的设计与建设技术。

本书可供开展医学实验室咨询设计、施工安装、检测验收和运行维护的工程技术人员参考，也可供医学实验室管理人员和教学人员参考。

医学实验室设计与建设指南
YIXUE SHIYANSHI SHEJI YU JIANSHE ZHINAN
曹国庆　主编

出版发行：中国建材工业出版社
地　　址：北京市海淀区三里河路 11 号
邮　　编：100831
经　　销：全国各地新华书店
印　　刷：北京印刷集团有限责任公司
开　　本：787mm×1092mm　1/16
印　　张：11.75
字　　数：280 千字
版　　次：2023 年 9 月第 1 版
印　　次：2023 年 9 月第 1 次
定　　价：**79.80 元**

本社网址：www.jccbs.com，微信公众号：zgjcgycbs

编写委员会

组织单位： 中国建筑文化研究会医院建筑与文化分会　　洁净园

主　　编： 曹国庆　中国建筑科学研究院有限公司

副 主 编： 胡冬梅　中国合格评定国家认可中心

郑　磊　南方医科大学南方医院

张美荣　中国建筑文化研究会医院建筑与文化分会

刘志坚　华北电力大学

白浩强　西安四腾环境科技有限公司

代苏义　北京戴纳实验科技有限公司

曹毓琳　唐颐控股（深圳）有限公司

编　　者：（按姓氏笔画顺序排列）

王　焘　中国中元国际工程有限公司

王利新　宁夏医科大学总医院

王雨欣　北京建筑大学城市经济与管理学院

车团结　兰州百源基因技术有限公司

叶　帅　上海风神环境设备工程有限公司

刘　九　青岛市中心医院

孙　波　中科建（青岛）工业设计有限公司

江志杰　北京市药品检验研究院

曲秋波　青岛腾远设计事务所有限公司

年福龙　上海柏慕净化工程有限公司

吴　俊　北京积水潭医院

吴伟清　中国医学科学院阜外医院深圳医院

张小云　郑州瑞孚净化科技有限公司

张理伦　河南省城乡规划设计研究总院股份有限公司

张瑞萍　北京洁净园环境科技有限公司

李正涛　同济大学建筑设计研究院（集团）有限公司

陈兴忠　中国中元国际工程有限公司

陈　翔　重庆欧偌医疗科技有限公司

陈锡福　无锡莱姆顿科技有限公司

严建敏　上海市卫生建筑设计研究院有限公司

余俊祥　浙江大学建筑设计研究院有限公司

杨晓林　南京久诺科技有限公司

周骥平　江苏科仕达实验室环保科技有限公司

姚　勇　北京积水潭医院

贺　涛　西安四腾环境科技有限公司
姜国娟　天津市建筑设计研究院有限公司
钱　华　东南大学
徐　军　上海榕德新材料科技（集团）有限公司
徐绍坤　唐颐控股（深圳）有限公司
栾　波　青岛大学附属医院
莫　慧　天津市建筑设计研究院有限公司
袁芳玲　武汉华康世纪医疗股份有限公司
蒋晋生　中国疾病预防控制中心
编写秘书：李晓婷　宣　泽　王　帅　金　蕊　李冬杰　张艳娥

前　言

近年来疫情频发，对全球经济发展、人民生命财产、公共卫生安全、社会和谐稳定都造成了重大影响。医院、核酸检测实验室是疫情防控的主战场，也是医护人员健康和生命的庇护所。在抗击疫情的过程中，医学实验室发挥了重要的保障作用。由于新需求的激增，医学实验室的设计与建设越来越受到人们的关注。

医学实验室承担着对临床样本进行检测的任务，临床样本均为具有潜在危险性的感染性样本，含有大量的细菌、病毒及真菌等病原微生物（如 HIV、结核分枝杆菌、新冠病毒等），可以说，医学实验室是医院建筑中生物安全风险相对较高的场所，因此应重视和加强医学实验室的建设和规范化管理。

医学实验室工作内容广泛，具有多学科交叉融合的特点（涉及生物化学、分子生物学、微生物学、细胞生物学、免疫学、病理生理学、组织胚胎学、药理学及临床医学等），其设计建设与常规民用建筑有较大差异，很多非常有经验的民用建筑设计机构在进行医学实验室设计时也会一筹莫展。

为此，我们编写了《医学实验室设计与建设指南》一书，旨在为医学实验室设计人员、施工人员、检测人员和运行维护人员提供一些参考和帮助，也可供医学实验室管理人员和教学人员参考。本书的出版得到了中国建筑科学研究院有限公司科研基金项目——医院和生物安全实验室绿色低碳设计方法与关键技术研究及示范（项目编号：20220106330730007）的资助。

本书由中国建筑文化研究会医院建筑与文化分会组织行业专家编写而成，得到了国内医学实验室设计与建设领域权威专家的大力支持，在此一并表示衷心感谢。由于时间匆忙，成稿仓促，书中难免有疏漏和谬误之处，希望广大同仁在使用过程中提出宝贵意见。

编　者

2023 年 3 月

目 录

CONTENTS

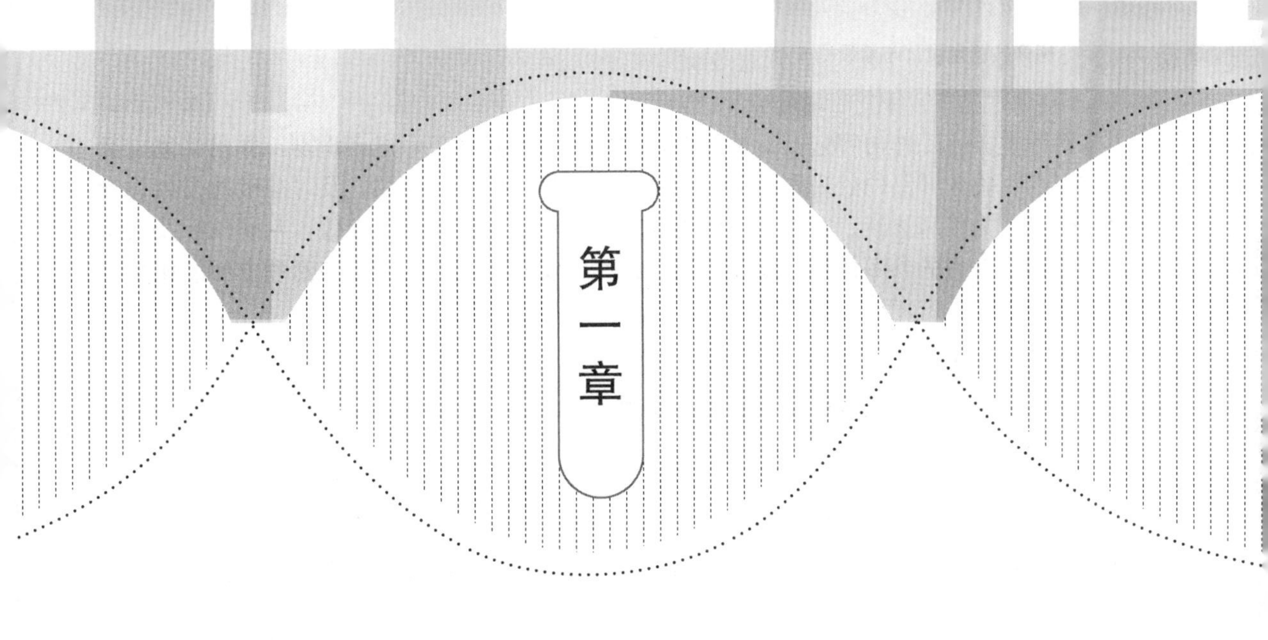

总　则

第一节　医学实验室定义及工作内容

一、医学实验室定义

ISO 15189：2012《医学实验室　质量和能力的要求》（Medical laboratories—Requirements for quality and competence）（以下简称“ISO 15189”）给出了医学实验室的定义，我国国家标准 GB/T 22576.1—2018《医学实验室　质量和能力的要求　第 1 部分：通用要求》等同采用了 ISO 15189，在 3.11 中给出了医学实验室的定义。

医学实验室（medical laboratory）/临床实验室（clinical laboratory）：以提供人类疾病诊断、管理、预防和治疗或健康评估的相关信息为目的，对来自人体的材料进行生物学、微生物学、免疫学、化学、血液免疫学、血液学、生物物理学、细胞学、病理学、遗传学或其他检验的实验室，该类实验室也可提供涵盖其活动的各方面咨询服务，包括结果解释和进一步适当检查的建议。这些检验也包括确定、测量或其他描述各种物质或微生物存在与否的程序。

二、主要工作内容

ISO 15189 规定了医学实验室质量和能力的要求，包含了医学实验室为证明其按质量管理体系运行、具有相应技术能力并能提供正确的技术结果所必须满足的要求，我国的医学实验室同时应遵守国家相关法律法规的要求。

医学实验室工作内容包括：检验申请的安排，患者准备，患者识别，样品采集、运送和保存，临床样品的处理和检验以及后续的解释、报告及建议，及时准确地提供检验结果信息，为临床诊断、筛查、监测疾病发展过程，观察患者的疗效，判断预后及疾病康复等提供有力的参考依据。此外，还包括医学实验室工作的安全和伦理方面的相关事项。部分工作内容简介如下。

（一）样品的运送

指采集的样品运送至医学实验室的过程。目前，多数医学实验室采用以下两种方式进行运送。

1. 人工样品运送

人工样品运送是指采用人力将样品运送至医学实验室的过程，该过程应做到专人、专业，遵守运送要求并记录，以避免样品运送过程中因客观、主观因素造成检验结果错误。

2. 物流系统传输

主要分为两种：气动物流传输系统和箱式物流传输系统。

气动物流传输系统指以压缩机为动力，借助机电技术和计算机控制技术，通过网络管理和监控，将各临床科室样本运输至实验室的过程。

箱式物流传输系统指在计算机控制下，采用轨道或者自动运输车的形式将样本输送至实验室的过程。

人员运送易受人为因素影响，越来越多的医院开始使用物流传输系统，提高了样品运送效率，优化了整个样品运输流程，提升了医院现代化水平。

（二）样品的处理

样品采集、运送过程结束后，工作人员需根据检验项目的要求，对样品进行相应的处理。常规处理有样品质量检查、样品离心、切片处理、分拣上机、暂存处理、废弃处理等。具体处理方式应按实际需求进行选择。

1. 样品质量检查

样品质量检查是检验前的重要环节，其包括但不限于以下几点：

（1）样品标签信息与申请单信息是否一致；

（2）样品量是否准确（如样品量太少，不足以完成检验所要求的检测量，未按规定要求留取样品或留取过程中有溢洒，凝血检验样品量过多或过少等）；

（3）抗凝样品是否凝固；

（4）样品容器是否破损，样品是否流失或受污染；

（5）样品是否存在溶血、脂血或黄疸等干扰检测项目的问题；

（6）送检样品是否延迟。

2. 样品离心

部分检验项目要求使用血浆、血清、离心后的上清液、中层物质或下层沉淀进行检测，需要对样品进行离心操作。可以根据样品成分要求对离心机的离心力、时间、离心温度进行选择。

3. 切片处理

进行切片处理前应由有经验的病理医生对石蜡片进行病理评估，再对评估合格的样品进行切片。评估不合格的样品如需进行切片，应进行富集处理等。

4. 暂存处理

对不能及时检验的样品，必须对样品进行预处理或以适当方式保存，才能降低由于存放时间等因素对样品质量的影响。样品保存一般遵循以下原则：

（1）样品应加盖（塞）防止蒸发，同时防止气溶胶的产生；

（2）一般血液样本应尽快分离血清或血浆；

（3）根据检验项目需求选择适宜条件进行保存；

（4）保存中应注意避光，尽量隔绝空气；

（5）保存期限视样品种类及检验目的而定，以保证检验结果的可靠性。

5. 废弃处理

实验室产生的医疗垃圾，应首先根据医疗废物的类别，将医疗垃圾进行分类处理，具体处理流程可参照《医疗卫生机构医疗废物管理办法》。

（三）样品检验

医学实验室主要涉及临床血液学、体液学、生物化学、免疫学、微生物学、分子生物学、细胞病理学、组织病理学、输血医学等相关专业的检验。

这些检验项目绝大部分需要使用仪器设备，部分先进实验室采用大型流水线设备进行检测，减少了差错率，同时优化了整个工作流程。

第二节 医学实验室认可对建筑环境的要求

一、认可

国家标准 GB/T 27011—2019《合格评定 认可机构要求》（等同采用 ISO/IEC 17011：2017《Conformity assessment—Requirements for accreditation bodies accrediting conformity assessment bodies》）给出的相关定义和术语如下。

（1）认可（accreditation）

正式表明合格评定机构具备实施特定合格评定工作的能力的第三方证明。

（2）认可机构（accreditation body）

实施认可的权威机构。

认可机构的权威通常源于政府。

（3）合格评定机构（conformity assessment body）

实施合格评定活动并可作为认可对象的机构。

（4）合格评定活动（conformity assessment activity）

合格评定机构评价符合性时实施的活动。

注：认可覆盖的活动包括但不限于：检测、校准、检验、管理体系认证、人员认证、产品认证、过程认证、服务认证、能力验证提供、标准物质生产和审定核查。简单起见，将这些称为合格评定机构实施的合格评定活动。

(5) 认可范围 (scope of accreditation)

申请认可或已获得认可批准的特定合格评定活动。

(6) 评审 (assessment)

基于确定的认可范围，认可机构依据标准和（或）其他规范性文件确定合格评定机构能力的过程。

我国的“认可机构”指中国合格评定国家认可委员会（CNAS)，我国医疗单位的医学实验室是申请“认可”的机构。医学实验室获得“认可”资格，即证明该医学实验室（合格评定机构）的质量体系运行有效和技术能力满足要求，而且该医学实验室出具的检测结果是可靠的。

二、医学实验室认可

医学实验室认可是认可机构为证明医学实验室按质量管理体系运行，具有相应技术能力并能提供正确的技术结果所进行的确认和证明。医学实验室可以按照 ISO 15189 的要求，建立自己的质量管理体系，评估自己的技术能力，并通过评审和审核等活动，持续改进其管理体系和技术能力，以满足患者和临床诊疗的需求。

目前，国内医学实验室认可依据的准则为 CNAS-CL02《医学实验室质量和能力认可准则》(等同采用 GB/T 22576.1—2018《医学实验室　质量和能力的要求　第 1 部分：通用要求》) 以及 CNAS-CL02-A001《医学实验室质量和能力认可准则的应用要求》。

GB/T 22576.1—2018《医学实验室　质量和能力的要求　第 1 部分：通用要求》等同采用 ISO 15189：2012《Medical laboratories — Requirements for quality and competence》。

三、医学实验室认可对建筑环境的要求

CNAS-CL02 文件中“5.2　设施和环境条件”给出了医学实验室认可对建筑环境的要求，简介如下。

(一) 总则

实验室应分配开展工作的空间，其设计应确保用户服务的质量、安全和有效，以及实验室员工、患者和来访者的健康和安全。实验室应评估和确定工作空间的充分性和适宜性。

实验室应实施安全风险评估，如果设置了不同的控制区域，应制定针对生物、化学、放射及物理等危害的防护措施，并作出适当的警告。

适用时，应配备必要的安全设施，如生物安全柜、通风设施，以及口罩、帽子、手套等个人防护用品。

病理实验室：宜设置样品接收、取材、组织处理、制片、染色、快速冰冻切片与诊断、免疫组织化学和分子病理检测、病理诊断、细胞学制片、病理档案、样品存放等区域。

分子诊断实验室：各工作区域的设置、进入方向及气流控制等应符合《医疗机构临床基因扩增检验实验室管理办法》及《医疗机构临床基因扩增检验实验室工作导则》的要求。

（二）实验室和办公设施

实验室及相关办公设施应提供与开展工作相适应的环境，以确保满足以下条件：

（1）对进入影响检验质量的区域进行控制（进入控制宜考虑安全性、保密性、质量和通行做法）；

（2）应保护医疗信息、患者样品、实验室资源，防止未授权访问；

（3）检验设施应保证检验的正确实施，这些设施可包括能源、照明、通风、噪声、供水、废物处理等；

（4）实验室内的通信系统与机构的规模、复杂性相适应，以确保信息的有效传输；

（5）提供安全设施和设备，并定期验证其功能（如应急疏散装置，冷藏或冷冻库中的对讲机和警报系统，便利的应急淋浴和洗眼装置等）。

（三）储存设施

储存空间和条件应确保样品材料、文件、设备、试剂、耗材、记录、结果和其他影响检验结果质量的物品的持续完整性。

应以防止交叉污染的方式储存检验过程中使用的临床样品和材料。

危险品的储存和处置设施应与物品的危险性相适应，并符合适用要求的规定。

用以保存临床样品和试剂的设施应设置目标温度（必要时包括湿度）和允许范围，并记录。

实验室应有温（湿）度失控时的处理措施，并记录。

易燃易爆、强腐蚀性等危险品、特殊传染病阳性样品按有关规定分别设库，单独贮存，双人双锁，并有完善的登记和管理制度。

（四）员工设施

应有足够的洗手间、饮水处和储存个人防护装备和衣服的设施（如可能，实验室宜提供空间供员工活动，如会议、学习和休息）。

（五）患者样品采集设施

患者样品采集设施应有隔开的接待/等候和采集区。这些设施应考虑患者的隐私、舒适度、需求（如残疾人通道、盥洗设施），以及在采集期间的适当陪伴人员（如监护人或翻译）。

执行患者样品采集程序（如采血）的设施应保证样品采集方式不会使结果失效或对检验质量有不利影响。

样品采集设施应配备并维护适当的急救物品，以满足患者和员工需求。

患者样品采集设施应将接待/等候和采集区分隔开，细胞学检查室应设立独立的采集区，满足国家法律法规或者医院伦理委员会对患者隐私保护的要求。

（六）设施维护和环境条件

实验室应保持设施功能正常，状态可靠。工作区应洁净，并保持良好状态。当有相关的规定、要求，或可能影响样品、结果质量和（或）员工健康时，实验室应监测、控制和记录环境条件。应关注与开展活动相适宜的光、无菌、灰尘、有毒有害气体、电磁干扰、辐射、湿度、电力供应、温度、声音、振动水平和工作流程等条件，确保这些因素不会使结果无效或对所要求的检验质量产生不利影响。

相邻实验室之间如有不相容的业务活动，应有效分隔。在检验程序可产生危害，或不隔离可能影响工作时，应制定程序防止交叉污染。在必需的地点，实验室应提供安静和不受干扰的工作环境。例如，安静和不受干扰的工作区包括细胞病毒学筛选、血细胞和微生物的显微镜分类、测序试验的数据分析以及分子突变结果审核。

应依据所用分析设备和实验过程要求，制定环境温湿度控制要求，并记录。应有温湿度失控时的处理措施，并记录。

应依据用途（如试剂用水、分析仪用水、RNA 检测用水），参考国家/行业标准如 WS/T 574—2018《临床实验室试剂用纯化水》，制定适宜的水质标准（如电导率或电阻率、微生物含量、除 RNase 等），并定期检测。

必要时，实验室可配置不间断电源（UPS）和（或）双路电源，以保证关键设备[如需要控制温度和连续监测的分析仪、培养箱、冰箱、实验室信息系统（LIS）服务器和数据处理有关的计算机等]的正常工作。

第三节　相关法律法规简介

一、《中华人民共和国传染病防治法》简介

为了预防、控制和消除传染病的发生与流行，保障人体健康和公共卫生，我国制定了《中华人民共和国传染病防治法》（以下简称《传染病防治法》）。该法于 1989 年 2 月 21 日第七届全国人民代表大会常务委员会第六次会议通过，自 1989 年 9 月 1 日起施行；2004 年 8 月 28 日第十届全国人民代表大会常务委员会第十一次会议修订通过；2013 年 6 月 29 日第十二届全国人民代表大会常务委员会第三次会议修订通过。

《传染病防治法》包括：总则、传染病预防、疫情报告通报和公布、疫情控制、医疗救治、监督管理、保障措施、法律责任、附则共 9 章 80 条。《传染病防治法》规定的传染病分为甲类、乙类和丙类：（1）甲类传染病，包括鼠疫、霍乱；（2）乙类传染病，包括传染性非典型肺炎、艾滋病、病毒性肝炎、脊髓灰质炎、人感染高致病性禽流感、麻疹、流行性出血热、狂犬病、流行性乙型脑炎、登革热、炭疽、细菌性和阿米巴性痢疾、肺结核、伤寒和副伤寒、流行性脑脊髓膜炎、百日咳、白喉、新生儿破伤风、猩红热、布鲁氏菌病、淋病、梅毒、钩端螺旋体病、血吸虫病、疟疾；（3）丙类传染病，包括流行性感冒、流行性腮腺炎、风疹、急性出血性结膜炎、麻风病、流行性和地方性斑疹伤寒、黑热病、包虫病、丝虫病，以及除霍乱、细菌性和阿米巴性痢疾、伤寒和副伤寒以外的感染性腹泻病。

上述规定以外的其他传染病，根据其暴发、流行情况和危害程度，需要列入乙类、丙类传染病的，由国务院卫生行政部门决定并予以公布。对乙类传染病中传染性非典型肺炎、炭疽中的肺炭疽和人感染高致病性禽流感，采取本法所称甲类传染病的预防、控制措施。其他乙类传染病和突发原因不明的传染病需要采取本法所称甲类传染病的预防、控制措施的，由国务院卫生行政部门及时报经国务院批准后予以公布、实施。省、

自治区、直辖市人民政府对本行政区域内常见、多发的其他地方性传染病，可以根据情况决定按照乙类或者丙类传染病管理并予以公布，报国务院卫生行政部门备案。

《传染病防治法》对严防实验室感染和病原微生物的扩散风险提出了明确要求。如第二十二条明确规定“疾病预防控制机构、医疗机构的实验室和从事病原微生物实验的单位，应当符合国家规定的条件和技术标准，建立严格的监督管理制度，对传染病病原体样本按照规定的措施实行严格监督管理，严防传染病病原体的实验室感染和病原微生物的扩散”。

2020年10月2日，国家卫健委发布《传染病防治法》修订征求意见稿，明确提出甲、乙、丙三类传染病的特征。乙类传染病新增人感染H7N9禽流感和新型冠状病毒两种。此次《传染病防治法》修订草案提出，任何单位和个人发现传染病患者或者疑似传染病患者时，应当及时向附近的疾病预防控制机构或者医疗机构报告，可按照国家有关规定予以奖励；对经确认排除传染病疫情的，不予追究相关单位和个人责任。

二、《中华人民共和国生物安全法》简介

生物安全是国家安全的重要组成部分，维护生物安全应当贯彻总体国家安全观，统筹发展和安全，坚持以人为本、风险预防、分类管理、协同配合的原则。2020年2月，习近平总书记提出“把生物安全纳入国家安全体系，系统规划国家生物安全风险防控和治理体系建设”，为维护国家安全，防范和应对生物安全风险，保障人民生命健康，保护生物资源和生态环境，促进生物技术健康发展，推动构建人类命运共同体，实现人与自然和谐共生，我国制定了《中华人民共和国生物安全法》（以下简称《生物安全法》）。

该法由中华人民共和国第十三届全国人民代表大会常务委员会第二十二次会议于2020年10月17日通过，自2021年4月15日起施行。《生物安全法》包括：总则，生物安全风险防控体制，防控重大新发突发传染病、动植物疫情，生物技术研究、开发与应用安全，病原微生物实验室生物安全，人类遗传资源与生物资源安全，防范生物恐怖与生物武器威胁，生物安全能力建设，法律责任，附则，共10章88条。

《生物安全法》根据中央有关生物安全的方针和政策，确定了法律适用范围主要包括8个方面：一是防控重大新发突发传染病、动植物疫情；二是生物技术研究、开发与应用；三是病原微生物实验室生物安全管理；四是人类遗传资源与生物资源安全管理；五是防范外来物种入侵与保护生物多样性；六是应对微生物耐药；七是防范生物恐怖袭击与防御生物武器威胁；八是其他与生物安全相关的活动。上述8个方面的行为涉及的事务相对复杂，且相对独立，为此，《生物安全法》在管理体制上明确实行“协调机制下的分部门管理体制”，以统筹协调8个方面的行为要素和行为流程，在充分发挥分部门管理的基础上，对争议问题、需要协调的问题，由协调机制统筹解决。

《生物安全立法》的重要任务就是依法确定国家生物安全管理的各项基本制度，在制度设置上主要有10个方面：国家建立生物安全风险监测预警制度，生物安全风险调查评估制度，生物安全信息共享制度，生物安全信息发布制度，生物安全名录和清单制度，生物安全标准制度，生物安全审查制度，统一领导、协同联动、有序高效的生物安全应急制度，生物安全事件调查溯源制度，境外重大生物安全事件应对制度。

《生物安全法》设立法律责任专章，规定了对国家公职人员不作为或者不依法作为

的处罚规定，这些处罚规定针对相应的职责，有利于保证主管机关依法履行职责，有利于保障法律建立的各项制度的全面实施。针对生物技术谬用等行为和事件，《生物安全法》明确了相应的行政处罚以及相关刑事责任和民事责任，填补了法律空白。该法还明确规定，境外组织或者个人通过运输、邮寄、携带危险生物因子入境或者以其他方式危害我国生物安全的，依法追究法律责任，并可以采取其他必要措施。

三、《新型冠状病毒实验室生物安全指南》（第二版）简介

为保障新型冠状病毒感染的肺炎防控工作期间实验室生物安全，国家卫生健康委组织制定了《新型冠状病毒实验室生物安全指南》，指导各地规范开展新型冠状病毒相关实验活动。

国家卫生健康委办公厅于2020年1月23日发布了《关于印发〈新型冠状病毒实验室生物安全指南〉（第二版）的通知》（国卫办科教函〔2020〕70号）。该指南明确了新型冠状病毒暂按照病原微生物危害程度分类中第二类病原微生物进行管理；在病毒培养、动物感染实验、未经培养的感染性材料的操作、灭活材料的操作等实验活动方面，对实验项目、实验室等级、防护水平等提出了具体要求；在病原体及样本国内、国际运输和管理方面，对运输包装、运输相关手续和安全管理等提出了具体要求；在废弃物管理方面，对废弃物安全管理、废弃物处理具体措施等提出了具体要求；在实验室生物安全操作失误或意外的处理方面，对消毒方法提出了具体要求。

第四节　相关标准规范简介

标准对于指导实验室的建设和管理以及我国实验室体系的发展，起到了重要的支撑作用。与医疗机构医学实验室直接相关的标准规范主要有GB/T 22576.1—2018/ISO 15189：2012《医学实验室　质量和能力的要求　第1部分：通用要求》、GB 19781—2005/ISO 15190：2003《医学实验室　安全要求》、T/CAME 15—2020《医学实验室建筑技术规范》。

医学实验室很多涉及生物安全问题，2003年以前我国生物安全实验室建设无国家标准依据。2003年SARS暴发后，许多机构为了开展有关病原微生物的研究工作，开始新建、改扩建生物安全三级实验室。为保障安全，我国的生物安全实验室标准体系建设也同步发展。GB 19489—2008《实验室　生物安全通用要求》、GB 50346—2011《生物安全实验室建筑技术规范》、WS 233—2017《病原微生物实验室生物安全通用准则》，作为生物安全实验室行业的基础标准，发挥了重要的作用。

除以上标准外，我国还有一系列相关医疗器械国家/行业标准及卫生标准应用于医学实验室的质量管理和相关技术要求，在此不赘述，只对以下几个重要标准进行概括性介绍。

一、GB/T 22576.1—2018/ISO 15189：2012《医学实验室　质量和能力的要求　第1部分：通用要求》简介

（一）ISO 15189简介

ISO全称为International Organization for Standardization，即国际标准化组织，

ISO 15189《医学实验室　质量和能力的要求》（Medical laboratories — Requirements for quality and competence）是由国际标准化组织 ISO/TC 212 临床实验室检验及体外诊断检测系统技术委员会起草的，自 2003 年发布实施以来，已逐渐成为广泛应用的医学实验室管理根本标准，现行版本为 ISO 15189：2012。ISO 15189 是用于加强医学实验室质量管理的国际公认标准，从而保证检验结果的准确性、及时性、规范性、科学性等各项要求。

ISO 15189 有三个关键词：质量、能力和要求，即规定了医学实验室“质量”和“能力”的“要求”。质量是指质量管理体系，通过完善的体系运行及持续改进，确保医学实验室满足管理及技术要求。能力是指技术能力，一般概括为人、机、料、法、环，但在该标准中检验前、中、后过程及质量保证是最突出的核心能力要求。

（二）GB/T 22576.1 简介

GB/T 22576《医学实验室　质量和能力的要求》由下列部分组成：第 1 部分　通用要求；第 2 部分　临床血液学检验领域的要求；第 3 部分　尿液检验领域的要求；第 4 部分　临床化学检验领域的要求；第 5 部分　临床免疫学检验领域的要求；第 6 部分　临床微生物学检验领域的要求；第 7 部分　输血医学领域的要求；第 8 部分　细胞病理学检查领域的要求；第 9 部分　组织病理学检查领域的要求；第 10 部分　分子生物学检验领域的要求；第 11 部分　实验室信息系统的要求。上述标准有的尚未编制完成。

GB/T 22576.1—2018《医学实验室　质量和能力的要求　第 1 部分：通用要求》等同采用国际标准 ISO 15189：2012。该标准共有 5 章和 2 个附录。分别是：1 范围；2 规范性引用文件；3 术语和定义；4 管理要求（4.1 组织和管理责任，4.2 质量管理体系，4.3 文件控制，4.4 服务协议，4.5 受委托实验室的检验，4.6 外部服务和供应，4.7 咨询服务，4.8 投诉的解决，4.9 不符合的识别和控制，4.10 纠正措施，4.11 预防措施，4.12 持续改进，4.13 记录控制，4.14 评估和审核，4.15 管理评审）；5 技术要求（5.1 人员，5.2 设施和环境条件，5.3 实验室设备试剂盒耗材，5.4 检验前过程，5.5 检验过程，5.6 检验结果质量的保证，5.7 检验后过程，5.8 结果报告，5.9 结果发布，5.10 实验室信息管理）。

医学实验室的服务对患者医疗保健是必要的，因而要满足所有患者及负责患者医疗保健的临床人员的需求。这些服务包括受理申请，患者准备，患者识别，样品采集、运送、保存，临床样品的处理和检验及结果的解释、报告以及提出建议；此外，还要考虑医学实验室工作的安全性和伦理学问题。该标准全文都有与医学实验室活动相关的环境要求，特别是 5.2.2、5.2.6、5.3、5.4、5.5.1.4 和 5.7 中。

二、GB 19781—2005/ISO 15190：2003《医学实验室　安全要求》简介

（一）ISO 15190 简介

ISO 15190《医学实验室　安全要求》（Medical laboratories—Requirements for safety）由国际标准化组织 ISO 于 2003 年发布，后经修订，现行版本为 ISO 15190：2020。ISO 15190 规定了医学实验室安全管理的具体要求，包括生物安全和生物安保、

物理安全、化学安全、消防安全等，在安全管理的各个方面提供了国际公认的最佳实践。

危害识别 ➤ 安全标识 安全管理 应急预案 ➤ 安全绩效

图 1-4-1　ISO 15190 医学实验室安全管理体系结构模型

ISO 15190 立足于医学实验室的安全要求，广泛适用于各类教学、科研、检测和诊断实验室、病原微生物实验室，同时也适用于生物样本保藏、血库、精子库、生物制品生产等机构，以及医疗机构安全管理体系。该标准通过系统化思维和结构化模式，助力优化整合安全管理的各个方面。

ISO 15190 提供了一个有利途径，既可让我们将多种安全管理要求整合至一个完整的安全管理体系的框架之中，也为我们提供了一个全面梳理现行安全管理制度、实现安全管理整合创新的机会。

图 1-4-2　ISO 15190 建立的 PDCA 模型

（二）GB 19781 简介

GB 19781—2005 等同采用 ISO 15190：2003《医学实验室　安全要求》，该标准规定了医学实验室中安全行为的要求。标准规定了医学实验室建立并维持安全工作环境的要求。每项任务都需要进行风险评估，目的在于尽可能消除危险。如果无法消除危险，则应按下列的优先顺序使各种危险的风险减至尽可能低的水平：

（1）使用替代方法；

（2）使用防护方法；

（3）使用个人防护措施和设备。

首先考虑的是安全，费用是次要的。标准旨在医学实验室服务领域中使用，但也可能适用于其他领域。然而，为确保安全，操作需要 3 级和 4 级防护水平的人类病原体的医学实验室应符合其他要求。

该标准共有 23 章和 3 个附录。分别是：1 范围，2 规范性引用文件，3 术语及定义，4 风险分级，5 管理要求，6 安全设计，7 员工、程序、文件、检查和记录，8 危险标识，9 事件、伤害、事故和职业性疾病的报告，10 培训，11 个人责任，12 服装和个人防护装备（PPE），13 良好内务行为，14 安全工作行为，15 气溶胶，16 生物安全柜、化学安全罩及柜，17 化学品安全，18 放射安全，19 防火，20 紧急撤离，21 电气设备，

22 样本的运送，23 废物处置，附录 A　实施本标准的行动计划纲要，附录 B　实验室安全审核，附录 C　发生漏出后的去污染、清洁（净化）和消毒。

三、T/CAME 15—2020《医学实验室建筑技术规范》简介

现代医院中医学实验室的应用广泛，临床、科研及教学各方面对医学实验室的要求不断提高。标准化问题是我国医学实验室建设的关键问题。

T/CAME 15—2020《医学实验室建筑技术规范》由中国医学装备协会归口制定，着重于医学实验室设计、施工和验收基本要求，包括医疗工艺和技术指标、建筑和装修、通风空调、给水排水、电气自控、施工调试、检测验收等。建立一套针对我国医学实验室的技术规范，为医学实验室在应用过程中的设计、施工、检测等工作提供规范化约束与技术指导。该标准共有 9 章和 2 个附录。分别是：1 范围，2 规范性引用文件，3 术语和定义，4 工艺要求和功能分区，5 建筑和装修，6 通风与空气调节，7 给水排水，8 电气，9 检测和验收，附录 A　医学实验室工艺流程示例图，附录 B　医学实验室工程验收评价项目。

该标准第 4 章至第 9 章是核心内容。

第 4 章规定了医学实验室的医疗工艺和功能分区要求，包括医疗工艺、功能分区要求。对医学实验室涉及的工艺流程、人物流线、分区管理作了较为详细的规定，以便医院对医学实验室的规划设计有据可循。

第 5 章规定了医学实验室内建筑和装修要求，包括一般规定、平面布置、建筑装饰要求。对医学实验室的平面设置、建筑装饰提出了较为详细的要求。

第 6 章规定了医学实验室的空调、通风和净化基本要求，包括一般规定、通风要求、空气调节、气流组织要求及空调系统部件与材料要求。对医学实验室的冷热源、通风、空调设备及管道、附件的设置、气流组织等方面作了相应的要求。

第 7 章规定了医学实验室的给水排水基本要求，包括一般规定、给水要求和排水要求。对医学实验室的给水、排水的管道设置、管道做法、水质参数做了相应的要求。

第 8 章规定了医学实验室的电气和信息系统基本要求，包括一般规定、配电和照明要求、自动控制要求、安全防范和信息系统。对医学实验室电气和信息系统的设置作了详细的要求，并给出了相应的自动控制与安全防范措施。

第 9 章规定了医学实验室检测与验收的基本要求，包括一般规定、工程检测和工程验收要求。对医学实验室的监测、检测与评价作了相应的要求。

四、GB 19489—2008《实验室　生物安全通用要求》简介

2003 年 SARS 暴发后，我国制定了国家标准 GB 19489—2004《实验室　生物安全通用要求》用以指导国内生物安全实验室的建设，该标准于 2008 年修订后，现行国家标准号编为 GB 19489—2008。与 2004 版相比，GB 19489—2008《实验室　生物安全通用要求》（以下简称该标准）突出和增加了对风险评估的要求。

该标准共有 7 章和 3 个附录。包括：1 范围，2 术语和定义，3 风险评估及风险控制，4 实验室生物安全防护水平分级，5 实验室设计原则及基本要求，6 实验室设施和设备要求，7 管理要求，附录。其中实验室设施和设备要求，是与实验室生物安全直接

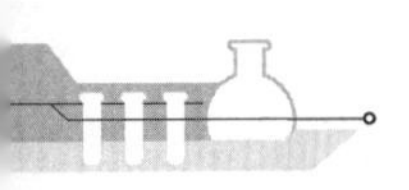

相关的设施设备的基本要求。

该标准的特点是归纳总结了生物安全实验室的关键系统，如平面布局、围护结构、通风空调、污物处理、消毒灭菌、供水供气、电力、照明、通信、自控、报警、监视等，从系统集成的角度分别提出要求，脉络清晰，易于使用。

风险评估是实验室设计、建造和管理的依据。该标准按照风险评估的基本理论和原则，结合我国实验室的经验和科研成果，给出了实用性及针对性强的基本程序和要求，可指导实验室科学地进行风险评估。标准使用者应特别注意，实验室风险评估和风险控制活动的复杂程度取决于实验室所存在危险的特性。适用时，实验室不一定需要复杂的风险评估和风险控制活动。对实验室生物安全防护水平进行分级，是基于风险程度对实验室实施针对性要求的一种风险管理措施。由于实验室活动的复杂性，硬件配置是保证实验室生物安全的基本条件，是简化管理措施的有效途径。

管理要求部分是该标准的特色部分。实验室安全管理体系是管理体系的一部分，旨在系统地管理涉及实验室风险因素的所有相关活动，消除、减少或控制与实验室活动相关的风险，使实验室风险处于可接受状态。该标准的管理要求既有理论依据又有实践基础，将对实验室生物安全管理领域的研究与实践起到巨大的推动作用。

五、GB 50346—2011《生物安全实验室建筑技术规范》简介

2003 年 SARS 暴发后，我国制定了国家标准 GB 50346—2004《生物安全实验室建筑技术规范》，作为 GB 19489—2004《实验室　生物安全通用要求》的配套建筑技术规范，用以指导国内生物安全实验室的建设。GB 19489—2004 修订后，GB 50346—2004 也对应进行了修订，现行国家标准为 GB 50346—2011《生物安全实验室建筑技术规范》（以下称该标准）。与 2004 版相比，该标准增加了生物安全实验室分类、高效空气过滤器原位消毒和检漏要求、存水弯和地漏的水封深度要求、污物处理设备性能验证等内容，完善了生物安全实验室选址要求、围护结构严密性检测要求、高等级生物安全实验室配电要求、消防要求、二级屏障技术指标要求等内容。

该标准共有 10 章和 4 个附录。包括：1 总则，2 术语，3 生物安全实验室的分级、分类和技术指标，4 建筑、装修和结构，5 空调、通风和净化，6 给水排水与气体供应，7 电气，8 消防，9 施工要求，10 检测和验收。4 个技术性附录，分别为：生物安全实验室检测记录用表，生物安全设备现场检测记录用表，生物安全实验室工程验收评价项目，高效过滤器现场效率法检漏。

该标准是 GB 19489—2008《实验室　生物安全通用要求》的配套建筑技术规范。GB 19489—2008 的风险评估及风险控制要求，在该标准的建筑设施设备中予以了细化和明确，如第 5.3.5 条以强制性条文规定“三级和四级生物安全实验室防护区应设置备用排风机，备用排风机应能自动切换，切换过程中应能保持有序的压力梯度和定向流”，这是为了规避或降低排风机故障风险所采取的冗余设计要求，类似设施设备要求在该标准中还有很多，在此不再赘述。

六、WS 233—2017《病原微生物实验室生物安全通用准则》简介

WS 233—2017《病原微生物实验室生物安全通用准则》（以下称该标准）规定了病

原微生物实验室生物安全防护的基本原则、分级和基本要求，适用于开展微生物相关的研究、教学、检测、诊断等活动。该标准上一版本号为 WS 233—2002《微生物和生物医学实验室生物安全通用准则》。

该标准共有 7 章和 4 个附录。包括：1 范围，2 术语与定义，3 病原微生物危害程度分类，4 实验室生物安全防护水平分级与分类，5 风险评估与风险控制，6 实验室设施和设备要求，7 实验室生物安全管理要求，附录 A 病原微生物实验活动风险评估表，附录 B 病原微生物实验活动审批表，附录 C 生物安全隔离设备的现场检查，附录 D 压力蒸汽灭菌器效果监测。

该标准给出了实验室生物安全防护的基本原则、要求，从实验室的设施、设计、环境、仪器设备、人员管理、操作规范、消毒灭菌等进行细致规范，给出了风险评估和风险控制要求，提出了加强型 BSL-2 实验室的定义和要求，给出了脊椎动物实验室的生物安全设计原则、基本要求等，给出了无脊椎动物实验室生物安全的基本要求。

参考文献

[1] International Organization for Standardization. Medical laboratories—Requirements for quality and competence [S]. ISO 15189：2012.

[2] 北京市医疗器械检验所．医学实验室 质量和能力的要求 第 1 部分：通用要求：GB/T 22576.1—2018 [S]．北京：中国标准出版社，2019.

[3] 中国实验室国家认可委员会．医学实验室 安全要求：GB 19781—2005 [S]．北京：中国标准出版社，2005.

[4] 中国医学装备协会．医学实验室建筑技术规范：T/CAME 15—2020 [S]．北京：中国标准出版社，2020.

[5] 中国合格评定国家认可中心．实验室 生物安全通用要求：GB 19489—2008 [S]．北京：中国标准出版社，2009.

[6] 中国建筑科学研究院．生物安全实验室建筑技术规范：GB 50346—2011 [S]．北京：中国建筑工业出版社，2012.

[7] 中国疾病预防控制中心病毒病预防控制所．病原微生物实验室生物安全通用准则：WS 233—2017 [S]．北京：中国标准出版社，2017.

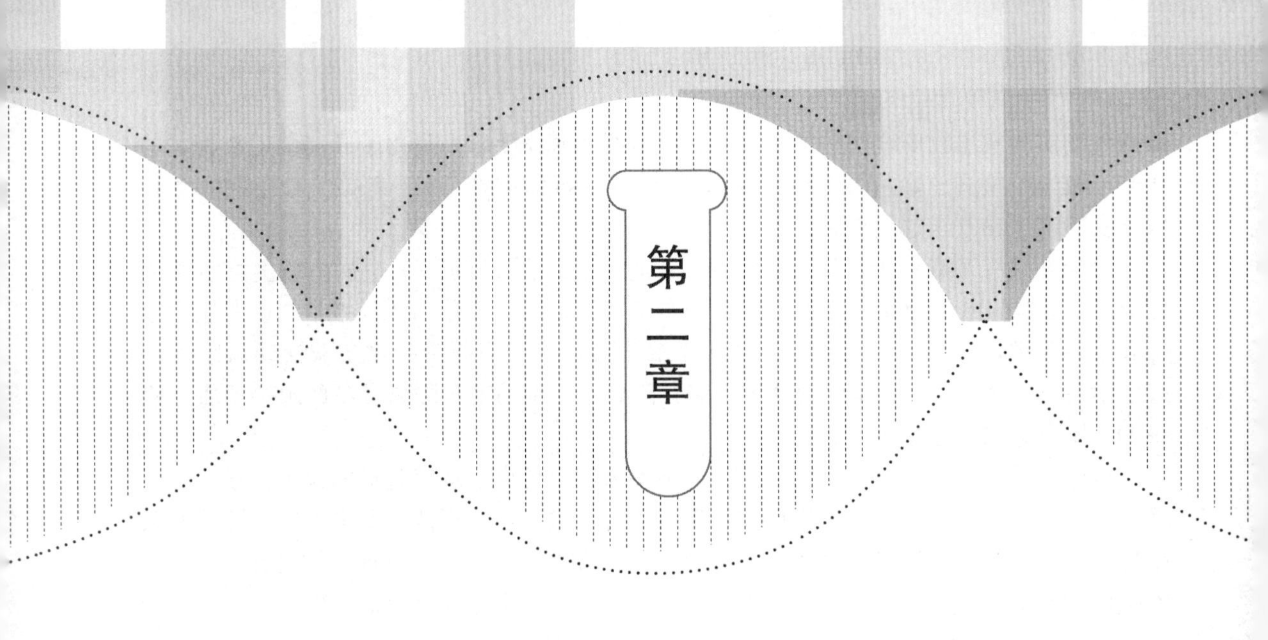

规划布局

第一节 选址

一、标准要求

（一）GB 51039—2014《综合医院建筑设计规范》

国家标准GB 51039—2014《综合医院建筑设计规范》给出了医学实验室的选址要求，汇总如下。

（1）检验科用房位置及平面布置：检验科用房应自成一区，微生物学检验应与其他检验分区布置，微生物学检验室应设于检验科的尽端。

（2）病理科用房位置及平面布置：病理科用房应自成一区，宜与手术部有便捷联系；病理解剖室宜和太平间合建，与停尸房宜有内门相通，并应设工作人员更衣及淋浴设施。

（二）T/CAME 15—2020《医学实验室建筑技术规范》

中国医学装备协会团体标准T/CAME 15—2020《医学实验室建筑技术规范》给出了医学实验室的选址要求，汇总如下：

（1）实验室应自成一区，场地应能避免各种不利自然条件的影响，远离灰尘、病原、噪声、振动、辐射、电磁等可对检测结果及实验数据的精确性产生影响的因素及区域；

（2）实验室选址需考虑具备良好自然通风的条件，不宜设置在地下室。

二、基本原则

医学实验室所在的位置在医院规划时需通盘考虑，整体布局规划，基本原则如下：

（1）医学实验室的设置应便于门诊、急诊及病区标本的运送、特殊标本的采集、咨询服务等；

（2）设置楼层不宜过高，2～4层是比较理想的选择；

（3）医学实验室的设置还需与周围的环境相容，实验室不宜与病房或行政办公场所毗邻；

（4）医学实验室不宜分散设置，以免造成人员和设备的分散，导致运行成本和管理难度的增加。

第二节　功能分区

一、实验室分类

1. 按实验室服务的科室分类

按实验室服务的科室不同，可分为检验科实验室、病理科实验室、输血科实验室。

2. 按实验室使用功能分类

实验室按照使用功能分为通用实验室、专用实验室、辅助功能用房三类：

（1）通用实验室一般包括临检、生化、免疫、微生物、细胞形态学、输血、病理等实验室；

（2）专用实验室包括细胞与分子遗传学实验室、特定病原微生物实验室等；

（3）辅助功能用房一般包括生物样本库、试剂库、洗消间、制水室、配电间、不间断电源（UPS）机房、生活区等。

二、内部分区

实验室区域内部从生物安全管理的要求出发，可划分为清洁区、半污染区、污染区，所有检验活动均应在污染区开展。

（1）污染区是实验室的主要功能区，一般包括通用实验室、专用实验室，还包括辅助功能用房中的生物样本库、试剂库、医废暂存等；

（2）半污染区与污染区相邻，是实验室的辅助功能区，一般包括冷库、洗消间、制水室、配电间、弱电间、不间断电源（UPS）机房等；

（3）清洁区是实验室的辅助功能区，容纳做实验以外的功能，包括办公区和生活区，具体用房有办公室、会议室、示教室、资料室、休息室、值班室、更衣室等。

图2-2-1给出了某医学实验室功能分区示例图。

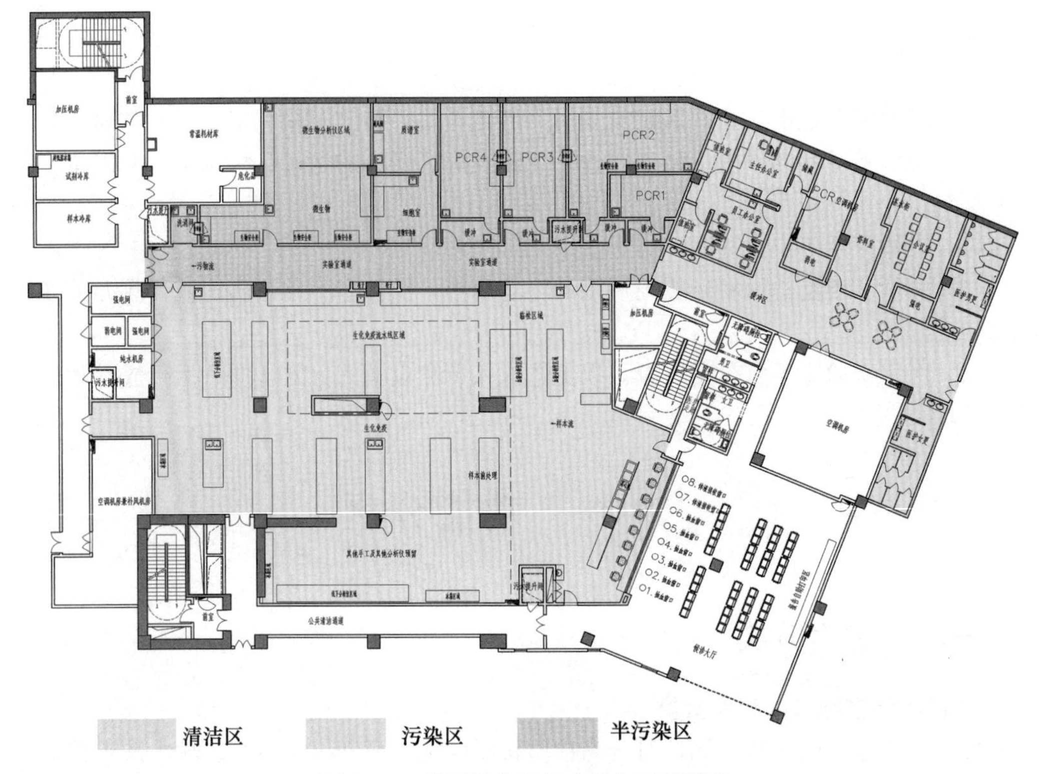

图 2-2-1　某医学实验室功能分区示例图

第三节　工艺流程

医学实验室工艺流程包括但不限于医生流线、患者流线、样本流线、洁净物品流线和废弃物品流线。工作要求是要实现医患分流、洁污分流、人物分流、分区明确，设计流线无交叉。

一、流线规划

实验室应当合理规划医疗流程（包括人员流线和物品流线），实现医生、患者、医疗洁净物品和废弃物的进出路径符合医院感染控制要求。有条件时，建议设置洁净物品供应通道，设置或预留自动化物流传输通道。图 2-3-1 给出了某医院医学实验室流线规划示意图，供参考。

（一）医生流线

医生应通过门禁系统进入实验室区域，所有检验检测活动均在实验区开展。医生从清洁区经换鞋、更衣室进入半污染区，从半污染区经缓冲间进入实验区。医生在更衣室按防护要求穿戴防护用品（工作服、防护服、口罩、帽子、鞋套等）后进入实验区。

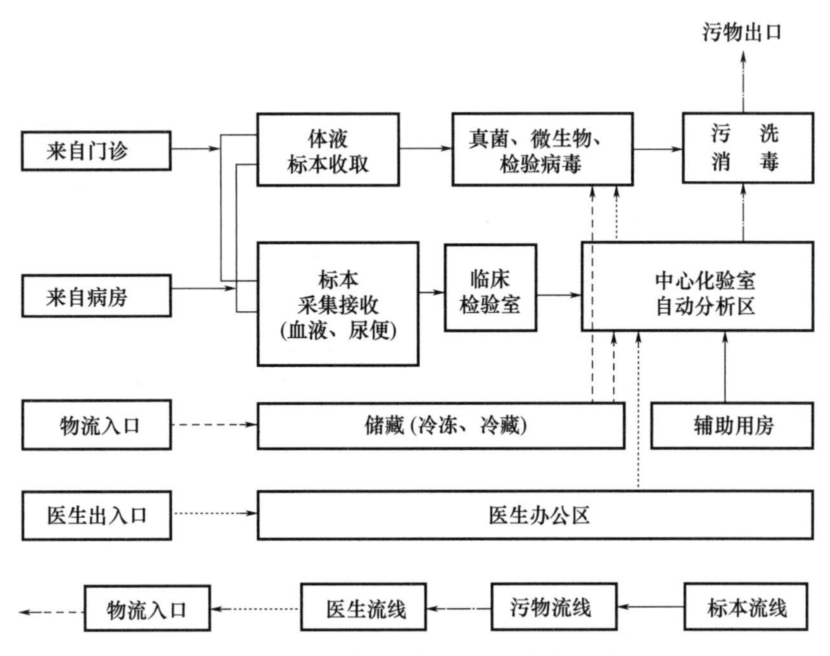

图 2-3-1　某医院医学实验室流线规划示意图

（二）患者流线

患者一般仅可在等候区和采样区进行活动，未经许可不得进入医生工作区域。实验室应设置对外传递窗口和（或）患者咨询窗口，患者流线在患者与医生完成样本采集后结束。一般情况下，检验科实验室要合理规划设置患者流线；病理科实验室可不设置患者流线；输血科因涉及患者输血相关治疗评估，可设置患者流线。

（三）样本流线

样本流线按样本处理步骤，大致可分为前处理、分析、后处理三步，简述如下。

1. 前处理

样本分析前处理流程一般包括：分类编号、切片处理、分拣上机、样本暂存等，样本受理时应核对样本采集是否合格。

2. 分析

样本分析处理流程一般包括：临床血液学、体液学、生物化学、免疫学、微生物学、分子生物学、病理组织切片分析、输血相关实验室检查、输血相关治疗、血液成分合理使用的监测等专业的分析。

3. 后处理

样本分析后处理流程一般包括：结果确认、报告、样本保存、废弃物处理。

图 2-3-2 给出了某医院检验科样本流线示意图，供参考。

（四）洁净物品流线

一般情况下，医疗机构医学实验室洁净物品（包括但不限于未使用的防护用品、试剂耗材、实验用器具及药品等）可通过洁物电梯运送至实验室区域，经验收后存放在防护用品库、试剂耗材库、药品库、无菌库等。

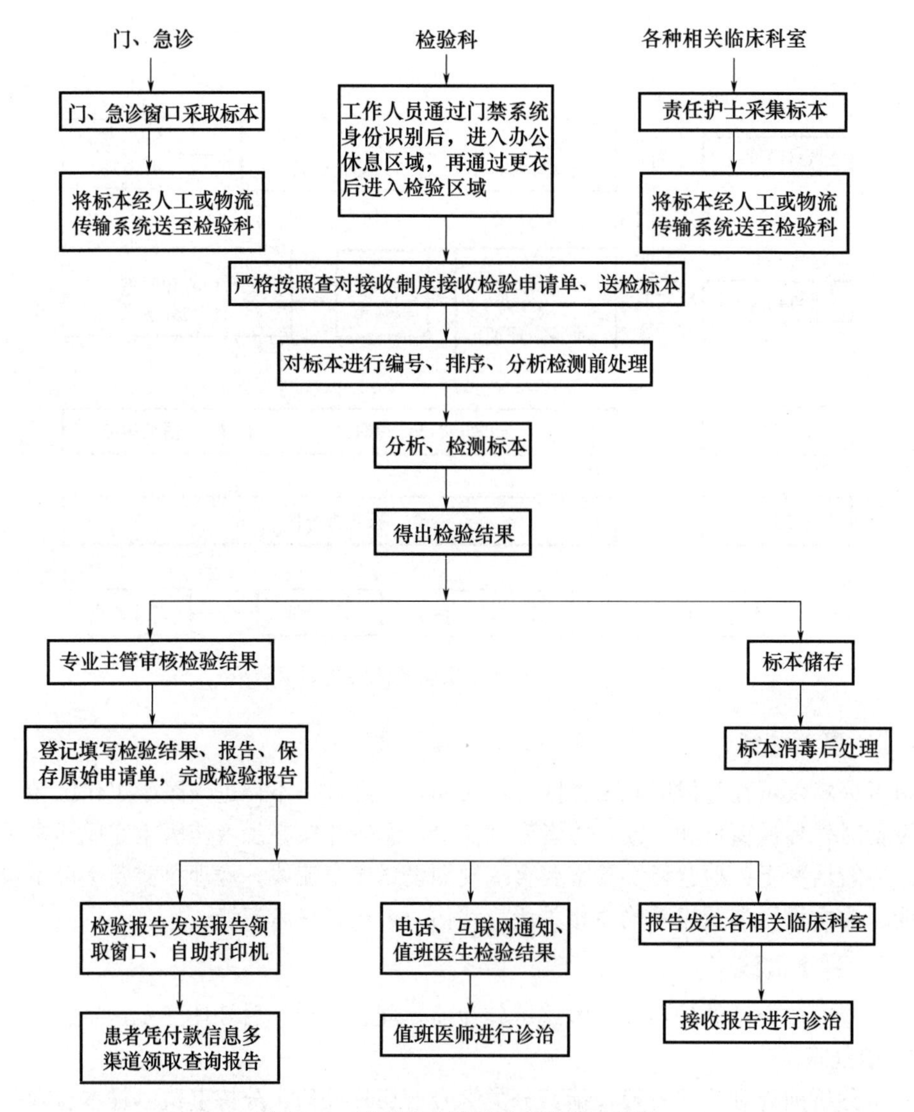

图 2-3-2　某医院检验科样本流线示意图

（五）废弃物流线

实验室医疗垃圾应与生活垃圾分开处理，经分类打包、消毒灭菌后再由污物电梯运出。临床实验室废弃的样本、培养基、污染物，要储存于专用的有“生物危害”标识的储存桶或黄色专用袋内，离开实验室前要进行高温高压或化学法消毒灭菌，在规定时间内交给当地有资质的医疗废物处理机构。

二、流线组织

（一）检验科实验室

图 2-3-3 给出了某医院检验科实验室流线组织示意图，从中可以看出人员流线、物品流线。人员流线包括工作人员流线、患者流线；物品流线包括洁净物品流线、废弃物品流线、样本流线。简述如下。

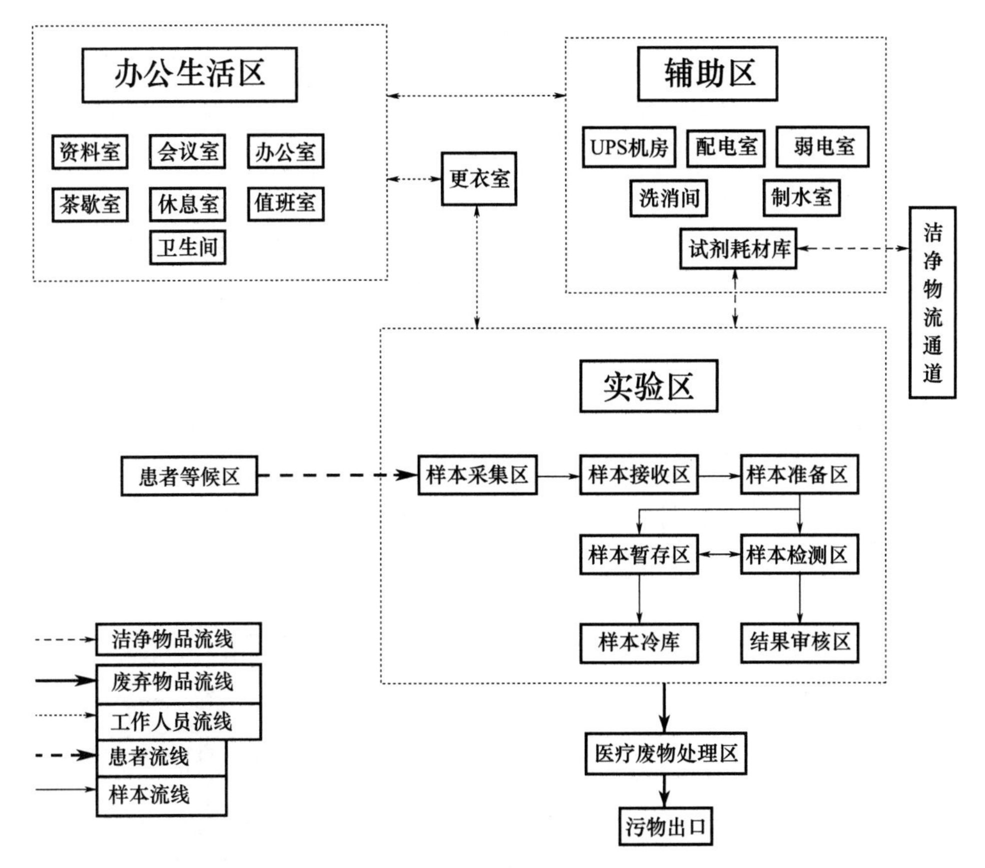

图 2-3-3　某医院检验科实验室流线组织示意图

1. 工作人员流线

工作人员平时在办公生活区，需进入实验区操作时，先在更衣室按防护要求穿戴防护用品（工作服、防护服、口罩、帽子、鞋套等），然后进入实验区。

办公生活区包括但不限于资料室、会议室、办公室、茶歇室、休息室、值班室、卫生间；辅助区包括 UPS 机房、配电室、弱电室、洗消间、制水室、试剂耗材库等；实验区包括样本采集区、样本接收区、样本准备区、样本暂存区、样本检测区、样本冷库、结果审核区等。从生物安全管理的要求出发，办公生活区和辅助区均属于清洁区，实验区属于污染区。

2. 患者流线

对于检验科实验室而言，患者流线相对简单。患者在等候区等待，在样本采集区完成样本采集后离开。

3. 洁净物品流线

洁净物品通过洁净物流通道存放在辅助区（如试剂耗材库、防护用品库、药品库等）。需要时，经物流缓冲进入实验区。

4. 废弃物品流线

实验区的医疗废弃物品在医疗废物处理区，经分类打包、消毒灭菌后再由污物电梯、污物出口运出。

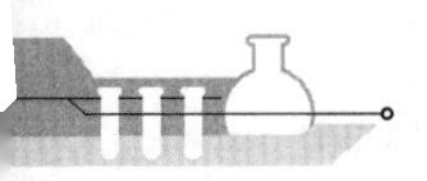

5. 样本流线

样本从样本采集区，转至样本接收区，再流转至样本准备区，在样本准备区预处理后，一部分放入样本暂存区、样本冷库，另一部分运送至样本检测区进行检测，样本暂存区与样本检测区之间可以互相传送样本。

（二）病理科实验室

图 2-3-4 给出了某医院病理科实验室流线组织示意图，从中可以看出人员流线、物品流线。人员流线主要为工作人员流线；物品流线包括洁净物品流线、废弃物品流线、样本流线。简述如下。

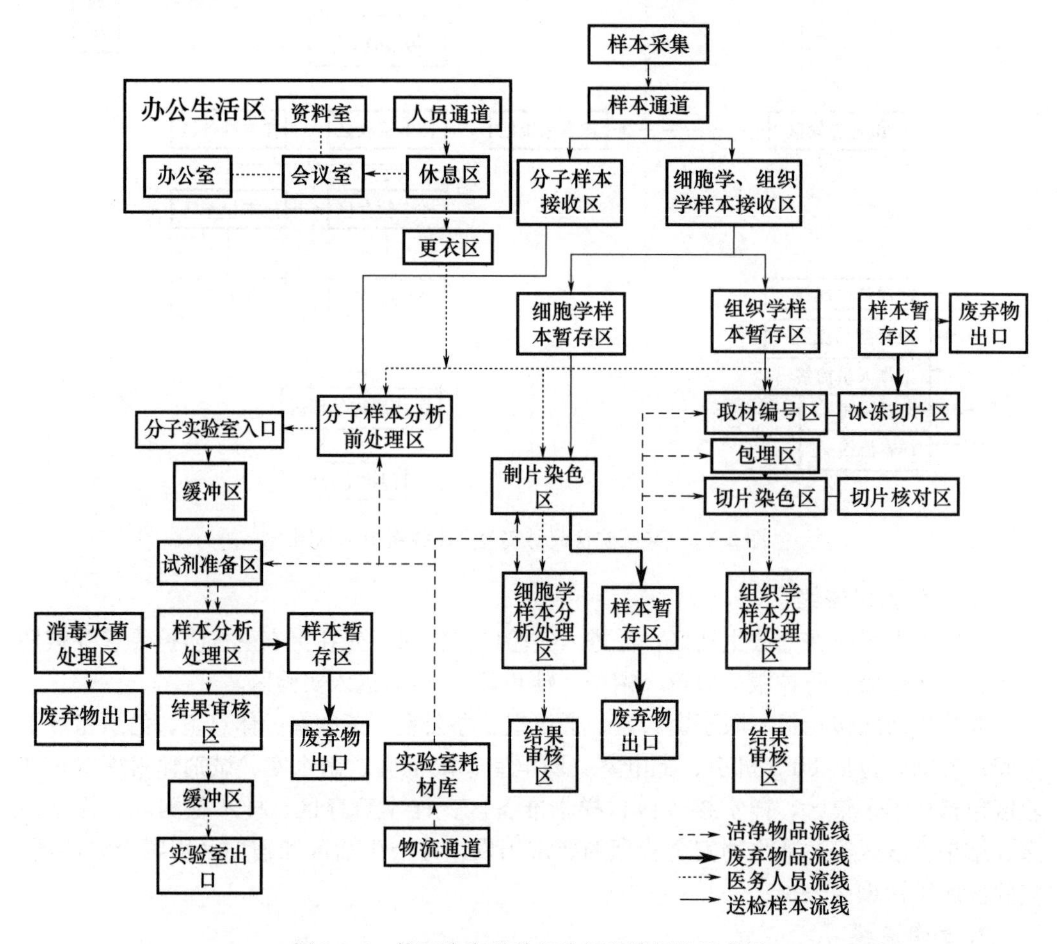

图 2-3-4　某医院病理科实验室流线组织示意图

1. 工作人员流线

工作人员在办公生活区（资料室、会议室、办公室、休息区、人员通道等），需进入实验区操作时，先在更衣区穿戴防护用品后再进入实验区。从生物安全管理的要求出发，办公生活区属于清洁区。

2. 洁净物品流线

洁净物品经物流通道运送至实验室耗材库，根据工作需要，运送至实验区功能用房（如试剂准备区、分子样本分析前处理区、制片染色区、取材编号区、包埋区、切片染色区、组织学样本分析处理区、细胞学样本分析处理区）。

3. 废弃物品流线

病理科实验室产生医疗废弃物的主要场所包括但不限于以下区域。

（1）分子实验室区域

样本分析处理区产生的医疗废弃物，经消毒灭菌处理区、废弃物出口运出；样本暂存区内的医疗废弃物，经废弃物出口运出。

（2）细胞学实验室区域

样本暂存区内的医疗废弃物，经废弃物出口运出。

（3）组织学实验室区域

样本暂存区内的医疗废弃物，经废弃物出口运出。

4. 样本流线

样本采集区的样本，经样本通道，被分别运送至分子样本接收区、细胞学及组织学样本接收区。其中分子样本接收区的样本，被运送至分子样本分析前处理区；细胞学、组织学样本接收区的样本，被分别运送至细胞学样本暂存区、组织学样本暂存区。细胞学样本暂存区的样本再流转至制片染色区，组织学样本暂存区的样本再流转至取材编号区。

（三）输血科实验室

图 2-3-5 给出了某医院输血科实验室流线组织示意图，从中可以看出输血科实验室与周围区域之间通过人物流通道相连，人流通道主要是医护工作者通道，物流通道包括洁物通道、污物通道（医疗废物处理区、污物出口）。

从图 2-3-5 还可以看出：输血科实验室可分为办公生活区、辅助区、实验区。实验区包括配血室区域、实验操作区、血液治疗区。

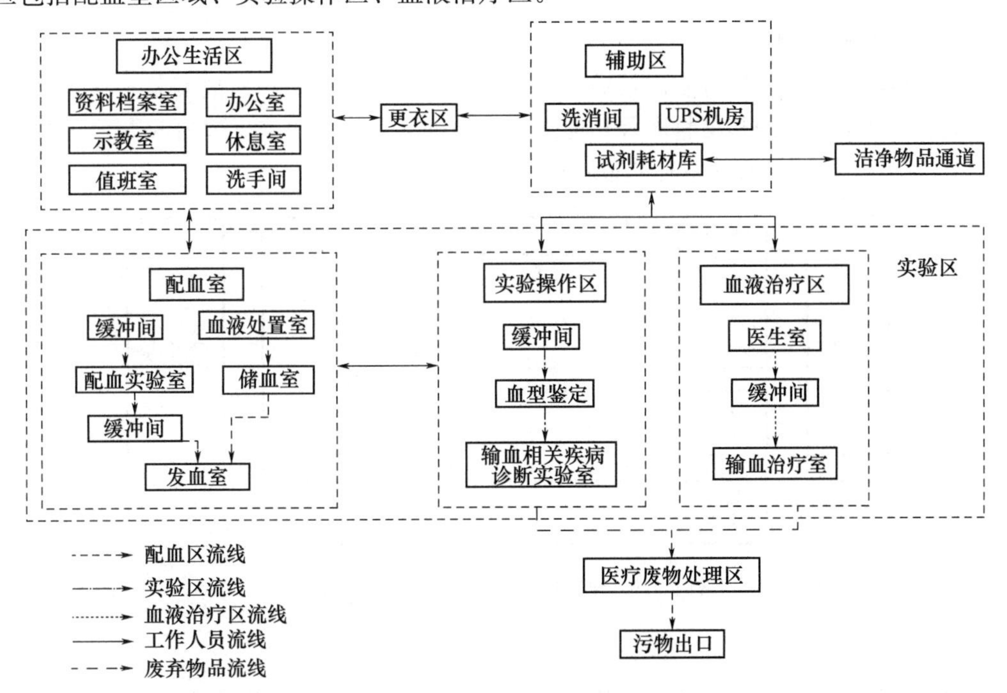

图 2-3-5　某医院输血科流线组织示意图

第四节 平面规划

一、实验室面积

实验室面积是实验室设计最重要的部分，合理的空间规划是保证实验室检测质量和工作人员安全的基础。空间不足是实验室的安全隐患，并影响实验室的工作质量。国内外对于实验室的面积没有强制性要求，一般应结合医院实际情况和工作量而定，应能满足临床检测工作需要，同时符合生物安全相关规定，并留有一定发展余量。

实验室规模可根据医院床位数和门诊需求量来确定，如表 2-4-1 所示，仅供参考。

表 2-4-1 实验室规模根据医院床位数和门诊需求量来确定示例

医院床位数/张	200	400	500	600	800	900	1000
检验科面积/m^2	297	716	935	1075	1578	1775	1972
血库（输血科）面积/m^2	55	137	163	197	268	301	335
病理科面积/m^2	135	289	299	354	507	570	634

注：数据来源于《医院建筑医疗工艺设计》（研究出版社，2018 年 4 月第一版）。

二、检验科实验室

检验科实验室的设计应充分考虑临床检验各专业工作的特殊性，综合考虑人员流线、物品流线、仪器设备布置等因素。

（一）基本布局

检验科实验室一般设置临床检验、生化检验、微生物检验、血液实验、细胞检查、血清免疫、洗涤、试剂和材料库等功能用房，另外辅助设置更衣、值班和办公等用房，图 2-4-1 给出了检验科实验室基本布局示意图，供参考。

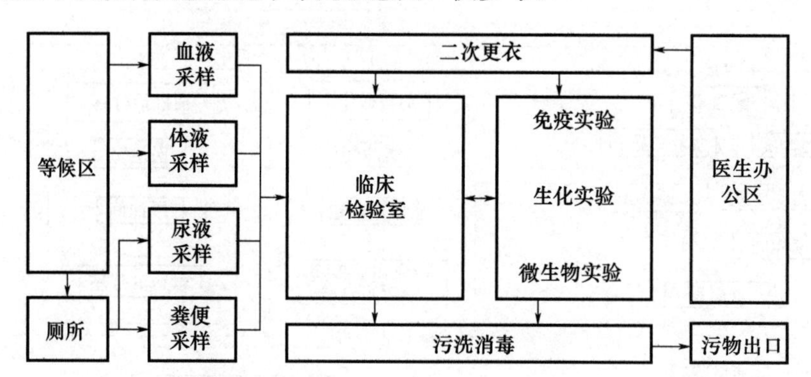

图 2-4-1 检验科实验室基本布局示意图

（二）案例

图 2-4-2、图 2-4-3 给出了某医院检验科实验室平面布置图，供参考。

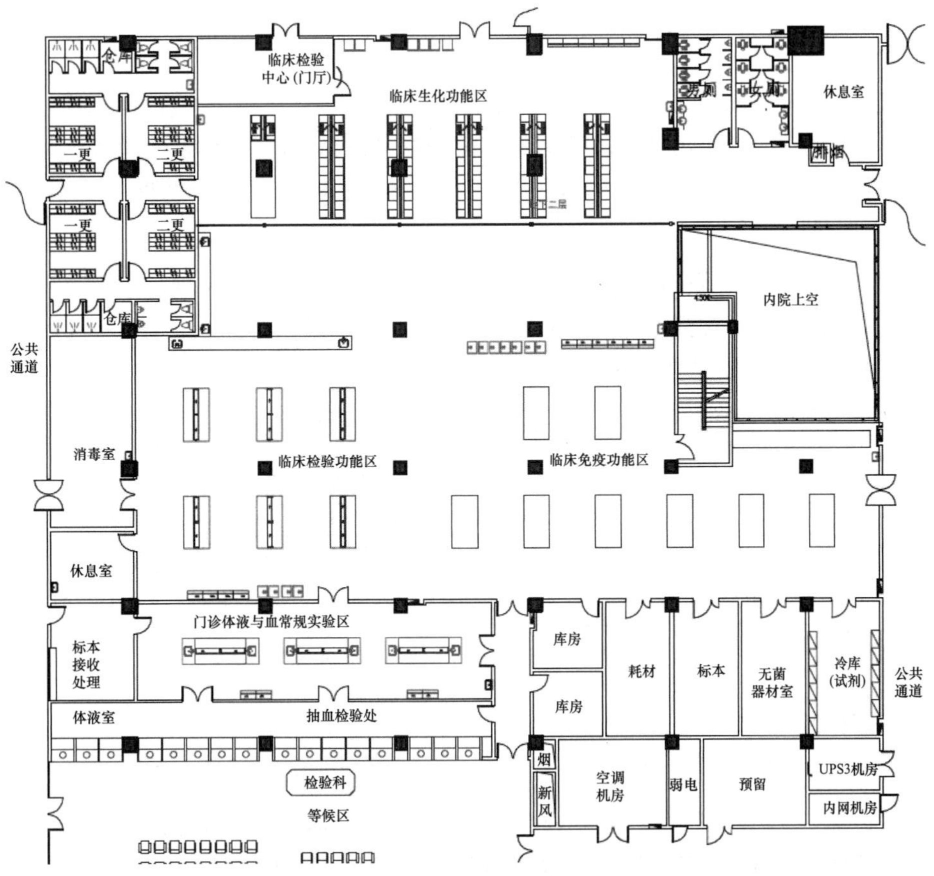

图 2-4-2　某医院检验科实验室平面示例 1

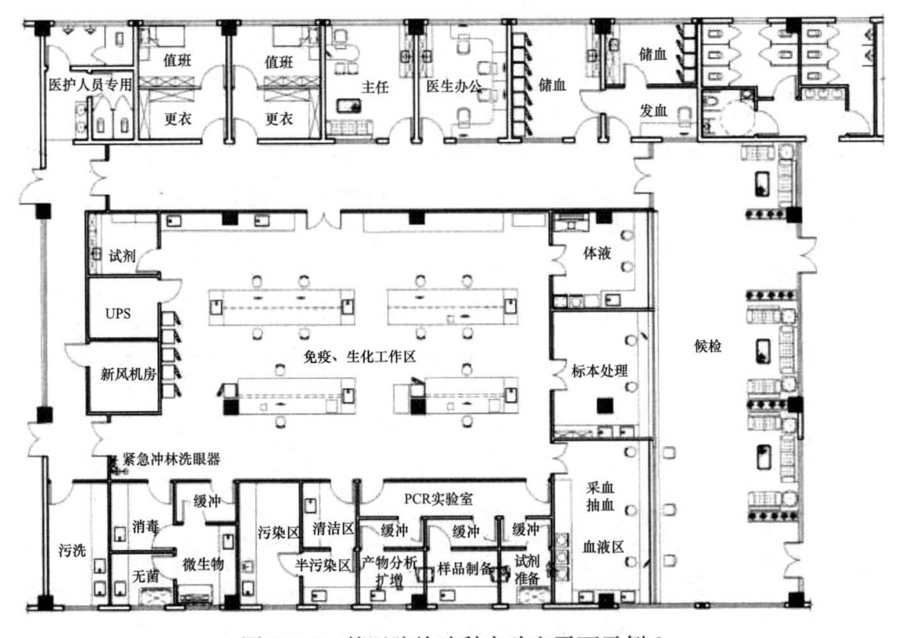

图 2-4-3　某医院检验科实验室平面示例 2

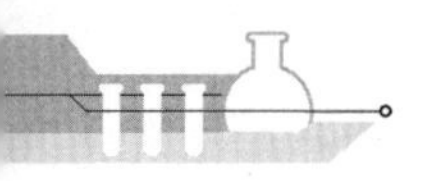

三、病理科实验室

病理科是医院疾病诊断的重要科室，其主要工作内容为活体组织检查及细胞学检查，部分具备条件的病理科可开展尸体病理检查。病理科一般设置取材、标本处理（脱水、染色、蜡包埋、切片）、制片、镜检、洗涤消毒和卫生通过等，辅助设置病理解剖间、标本库等。

（一）基本布局

实验区包括病人等候室、穿刺室、标本接收、切片、脱水、包埋、染色、免疫组化室、细胞技术室等；办公区由医生办公室、更衣室、示教室等组成。图 2-4-4 给出了病理科实验室基本布局示意图，供参考。

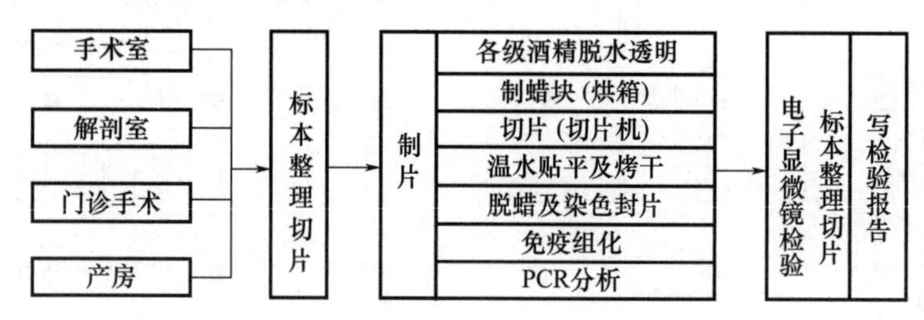

图 2-4-4　病理科实验室基本布局示意图

（二）案例

图 2-4-5、图 2-4-6 给出了某医院病理科实验室平面布局图，供参考。

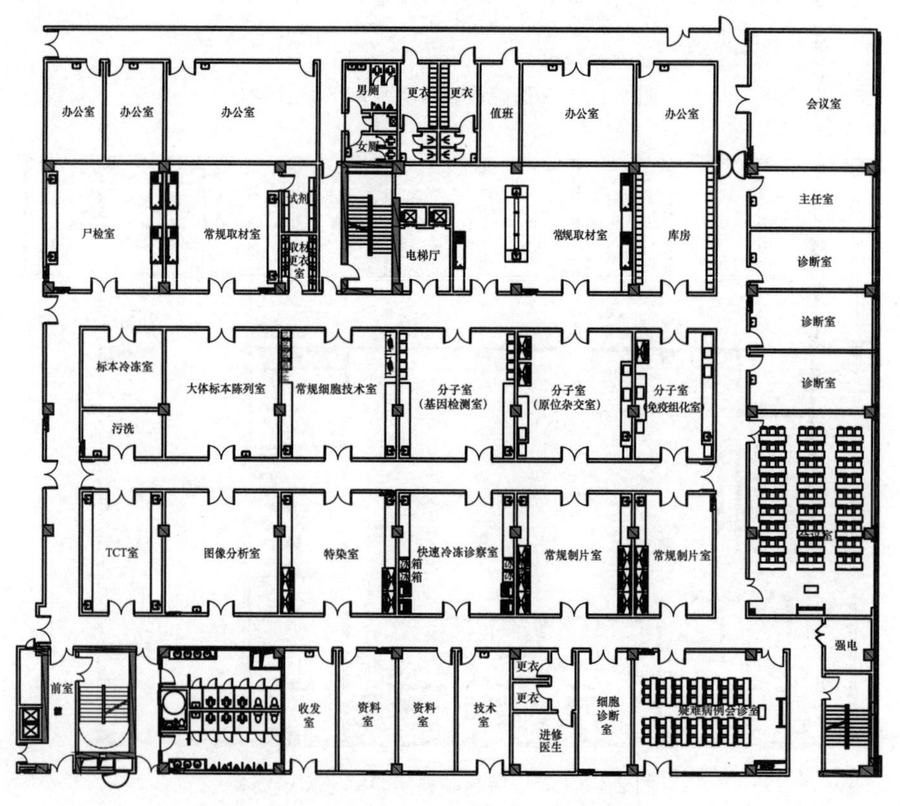

图 2-4-5　某医院病理科实验室平面布局 1

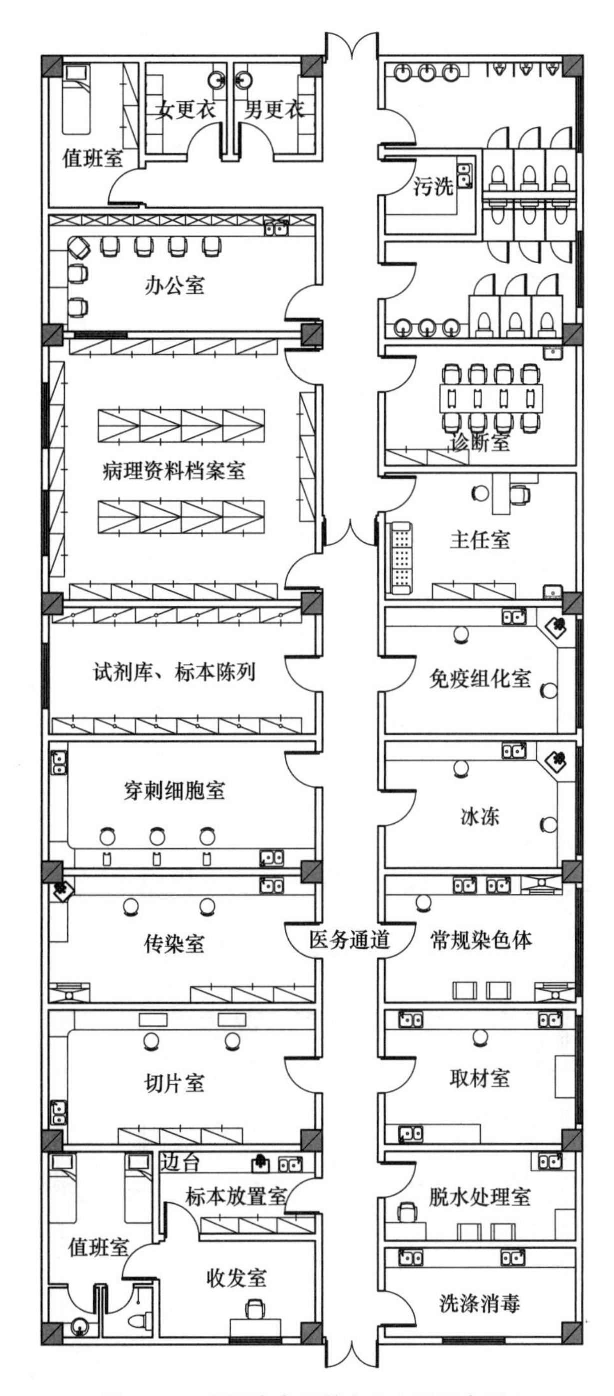

图 2-4-6　某医院病理科实验室平面布局 2

四、输血科实验室

输血科实验室应远离感染性污染源，应靠近病区和手术室，面积应满足实验室功能和工艺需求，一般情况下输血科不少于 200m²，血库不少于 80m²。

输血科至少应设置储血室、配血室、发血室、治疗室、值班室、办公室、洗涤室及

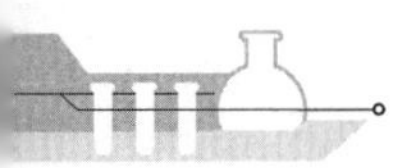

库房；血库至少应设置储血室、配血室、发血室、值班室。

（一）基本布局

图 2-4-7 给出了医院输血科实验室基本布局示意图，供参考。

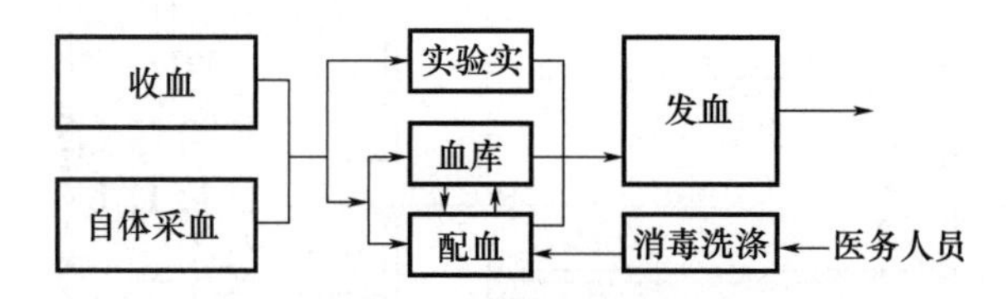

图 2-4-7　医院输血科实验室基本布局示意图

（二）案例

图 2-4-8、图 2-4-9 给出了医院输血科平面示例图，供参考。

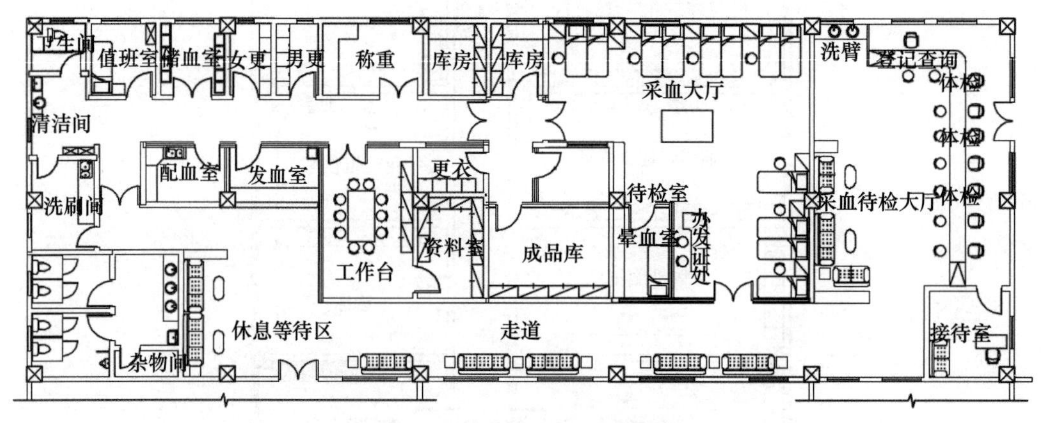

图 2-4-8　医院输血科平面案例 1

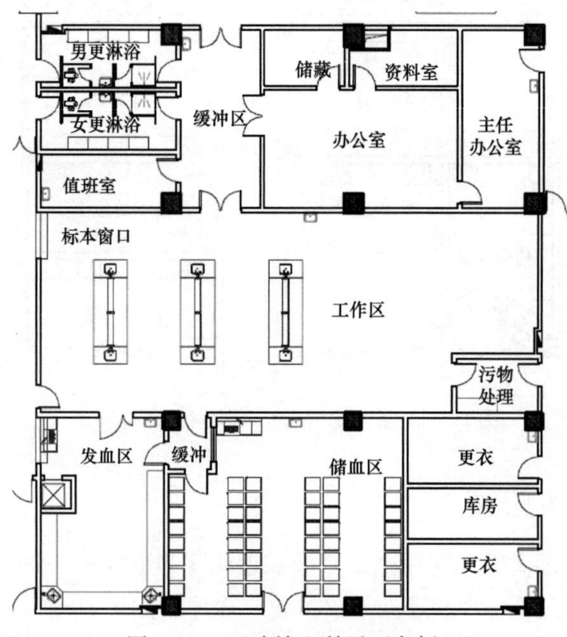

图 2-4-9　医院输血科平面案例 2

参考文献

[1] 沈崇德，朱希．医院建筑医疗工艺设计［M］．北京：研究出版社，2018.
[2] 任宁，包海峰，赵奇侠，等．医学实验室建设与运营管理指南［M］．北京：中国标准出版社，2019.
[3] 国家卫生和计划生育委员会规划与信息司．综合医院建筑设计规范：GB 51039—2014［S］．北京：中国计划出版社，2015.
[4] 中国合格评定国家认可中心．实验室　生物安全通用要求：GB 19489—2008［S］．北京：中国标准出版社，2009.
[5] 中国建筑科学研究院．生物安全实验室建筑技术规范：GB 50346—2011［S］．北京：中国建筑工业出版社，2012.
[6] 中国医学装备协会．医学实验室建筑技术规范：T/CAME 15—2020［S］．北京：中国标准出版社，2020.
[7] 中国疾病预防控制中心病毒病预防控制所．病原微生物实验室生物安全通用准则：WS 233—2017［S］．北京：中国标准出版社，2017.
[8] 曹国庆，唐江山，王栋，等．生物安全实验室设计与建设［M］．北京：中国建筑工业出版社，2019.

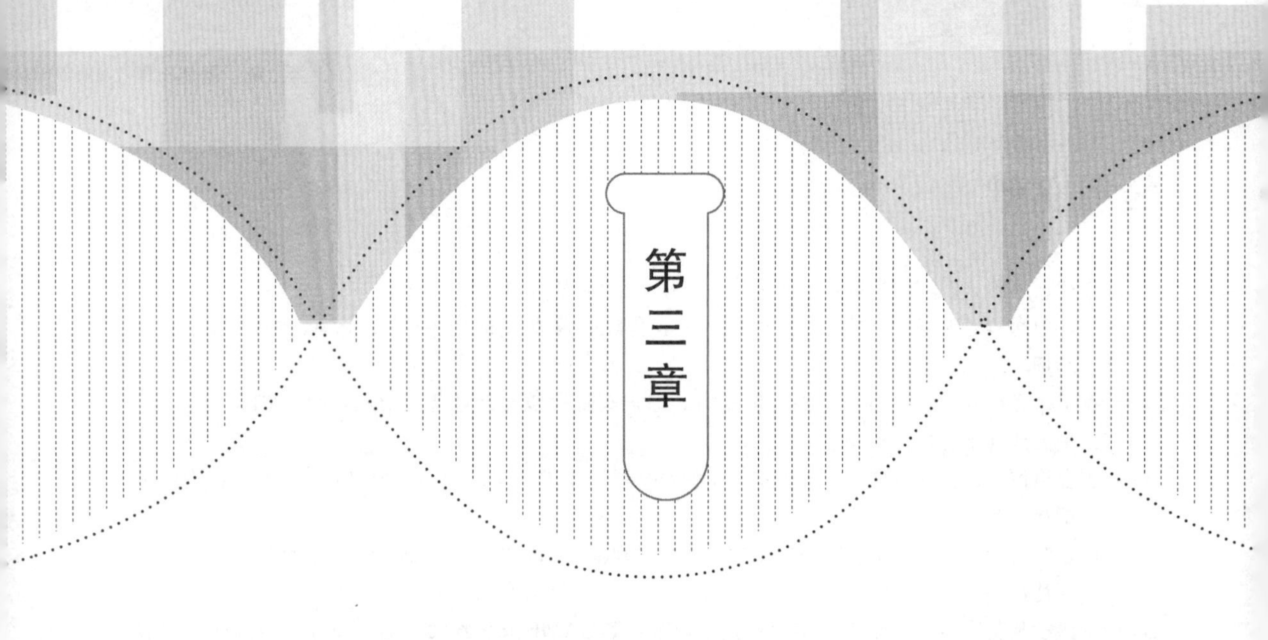

建筑装饰

第一节 基本要求

医学实验室建筑装饰设计主要包括建筑墙面、顶面、地面等界面的装饰及装修材料的选择和优化，门、窗等建筑围护结构及构件的选择和要求等。建筑装饰设计的基本要求包括但不限于以下几个方面：

（1）新建的医学实验室室内净高不宜低于 2.6m，改造的医学实验室室内净高不宜低于 2.5m；

（2）墙面、顶棚材料应易于清洁消毒，耐腐蚀，不起尘，不开裂，光滑防水，表面涂层宜具有抗静电性能；

（3）地面宜采用无缝防滑、耐磨、耐腐蚀材料，踢脚与墙面齐平，地面与墙面相交位置、围护结构相交位置宜做半径不小于 30mm 的圆弧处理；

（4）实验室门应能自动关闭，宜设置观察窗并设置门锁，实验室的门宜开向压力较高的区域，缓冲间的两个门之间宜互锁；

（5）要充分考虑超净工作台、通风橱、生物安全柜、离心机、热室分装机、双扉高压锅、污水处理设备等设备荷载情况；

（6）实验室设计应充分考虑超净工作台、通风橱、生物安全柜、双扉高压锅、污水处理设备等大型设备的安装空间和运输通道；

（7）在实验室或者实验室所在建筑内应配备高压灭菌器或者其他消毒灭菌设备。

第二节　内部装饰

一、地面

实验室地面应坚实耐磨，耐污，防水防滑，不起尘，易清洁，不易反光，耐冲击，应具有良好的耐久性、防菌、防霉和抗腐蚀性。地面材料通常有硬质地面及软质地面两种。在实验区主要功能用房中，考虑到实验室地面降噪、无反光、耐久舒适等要求，建议选用软质地面作为主要地面材料；在部分清洗间、水设备间等用水房间，建议采用地砖等硬质地面。在地面颜色的选择上，宜选择白色、浅灰、浅米、浅蓝、浅绿等清爽的浅色系，避免产生强烈的颜色对比及视觉疲劳。

（一）硬质地面

常用的硬质地面装修材料为陶瓷地砖（图 3-2-1），瓷砖地板是以耐火的金属氧化物及半金属氧化物，经由研磨、混合、压制、施釉、烧结等过程，形成的一种耐酸碱的瓷质或石质等。其原材料多由粘土、石英砂经过高温压缩混合而成，具有很高的硬度。

瓷砖整体造价相对较低，易于清洁、耐酸耐碱性能良好，但触感较硬，建议选用不易产生反光的釉面瓷砖。陶瓷地砖的防滑性能应满足 GB/T 35153—2017《防滑陶瓷砖》的规定。

图 3-2-1　陶瓷地砖地面

（二）软质地面

常用的软质地面装修材料主要有 PVC 塑胶地材、橡胶地材等（图 3-2-2）。

(a) PVC地板

(b) 橡胶地板

图 3-2-2　软质地面示例

1. PVC 地板

聚氯乙烯（PVC）塑料是由氯乙烯单体经自由基聚合而成的聚合物，英文名称为polyviny chloride，简称 PVC。PVC 地板从结构上分主要有复合体型和同质体型，另外还有一种是半同质体型；复合型 PVC 地板有多层结构，由 4～5 层结构叠压而成，一般有耐磨层（含 UV 处理）、印花膜层、玻璃纤维层、弹性发泡层、基层等。同质体 PVC 地板上下同质透心，即从面到底，从上到下，都是同一种花色。

PVC 地板具有耐腐蚀性、耐污性、耐磨性、防水防滑性、轻质、韧性较好、触感舒适、弹性好、吸声性能好、安装便携等优点。缺点在于同地面的弥合性较差，单纯铺贴容易造成地面不平整。通常在铺贴前，需要加做 3mm 厚环氧树脂自流平地面后再进行铺贴，以保证地面的平整性。

2. 橡胶地板

橡胶地板是由天然橡胶、合成橡胶和其他成分的高分子材料所制成的地板。天然橡胶指从人工培育的橡胶树采下来的橡胶。丁苯、高苯、顺丁橡胶为合成橡胶，是石油的附产品。

橡胶地板具有高弹性、抗冲击、防滑、耐水防潮、材质轻、绿色环保、铺设简便、维护便捷等优点。橡胶地板一般用于高端场所或对耐磨性能要求极高的场所，价格比 PVC 地板高。

二、墙面

医学实验室墙面应不起尘、易清洁、耐腐蚀、抗撞击。在墙面装饰材料的选择上，普通实验室、办公室等多采用医用抗菌涂料、瓷砖等常规装饰材料；当室内有洁净度要求或墙面有特殊抗菌清洗要求时，可选用耐擦洗、抗污抗菌效果优良、防潮防腐防霉的材料，如夹芯彩钢板（或称为“彩钢夹芯板”）、复合铝板、无机复合板、电解钢板等。复合铝板、无机复合板、电解钢板等材料的造价相对较高，因此夹芯彩钢板成为医学实验室内墙装修更多选用的墙面材料。

夹芯彩钢板由两层成型彩钢板面板和隔热内芯组成（图 3-2-3），按夹芯材料的不同，可分为聚苯乙烯、聚氨酯、岩棉、铝蜂窝、玻璃丝棉夹芯板等。夹芯彩钢板常用厚度尺寸有 50mm、75mm、100mm、150mm、200mm（其中后 2 种厚度一般用于冷库），常见宽度为 1200mm、1150mm、1000mm、950mm，长度按工程要求及运输条件定尺寸。夹芯彩钢板具有隔热、保温、防水、隔声、轻质、抗震等特点。

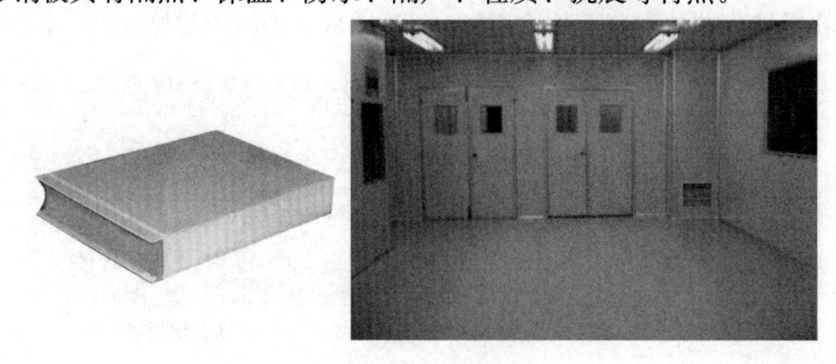

图 3-2-3　夹芯彩钢板

墙面的阴阳角用铝合金做圆角处理，曲率半径宜大于 30mm，铝合金表面做电泳处理。墙面所有接缝处应做密封处理，以保证围护结构的气密性，最大限度地降低围护结构的漏风率。在墙面颜色的选择上，通常选择白色、乳白色、浅米色等。

三、吊顶

医学实验室吊顶材料应选择抗污、不起尘、不易霉变、不易变形、易维护、吸声性能好、环保抗菌的材料，同时应具备良好的防火性能。普通实验室、办公室等通常可选择防火纸面石膏板、无机复合板、医用抗菌矿棉板、高晶板、藻钙板等吊顶材料（图 3-2-4）。

图 3-2-4　抗菌矿棉板及吊顶效果

医学实验室顶棚上的设备管线比一般建筑多而复杂，通风空调系统末端风口、吊顶设备检修口等较多，使用大规格板材会造成吊顶繁杂、不易检修等困扰，因此小规格板材逐渐取代大规格板材，成为医学实验室一般用房的主流饰面材料。

小规格板材通常有两类：一类是抗菌矿棉板、藻钙板、硅酸钙板等复合板材，另一类是铝单板、铝扣板等金属板材（图 3-2-5）。该类材料尺寸规格通常有 600mm×600mm、600mm×900mm、600mm×1200mm 等模块化尺寸。通常用配套的次龙骨固定，每块板材均可以单独拆卸更换，具有质量轻、抗菌性及耐火性能优越、便于设备管线维修管理、易于维护等优点。

图 3-2-5　铝扣板及吊顶效果

当室内有洁净度等级要求时，吊顶材料可选择夹芯彩钢板、玻镁彩钢板等，顶棚同墙面应做圆角处理。此外，吊顶不能过于光滑，防止出现镜面反射，形成眩光影响医务人员进行实验操作。

四、门窗

实验室门窗应具有良好的密闭性能，门上应设观察窗，观察窗宜选用双层中空玻璃。为便于清洁、消毒，实验室的门宜选用金属制光面材料（涂耐药性兼耐热性涂料）。某实验室门窗实例如图 3-2-6 所示。

图 3-2-6　实验室门窗实例

五、安全标识

实验室的每个出、入口应清晰可辨，紧急出口应有标记。实验区入口处应设置危害性标志、安全告示，应明确标示出生物防护级别、操作的致病性生物因子、实验室负责人姓名、紧急联络方式等。

卫生行业标准 WS 589—2018《病原微生物实验室生物安全标识》规定了病原微生物实验室生物安全标识的规范设置、运行、维护与管理，适用于从事与病原微生物菌（毒）种、样本有关的研究、教学、检测、诊断、保藏及生物制品生产等相关活动的实验室。该标准给出的生物危害（Biohazard）专用标识如图 3-2-7 所示。

图 3-2-7　生物危害标识

第三节　家具配置

一、检验科实验室

检验科通常设置临床实验室、生化实验室、微生物实验室、血液实验室、细胞检查室、血清免疫、洗涤间、试剂室和材料库房等功能用房，其设备及家具配置简介如下。

（一）仪器设备配置

（1）常用检验仪器主要有免疫流水线、生化仪、发光仪、酶联免疫仪、血型仪、血凝仪、血红蛋白仪、荧光显微镜、免疫印迹仪、干式生化仪、特定蛋白仪、实时荧光定量 PCR 仪、血培养仪、细菌鉴定仪、尿常规流水线等。

（2）生化检验室通常配备通风柜、仪器柜、药品柜、防振天平台，以及贮藏贵重药物和剧毒药品的设施。

（3）无菌实验室通常配备恒温培养箱、二氧化碳培养箱、普通冰箱（冰柜）、低温冰箱（冰柜）、超低温冰箱（冰柜）、摇床、离心机、超净工作台、层流罩等。

（4）PCR 实验室通常配备普通冰箱（冰柜）、低温冰箱（冰柜）、超低温冰箱（冰柜）、离心机、电泳槽、PCR 仪、超净工作台、通风橱、生物安全柜等。

（5）《临床基因扩增检验实验室基本设置标准》中规定了 PCR 实验室每个区所需的仪器设备，如表 3-3-1 所示。

表 3-3-1　仪器设备

房间名称	仪器设备名称
试剂准备区	高速台式离心机、超净台、天平、混匀器、冰箱、微量加样器×2
标本制备区	高速台式冷冻离心机、超净台、混匀器、冰箱、水浴箱或加热模块×2、生物安全柜、移动紫外灯、微量加样器×2
扩增区	基因扩增仪、移动紫外灯、微量加样器
产物分析区	移动紫外灯、酶标灯、洗板机、恒温箱、微量加样器×2

（6）生物安全实验室通常配备恒温培养箱、二氧化碳培养箱、普通冰箱（冰柜）、低温冰箱（冰柜）、超低温冰箱（冰柜）、摇床、离心机、生物安全柜、可移动式消毒锅、双扉消毒锅等。

（7）艾滋病筛查实验室需配备血清学检测和 BSL-2 所需仪器设备，一般包括酶标读数仪、洗板机、普通冰箱、低温冰箱、水浴箱（或温箱）、离心机、旋转震荡器、全自动免疫印迹仪、加样器、专用计算机、洗眼器、条码机、传真机、摄像器材、消毒和污物处理设备、实验室恒温设备、安全防护用品和生物安全柜。

（8）实验室区域距离危险化学试剂 30m 内应设有紧急洗眼和淋浴装置，若危险度大，应将安全设备设于更近处。

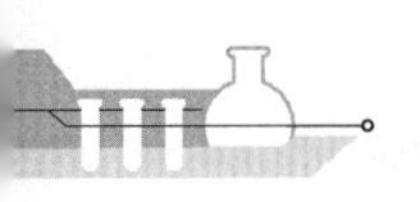

现代检验仪器设备朝着大型化、自动化流水线方向发展，不少医院建立了大型实验室，把生化、免疫检验室合并设在一间。为方便工作和仪器维修，在大型实验室中，通常在房屋中间摆设大型和主要仪器设备，便于仪器工作时的散热、故障维修以及清洁。标本处理、分配、加样和一些不需要上机操作的小实验，则在墙边工作台上进行，这样布置对工作人员流动和样本的转运也十分方便，如图 3-3-1 所示。

图 3-3-1　实验室设备（自动化流水线）

（二）实验室家具

实验室家具应牢固，为便于清洁，各种家具和设备之间应保持一定距离，家具和设备的边角和突出部位应圆滑，无毛刺。

实验室家具依据其使用的材质可分为全钢家具、钢木家具、全木家具三大类，应结合实验室的实际情况选用合适的家具。全钢家具外形美观但价格较高；全木家具因其在承重、防水方面的弊端已经很少被选用；钢木家具应用较多，价格适中，采用钢制框架加木制柜体组合而成，台面防水，耐腐蚀、耐高温，外形美观，承重性好。

实验台面材质主要有理化板、环氧树脂板和陶瓷板，可根据不同使用场景或使用性质选择。如果涉及耐刻刮、耐染色、耐腐蚀、耐高温、防水抗菌等性能要求，宜选用陶瓷板。实验台在制作前应结合现场实际情况和工作需要来确定长度和款式，过多的家具会占用工作空间，家具数量不足又会影响工作开展。

实验室边台或中央台宜配置多功能柱，即将强电、弱电、气源、水源从吊顶上经多功能柱引至工作面，在多功能柱上设有标准端口，供实验时取用，柱内分隔为多个区，强电、弱电、水、气分别在一个独立的区内，避免互相接触。

图 3-3-2 给出了检验实验室台面及家具布局图示例，供参考。

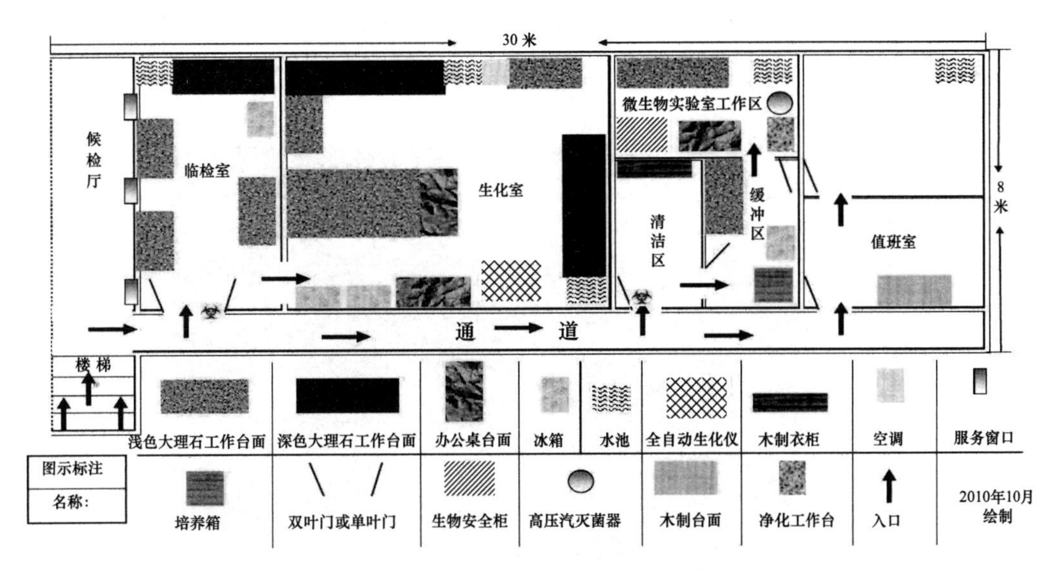

图 3-3-2　检验实验室台面及家具布局平面图示例

二、病理科实验室

GB 51039—2014《综合医院建筑设计规范》给出了病理科的功能用房配置要求，即根据工作需要设置取材、制片、标本处理（脱水、染色、蜡包埋、切片）、镜检、洗涤消毒和卫生通过等功能用房。这些功能用房配备的基本设备包括但不限于：

（1）冰箱、离心机、加样器、压力蒸汽灭菌器、生物安全柜等；

（2）与开展检验项目相适应的设备，如生化分析仪、血细胞分析仪、尿液分析仪、酶标仪、发光分析仪、细菌培养和鉴定仪、核酸分析仪等；

（3）脱水机、石蜡包埋机、切片机、染色机等病理检查设备，此类设备使用过程中往往会产生较多的刺激性废气及废液，需要考虑通风换气条件、废弃物收集或无害化处理措施。

第四节　专用设备

一、通风设备

医学实验操作过程中经常会产生各种难闻的、有腐蚀性的、有毒的气体，这些有害气体如果不及时排至室外，可能造成室内空气污染，影响工作人员的健康与安全。通风空调系统是实验室设计与建设的重要一环，通风柜、生物安全柜等局部通风设备在实验室中被大量应用，这两种通风设备简介如下。

（一）通风柜

1. 设备简介

通风柜是实验室中最常用的一种局部排风设备，如图 3-4-1 所示。通风柜一般有三种形式，其区别在于排风口的位置不同，适用于密度不同的污染物。污染物密度小时用上排风；密度大时用下排风；而密度不确定时，可选用上下同时排风，且上部排风口可调。

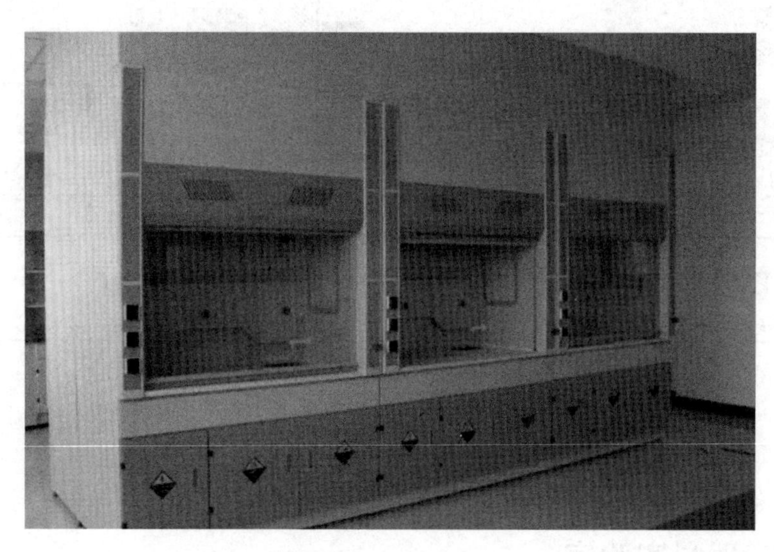

图 3-4-1　通风柜

通风柜的柜门上、下可调节，在操作许可条件下，柜门开启度越小越好，这样在同样的排风量下有较好的效果。通风柜控制污染物的能力主要取决于开口处的风速。影响通风柜开口风速和空气运动的因素是涡流、开口形状、机械作用、热载量、排风孔设计和阻凝物等。

2. 规格性能

通风柜常用的长度尺寸规格有 1200mm、1500mm、1800mm 等，深度一般取 850～900mm。如果单柜不能满足使用要求，可以考虑两台或多台并列，柜间可根据需要设置或不设置间壁，若考虑灵活性可设置活动间壁。如果工艺上需要更大长度，可将多单元连续设置，中间不设间壁。通风柜台面高度一般取 850～1000mm；操作视窗开孔高度，通常取 400mm 左右。

通风柜接驳管道一般采用耐强酸碱、耐腐蚀及低噪声的 PE、PVC 或玻璃钢材质，排风接口管径一般为 250mm，管道弯曲部位宜用弯曲半径为 1.2～2 倍 R 值的弯头过渡，以减少风速摩擦的噪声。

3. 选型设计要点

(1) 通风柜内衬板及工作台面，按使用性质不同应具有相应的耐腐蚀、耐火、耐高温、防水等性能。应采用避免液体外溢或渗漏的盘式（碟型）工作台面，并应设杯式排水斗。通风柜外壳应具有耐腐蚀、耐火及防水等性能。

(2) 通风柜内的公用设施管线应暗敷，向柜内伸出的龙头配件应具有耐腐蚀及耐火性能。各种公共设施的开闭阀、电源插座及开关等应设于通风柜外壳上或柜体以外易操作处。

(3) 通风柜柜口窗扇以及其他玻璃配件，应采用透明安全玻璃。

(4) 通风柜的选择及布置应与建筑标准单元组合设计紧密结合。

（5）通风柜应贴邻或靠近管道井或管道走廊布置，并应避开主要人流及主要出入口。

（6）不设置空气调节的实验室，通风柜应远离外窗布置；设置空气调节的实验室，通风柜应远离室内送风口布置。

（二）生物安全柜

1. 设备简介

生物安全柜是为了保护操作人员及周围环境安全，把处理病原体时发生的污染气溶胶隔离在操作区域内的第一道隔离屏障，通常称为一级屏障或一级隔离。国家标准《生物安全柜》GB 41918—2022 给出的生物安全柜术语定义是“负压过滤排风柜，防止操作者和环境暴露于试验过程中产生的生物气溶胶”。行业标准 YY 0569—2011《Ⅱ级生物安全柜》给出的生物安全柜的术语定义是“负压过滤排风柜，防止操作者和环境暴露于实验过程中产生的生物气溶胶”；国家标准 GB 19489—2008《实验室　生物安全通用要求》给出的生物安全柜的术语定义是“具备气流控制及高效空气过滤装置的操作柜，可有效降低实验过程中产生的有害气溶胶对操作者和环境的危害”。

生物安全柜作为生物安全的一级屏障，其工作原理主要是通过动力源将外界空气经高效空气过滤器（High-Efficiency Particulate Air Filter，HEPA）过滤后送入安全柜内，以避免处理样品被污染，同时，通过动力源向外抽吸，将柜内经过高效空气过滤器过滤后的空气排放到外环境中，使柜内保持负压状态。该设备能够在保护实验样品不受外界污染的同时，避免操作人员暴露于实验操作过程中产生的有害或未知性生物气溶胶和溅出物。因此被广泛应用于各级医疗机构检验科室、各级疾病/疫病预防控制中心、各类高等级生物安全实验室及各类药品制造企业。

生物安全柜是实现第一道物理隔离的关键产品，是生物安全实验和研究的第一道屏障，也是最重要的屏障之一。生物安全柜的质量直接关系到科研和检测人员的生命安全，关系到实验室周围环境的生物安全，同时也直接关系到实验结果的准确性。

2. 分级分类

国内外生物安全柜标准分类略有不同，其内容和范围也不完全相同。欧洲标准 EN 12469 对Ⅰ级、Ⅱ级和Ⅲ级三个级别生物安全柜性能和试验方法都有明确的规定，但对Ⅱ级生物安全柜的分类没有详细描述；美国标准 NSF 49 和日本标准 JISK 3800 对Ⅱ级生物安全柜的性能和试验方法有详细的描述，对Ⅱ级生物安全柜从结构和性能上进行了分类。生物安全柜的分级分类简介如下。

（1）Ⅰ级生物安全柜

Ⅰ级生物安全柜是最低一级，只要求保护工作人员和环境而不保护样品。气流原理和实验室通风橱一样，不同之处在于排风口安装有高效过滤器，如图 3-4-2 所示。Ⅰ级生物安全柜本身无风机，依赖外接排风管中的风机带动气流，由于不能保护柜内实验样品，目前已较少采用。

（2）Ⅱ级生物安全柜

Ⅱ级生物安全柜目前使用最为广泛，其工作原理是通过高效过滤器的洁净气流从安全柜顶部垂直吹下，通过工作区域，在工作人员的呼吸区前被吸入安全柜的回风格栅，该气流经过高效过滤器处理后排至实验室内或大气中。所以Ⅱ级生物安全柜对工作人员、环境和产品均提供保护。

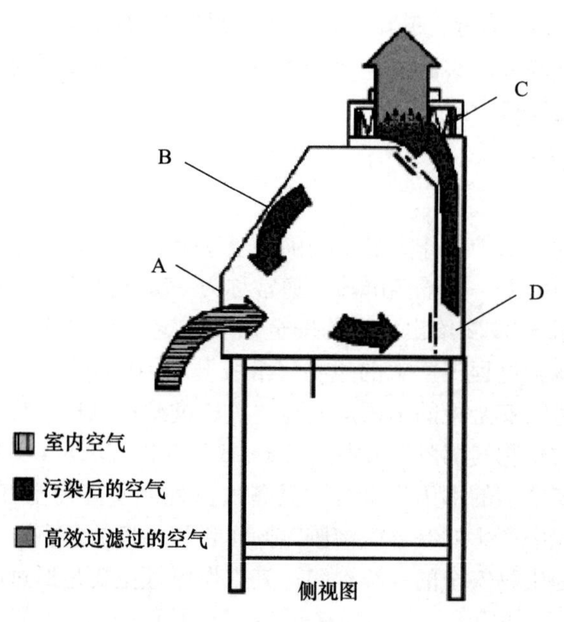

图 3-4-2　Ⅰ级生物安全柜

我国国家标准《生物安全柜》GB 41918—2022 借鉴国外相关标准，对Ⅰ级、Ⅱ级和Ⅲ级三个级别生物安全柜的分类进行了描述和规定。我国在Ⅱ级生物安全柜分类方法上采用了美国标准的方法，因为目前国内市场上销售和使用的进口安全柜以美国产品为主，并且日本标准中的分类方法也接近美国标准，这样有利于我国产品和国际标准接轨，方便该产品市场的统一管理。各国标准对Ⅱ级柜的具体分类详见表 3-4-1。

表 3-4-1　Ⅱ级柜分类表

特征	美国标准	日本标准	我国标准
分类	A1；A2；B1；B2	A；B1；B2；B3	A1；A2；B1；B2
循环空气比例	A1：70% A2：70% B1：30% B2：0	A：50%～70% B1：30% B2：0 B3：50%～70%	A1：70% A2：70% B1：30% B2：0
有无正压污染区	A1：有 A2：无 B1：无 B2：无	A：有 B1：无 B2：无 B3：有，但被负压区域包围	A1：有 A2：无 B1：无 B2：无
前窗入口平均进风速度	A1：≥0.38m/s A2：≥0.50m/s B1：≥0.50m/s B2：≥0.50m/s	A：≥0.40m/s B：≥0.50 m/s B2：≥0.50m/s B3：≥0.50m/s	A1：≥0.40m/s A2：≥0.50m/s B1：≥0.50m/s B2：≥0.50m/s

目前国内实验室 A1、B1 型Ⅱ级生物安全柜使用较少，这里不再赘述。A2 型生物安全柜工作窗口气流平均风速至少为 0.5m/s。该类生物安全柜有 30%的外排风（外排

风经高效过滤器过滤），另有70％的内循环风（内循环风经高效过滤器过滤），A2型生物安全柜内部气流如图3-4-3所示。

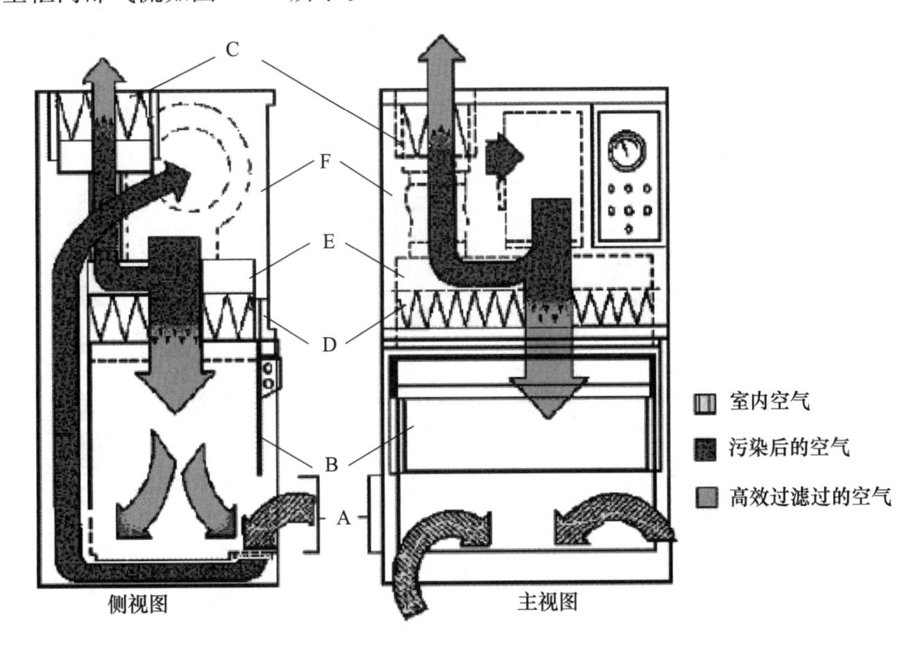

图3-4-3 Ⅱ级A2型生物安全柜内部气流

B2型为100％全排型生物安全柜，无内部循环气流，可同时提供生物性和化学性的完全控制，如图3-4-4所示。B2型生物安全柜可以进行挥发性有毒的化学试剂实验和挥发性的放射性实验。

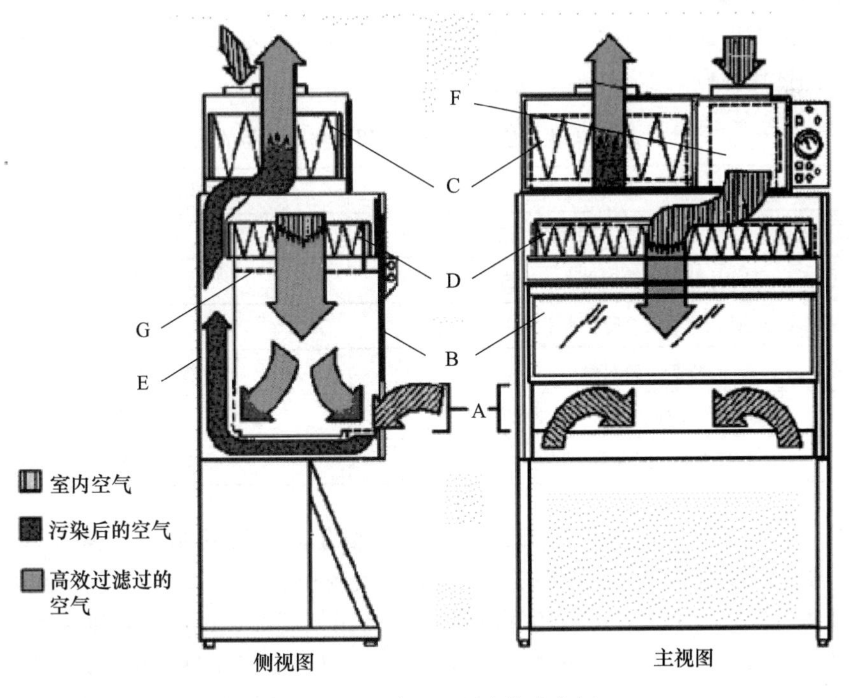

图3-4-4 Ⅱ级B2型生物安全柜

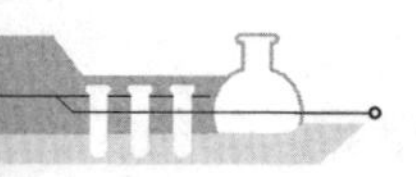

（3）Ⅲ级生物安全柜

Ⅲ级生物安全柜是为生物安全四级实验室而设计的，进行致命而又无预防措施的微生物操作，因此应具有严格的保护措施，如图 3-4-5 所示。该类型生物安全柜柜体完全气密，工作人员通过连接在柜体的手套进行操作，俗称“手套箱”（Glove box），试验品通过双门互锁的传递窗进出安全柜以确保柜内污染不外溢，适用于高风险的生物实验。

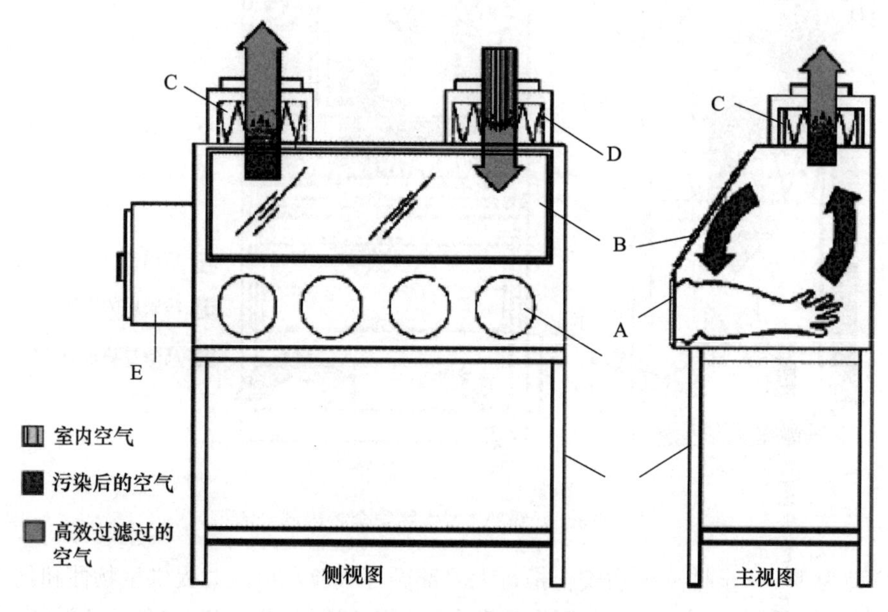

图 3-4-5　Ⅲ级生物安全柜

3. 选型设计要点

国家标准 GB 50346—2011《生物安全实验室建筑技术规范》第 5.1.4 条给出了生物安全柜的选用原则，如表 3-4-2 所示。

表 3-4-2　生物安全实验室选用生物安全柜的原则

防护类型	选用生物安全柜类型
保护人员，一级、二级、三级生物安全防护水平	Ⅰ级、Ⅱ级、Ⅲ级
保护人员，四级生物安全防护水平，生物安全柜型	Ⅲ级
保护人员，四级生物安全防护水平，正压服型	Ⅱ级
保护实验对象	Ⅱ级、带层流的Ⅲ级
少量的、挥发性的放射和化学防护	Ⅱ级 B1，排风到室外的Ⅱ级 A2
挥发性的放射和化学防护	Ⅰ级、Ⅱ级 B2、Ⅲ级

目前实验室中使用最多的生物安全柜类型是Ⅱ级生物安全柜（包括 A2 型和 B2 型）。A2 型生物安全柜与 B2 型生物安全柜的主要区别在于“A2 型生物安全柜的排出气流经过过滤后排回到室内，B2 型生物安全柜的排出气流经过过滤后外排到室外”。由于两种型号的生物安全柜均经过过滤后再排出气流，从生物安全性来讲，这两种型号的安全柜没有太大的差别。但如果实验对象有可能产生放射性气体、有毒刺激性气体，应选

用 B2 型生物安全柜，否则可选用 A2 型生物安全柜。

如果选用 B2 型生物安全柜，由于其排风量较大，需考虑实验室的补风，且补风量应和排风相匹配，即保证实验室有足够的换气量，否则会导致生物安全柜吸入风速过低，引起报警并将严重降低其生物安全性。实验室的补风应考虑进行冷热处理、过滤处理等空气处理过程。

由于设置生物安全柜的实验室均需要一定的通风换气量，尤其是设置了 B2 型生物安全柜的实验室，为了避免吹风感，实验室面积不宜过小。实验室需要的面积计算原则举例说明如下（仅供参考）。

国家标准 GB 50346—2011《生物安全实验室建筑技术规范》第 4.1.7 条指出“三级和四级生物安全实验室的室内净高不宜低于 2.6m”，第 3.3.5 条以表格形式给出了生物安全三、四级实验室最小换气次数为 12 次/h（对应洁净度等级 ISO 8 级）或 15 次/h（对应洁净度等级 ISO 7 级），二级生物安全实验室可以参照执行。如实验室设置 1 台 B2 型生物安全柜（排风量 1500m^3/h），按房间换气次数 15 次/h 计算，则所需实验室面积为 1500÷2.6÷15≈38.5（m^2），按换气次数 30 次/h 计算，则所需实验室面积约为 19.2m^2。由于房间换气次数不宜过大，否则容易有吹风感，故给出的建议是如果实验室设置 1 台 B2 型生物安全柜，实验室面积不宜小于 20m^2。需要说明的是该案例计算给出的 30 次/h 换气次数为经验值，对某一具体工程项目未必适用，合理数值需要设计院通过数值模拟计算或实验测试给出。

二、实验台

实验台制作前应结合现场实际情况和工作需要来确定长度和款式，过多的家具会占用工作空间，家具数量不足又会影响工作开展，实验工作台的设计和选择应考虑以下因素：

（1）实用和美观的原则；

（2）工作台高度一般设置为 82～85cm；

（3）工作台面的承受力、耐腐蚀等；

（4）采血点工作台应方便病人腿脚伸放，适合采血位；

（5）实验室门的宽度要满足工作台搬运和仪器设备更换的需求。

（一）配置要点

（1）实验台台面按使用性质不同应具有相应的耐磨、耐腐、耐火、耐高温、防水及易清洗等性能，配备水槽的台面应采用预防液体外溢或渗漏的盘式（碟型）台面。

（2）各种公用设施管线及龙头、电源插座及开关等配件，宜与实验台体的公用设施支架，或与实验台体靠近的独立公用设施支架，或管槽结合在一起。实验用水盆宜与实验台体结合在一起。

（3）实验台的选择及布置应与建筑标准单元组合设计、紧密结合。

（4）实验室多个工作台之间的通道宽度不宜小于 1.2m。

（二）规格尺寸

1. 长度

实验台长度通常宜考虑每人 1000～1200mm，而有机化学实验台则需考虑得长一些，可取1400～1600mm。科研人员所需的实验台长度应考虑各科研人员对其所从事的实验的具体要求。可参考GB 24820—2009《实验室家具通用技术条件》。

2. 高度

高度一般取850mm，若男性实验人员数量占较高比例则可取900mm，针对某些特殊的实验工作其实验台也可做成800mm左右。

3. 宽度

单面实验台净宽一般为600～750mm，标准宽度为750mm，双面实验台宽度为1500mm，对于放置大型仪器的台面可适当加宽，台面上的药品架宽度可设计为200～300mm。参考GB 24820—2009《实验室家具通用技术条件》。

（三）实验台的组成

实验台有两种组成方式：一是整体式实验台，搬运不灵活，安装不方便，使用率较低；二是现场组装实验台，将整个实验台分成几个小单元在现场组装，台面必须是一个整块，分单元拼成的实验台，可空出部分空间进行管线安装维修。

一般实验台主要是由台面和台下的支架或实验柜构成，为了方便实验操作，台上设有试剂架，管线盒或洗眼装置等，如图3-4-6所示。

图3-4-6　实验台

三、安全设施

GB 51039—2014《综合医院建筑设计规范》第5.13.6条对检验科用房规定“危险化学试剂附近应设有紧急洗眼处和淋浴”；T/CAME 15—2020《医学实验室建筑技术规范》第5.3.10规定：应在实验室工作区配备紧急喷淋装置；在紧急喷淋装置附近应设置地面排水地漏；应在实验室工作区配备洗眼装置，洗眼装置距离实验区最不利距离不应超过30m。

实验室紧急冲淋器一般设置于实验室前处理区域，常见的为落地组合式不锈钢紧急冲淋、洗眼器，具有紧急冲淋、洗眼功能，开关为上拉下脚踏及手动洗眼器控制，如图3-4-7所示。

洗眼器和冲淋设备在正常运行时，各个喷头要能够同时单独使用，洗眼器和冲淋设备的出水速度应尽量稳定和均衡。喷头喷出的水要柔和，呈现水雾状态，防止水流过大。这样既可以扩大冲洗面积，又避免水流过急对眼睛造成不舒服的感觉。

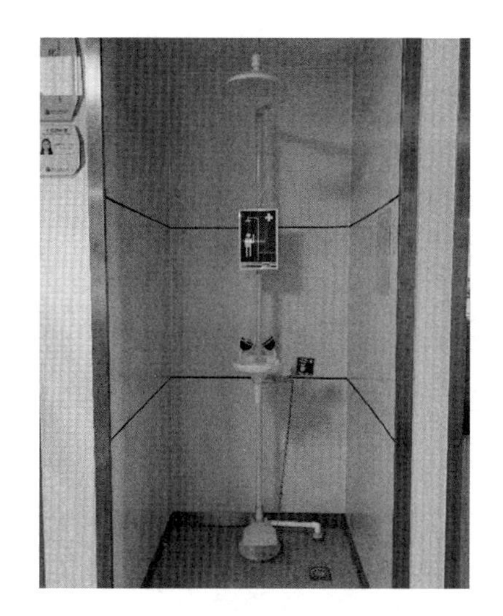

图 3-4-7　洗眼器及紧急喷淋装置

洗眼器的每一个喷头上面都应该有一个防尘盖。使用洗眼器的时候，水流会自动冲开防尘盖。防尘盖由一根不锈钢丝链子连接在洗眼器上面。在洗眼器没有使用的情况下，应该把防尘盖盖在喷头上面，以保证洗眼器的喷头不会被灰尘或者其他物质堵塞。洗眼器的阀门应该容易操作，且打开时间不能超过 1s，阀门应该具有防腐蚀的功能。

参考文献

[1] 国家卫生和计划生育委员会规划与信息司．综合医院建筑设计规范：GB 51039—2014［S］．北京：中国计划出版社，2015.

[2] 中国医学装备协会．医学实验室建筑技术规范：T/CAME 15—2020［S］．北京：中国标准出版社，2020.

[3] 中国合格评定国家认可中心．实验室　生物安全通用要求：GB 19489—2008［S］．北京：中国标准出版社，2009.

[4] 中国建筑科学研究院．生物安全实验室建筑技术规范：GB 50346—2011［S］．北京：中国建筑工业出版社，2012.

[5] 中国疾病预防控制中心病毒病预防控制所．病原微生物实验室生物安全通用准则：WS 233—2017［S］．北京：中国标准出版社，2017.

[6] 曹国庆，唐江山，王栋，等．生物安全实验室设计与建设［M］．北京：中国建筑工业出版社，2019.

[7] 全国认证认可标准化技术委员会．GB 19489—2008《实验室　生物安全通用要求》理解与实施［M］．北京：中国标准出版社，2010.

[8] 任宁，包海峰，赵奇侠，等．医学实验室建设与运营管理指南［M］．北京：中国标准出版社，2019.

[9] 曹国庆，李劲松，钱华，等．建筑室内微生物污染与控制［M］．北京：中国建筑工业出版社，2022.

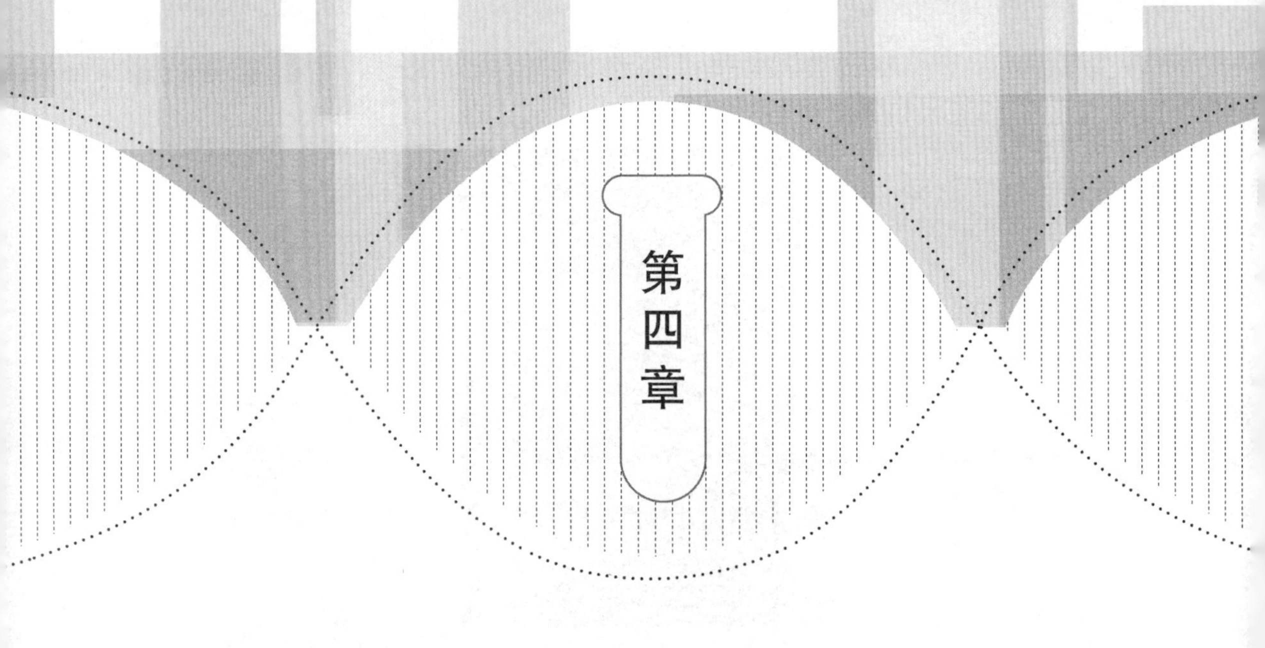

机电工程

第一节 室内环境

一、热湿环境

室内微小的气候变化（包括室内温度、相对湿度、风速等），均会影响临床实验室的正常工作。为保障医学检测和仪器设备可靠有效地安全运行，医学实验室室内热湿环境有一定的要求。

（一）国内标准规范相关要求

1. 换气次数及新风量

T/CAME 15—2020《医学实验室建筑技术规范》第 6.1.1 条规定“实验室主要功能房间的最小新风量不宜小于 2 次/h，最小换气次数不宜小于 6 次/h”；GB 50736—2012《民用建筑供暖通风与空气调节设计规范》第 3.0.6 条规定“对医院建筑最小新风换气次数的规定，医学实验室主要功能房间的最小新风量不宜小于 2 次/h”；GB 51039—2014《综合医院建筑设计规范》第 7.1.10 条规定“实验室主要功能房间最小换气次数不宜小于 6 次/h”。

2. 温度及相对湿度

GB 50736—2012《民用建筑供暖通风与空气调节设计规范》第 3.0.2 条的第 1 项给出了舒适性空调室内设计参数要求，即人员长期逗留区域空调室内设计参数应符合

表 4-1-1 的规定。

表 4-1-1　人员长期逗留区域空调室内设计参数

类别	热舒适度等级	温度/℃	相对湿度/%	风速/（m/s）
供热工况	Ⅰ级	22～24	≥30	≤0.2
	Ⅱ级	18～22	—	≤0.2
供冷工况	Ⅰ级	24～26	40～60	≤0.25
	Ⅱ级	26～28	≤70	≤0.3

注：Ⅰ级热舒适度较高，Ⅱ级热舒适度一般。

GB 51039—2014《综合医院建筑设计规范》中第 7.7.1 条指出“检验科、病理科实验室采用普通空调时，室内温度冬季不宜低于 22℃，夏季不宜高于 26℃；室内相对湿度冬季不宜低于 30%，夏季不宜高于 65%”；T/CAME 15—2020《医学实验室建筑技术规范》第 6.1.2 条规定“实验室温度宜控制在 18～26℃，相对湿度宜控制在 30%～70%。仪器设备对室内温湿度有特殊要求的，室内温湿度参数应参照仪器说明确定”。

（二）美国 ASHRAE 170—2021 相关要求

ASHRAE 170—2021《医疗护理设施通风》（Ventilation of Health Care Facilities）给出了医学实验室室内环境参数要求，见表 4-1-2。

表 4-1-2　ASHRAE 170—2021《医疗护理设施通风》医学实验室室内环境参数要求

房间名称	相对于临近区域的压力	最小新风换气次数/h^{-1}	最小总换气次数/h^{-1}	是否可排风至室外	房间之间循环风	是否有无人值班模式	相对湿度/%	温度/℃
细菌学实验室工作区	负压	2	6	是	NR	是	NR	21～24
生物医学实验室工作区	负压	2	6	是	NR	是	NR	21～24
细胞学实验室工作区	负压	2	6	是	NR	是	NR	21～24
实验室工作区，概述	负压	2	6	NR	NR	是	NR	21～24
实验室工作区，玻璃清洗	负压	2	10	是	NR	是	NR	NR
组织学实验室工作区	负压	2	6	是	NR	是	NR	21～24
实验室工作区，介质传输	正压	2	4	NR	NR	是	NR	21～24
微生物学实验室工作区	负压	2	6	是	NR	是	NR	21～24
实验室工作区，透明药物	负压	2	6	是	NR	是	NR	21～24
病理学实验室工作区	负压	2	6	是	NR	否	NR	21～24
血清学实验室工作区	负压	2	6	是	NR	是	NR	21～24
实验室工作区，消毒	负压	2	10	是	NR	是	NR	21～24

说明：NR 表示“无要求”。

二、声光环境

声光环境要求如下：

（1）实验室实验区的照度不宜低于 300lx，辅助区的照度不宜低于 200lx，办公生活区照度应符合人员工作要求；

（2）实验室静态状况下，医疗设备不运行时室内允许噪声级不宜大于 55dB（A）。

三、气流流向

实验室各功能区之间的气流应严格从清洁区流向污染区，避免由于气流引起的感染。在进行通风空调系统的设计时，对送排风口的布置应合理设计，能及时将有害气体排至室外。T/CAME 15—2020《医学实验室建筑技术规范》第 6.1.3 条规定“实验室污染区、半污染区、清洁区之间应有压力梯度，气流应保持清洁区流向半污染区，半污染区流向污染区”；第 6.1.4 条规定“实验室污染区宜对周围环境保持负压，以防止污染扩散；清洁区相对于污染区应保持正压”。有负压要求的实验室气压（负压）与室外大气压的压差值不宜小于 10Pa，与相邻区域的压差值（负压）不宜小于 5Pa。

实验室通风空调系统的设计必须保证从清洁区到污染区的压力梯度，要考虑以下几个主要因素：

（1）保证实验室的安全性，保证一定数量的换气次数；

（2）解决实验室通风系统负压的设计和系统控制；

（3）在满足换气次数和全新风条件下，控制能耗；

（4）系统稳定可靠。

四、洁净要求

医学实验室中室内含尘量不能过高，如果灰尘过多，微粒落在仪器设备内的元器件表面上，就有可能构成障碍，甚至造成短路和其他潜在危险；同样这些微粒也会影响元器件的散热，增加元器件表面的热阻抗。此外，这些微粒还有可能影响以颗粒作为检测指标的检验结果的准确性。因此，保持实验室的清洁度是非常重要的。对一些洁净度要求较高的特殊实验室除了要减少空气中的尘粒，安装有效的过滤装置之外，还应对室内的墙面、顶棚等有特殊的要求。

五、卫生环境

输血科（血库）室内物体表面及空气净化消毒效果符合 WS/T 367《医疗机构消毒技术规范》的要求。输血科开展自体输血、输血治疗等工作，其卫生学应符合 GB 15982—2012《医院消毒卫生标准》中卫生学Ⅳ类环境的要求。输血科（血库）的实验室建筑与设施应符合 GB 19489《实验室　生物安全通用要求》。

病理科工作人员对送检的标本进行固定、取材、脱水、浸蜡、包埋、切片、染色、封片等一系列处理时，需要使用甲醛水溶液（福尔马林）作固定剂；使用二甲苯作为透明剂。由于频繁使用这些试剂，导致了这些区域空气中的甲醛和二甲苯含量的浓度远远超出了 GB/T 18883—2002《室内空气质量标准》中规定的允许值。故涉及以上操作的区域应称为污染区，应按照标准执行空气的定向流。

六、电磁环境

临床实验室内拥有许多检测仪器，它们对于外来的电磁干扰特别敏感。电磁辐射会影响实验室内的仪器正常工作，所以为了保证检测仪器的正常工作，一定要避免电磁辐射，尽可能不受电磁的污染。

第二节 通风空调系统

一、通风

（一）通风方式

医学实验操作经常会产生各种有毒的、有腐蚀性的、有刺激性的物质或具有生物危害的气溶胶。如不及时排至室外，不仅会造成室内空气污染，危及实验人员的健康和安全，还可能影响设备的正常运行和检测结果的准确性。因此，应在风险评估的基础上，进行实验室通风的设计，为工作人员提供安全、舒适的工作环境，减少人员暴露在危险空气下的可能。实验室通风方式有两种：局部通风和全室通风。

1. 局部通风

局部通风是在有害物质产生后立即就近排出，这种方式能以较少的风量排走大量的有害物质，是改善现有实验室条件可行和经济的方法，被实验室广泛采用。对于有些实验不能采用局部通风，或局部通风不能满足要求时，则可采用全室通风。

2. 全室通风

全室通风有自然通风和机械通风两种方式，常用于室内不设通风柜又需排出有害物质的房间，或者局部通风无法满足要求时。

（1）自然通风

自然通风是指利用建筑物内外空气的密度差引起的热压或室外大气运动引起的风压来引进室外新鲜空气达到通风换气作用的一种通风方式。它不消耗机械动力，是一种经济的通风方式，在一般的居住建筑、普通办公建筑、工业厂房（尤其是高温车间）中有广泛的应用。

（2）机械通风

自然通风满足不了室内换气要求时，应采用机械通风。机械通风依靠通风机造成的压力差，通过通风管道来输送空气。机械通风系统一般由通风机、通风管、送风口、排风口和净化设备等组成。

GB 51039—2014《综合医院建筑设计规范》中第 7.7.1 条规定“检验科、病理科实验室应有单独排风系统”。T/CAME 15—2020《医学实验室建筑技术规范》第 6.2.1 条规定“实验室可以利用自然通风，当采用机械通风系统时应避免交叉污染”。

T/CAME 15—2020《医学实验室建筑技术规范》第 6.2.2 条规定“凡涉及有毒、有害、易爆炸或可燃物气体、挥发性溶媒、化学致癌剂气体产生时，应采用全排风系统。排风机应设置在排风管路末端，排风应经无害化处理后排至室外”，实验室排风应满足 GB 16297—1996《大气污染物综合排放标准》的要求并进行高空排放。

（二）生物安全柜通风要求

T/CAME 15—2020《医学实验室建筑技术规范》第 6.2.3 条规定：实验室内设置

生物安全柜时，生物安全柜与排风系统的连接方式应满足表 4-2-1 的要求。

表 4-2-1　生物安全柜与排风系统的连接方式

生物安全柜级别		工作口平均进风速度/（m/s）	循环风比例/%	排风比例/%	连接方式
Ⅰ级		0.38	0	100	密闭连接
Ⅱ级	A1	0.38～0.50	70	30	可排到房间或套管连接
	A2	0.50	70	30	可排到房间或套管连接或密闭连接
	B1	0.50	30	70	密闭连接
	B2	0.50	0	100	密闭连接

表 4-2-1 给出了生物安全柜选用基本要求，各使用单位可根据自己的实际使用情况选用适用的生物安全柜。对于放射性的物质，由于可能有累积作用，即使少量的，也建议采用全排型生物安全柜。

当生物安全柜排风在室内循环时，为满足新风量卫生标准要求，室内应设置机械通风系统。当生物安全柜排风管道连接排出时，应通过独立于建筑物其他公共通风系统的管道排出。

（三）新风处理要求

医学实验室新风应直接取自室外，并采取必要的防雨、防杂物、防昆虫及其他动物进入的措施。新风口设置初效、中效过滤器能保证进入室内的空气品质。随着空气过滤器的使用时间的累积，空气过滤器的阻力会越来越大，进入室内的风量会变小，设置压差报警器监测空气过滤器的阻力值，提示清洗或更换过滤器，保证进入室内的新风量。

T/CAME 15—2020《医学实验室建筑技术规范》第 6.2.6 条规定“新风应直接取自室外，新风口应设有初效、中效二级过滤器，并应设置压差报警装置，提示清洗或更换过滤器”。

室外新风口应远离污染源（包括排风口）。为了防止排风（特别是散发有害物质的排风）对进风的污染，室外新风口、排风口相对位置的设置，应遵循避免短路的原则；室外新风口宜低于排风口 3m 以上，当室外新风口、排风口在同一高度时，宜在不同方向设置，且水平距离一般不小于 10m。通风柜和生物安全柜的排风应根据实际情况将排风进行无害化处理后排放至屋面。

二、空气调节

（一）冷热源

医学实验室空调系统冷热源有两种常规做法，一种是接入医院集中式中央空调系统，另一种是单设冷热源。医学实验室通常处于建筑内区，常年需要供冷；医学实验室大量地排风需要补风，为控制室内温湿度，补风往往需要进行冷热处理。利用医院集中式冷热源系统往往很难达到要求，所以医学实验室空调系统冷热源建议单独设置。

T/CAME 15—2020《医学实验室建筑技术规范》第 6.3.1 条规定“实验室空调冷热源的设置应确保实验室全年正常运行，可采用集中或分散式空调冷热源，宜独立设置空调冷热源，当采用集中冷热源时，为使冷热源具备较好的调节能力，建议设置备用冷热源”。

为实现医学实验室的绿色低碳发展，T/CAME 15—2020《医学实验室建筑技术规范》第 6.3.2 条建议“实验室空调系统的夏季除湿再热热源，条件允许时优先采用四管制多功能热泵机组的冷凝废热”。四管制多功能风冷热泵机组是近年来在市场上出现的一种新型风冷热泵空调机组，顾名思义，在四管制空调系统中，冷冻水系统和热水系统共四路接管，蒸发器和冷凝器可实现冷热联供，原理如图 4-2-1 所示。四管制多功能热泵机组能够在蒸发器获得冷水的同时，从热回收器获得的冷凝废热作为夏季除湿再热热源，可以显著降低能耗，减少排放。

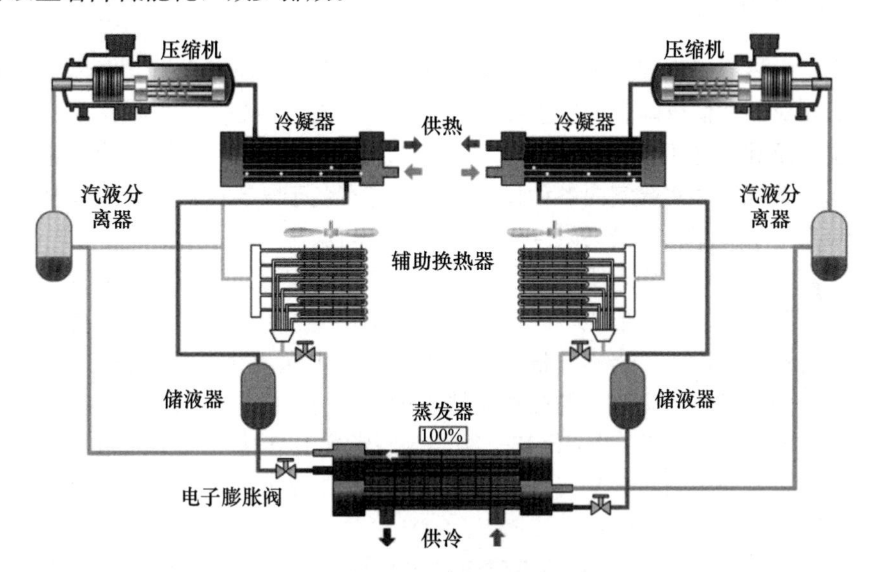

图 4-2-1　四管制风冷热泵机组原理示意图

与传统的风冷热泵相比，四管制多功能风冷热泵机组输入一份电量，可同时得到冷量和热量，单台机组在全年工况下运行时，冷、热负荷均可在额定负荷的 25%～100% 范围内任意自动调节组合，可灵活实现单制冷、单制热、同时制冷制热三种工况，翅片换热器作为中间换热器，用于平衡冷热两端的能量平衡，冷热两侧均能实现独立调节。四管制多功能风冷热泵供冷季利用冷凝热回收技术作为再热热源，与传统系统相比，空气处理过程是一样的，不同的是大幅度地节省了再热能耗。

（二）空调系统划分

空调系统的划分要考虑多方面的因素，如实验对象的危害程度、自动控制系统的可靠性、系统的节能运行、防止各个房间交叉污染、实验室密闭消毒等。T/CAME 15—2020《医学实验室建筑技术规范》第 6.3.3 条规定“实验室空调系统的划分应根据操作对象的危害程度、平面布置等情况经技术经济比较后确定，应有利于实验室消毒灭菌、自动控制系统的设置和节能运行，并应采取有效措施避免交叉污染”。

开放式实验室（包括但不限于开展常规检验、生化与免疫检验、全血细胞分析等轻微污染项目检验的实验室）使用的专业仪器较多，主要有全自动生化免疫分析仪、全自动生化电泳分析仪、质谱仪、色谱仪等，仪器设备散热量较多，空调冷负荷较大，实验室宜采用带循环风的空调系统。T/CAME 15—2020《医学实验室建筑技术规范》第

6.3.6条建议“开放式实验室宜采用带循环风的空调系统”。

对于有病原微生物污染风险的医学实验室，T/CAME 15—2020《医学实验室建筑技术规范》第6.3.7条建议“临床基因扩增实验室（PCR实验室）、生物安全二级实验室宜采用全新风系统，并采取变新风量或热回收等有效节能运行措施。当采用带循环风的空调系统时应避免污染和交叉污染”。

当医学实验室设置集中空调系统不合理时，可以采取分散空调方式；有温、湿度精度要求的实验室应设置恒温恒湿空调系统；有洁净度要求的实验室应设置洁净空调系统。

三、气流组织

医学实验室核心工作间内的“高风险区域”，主要在生物安全柜、通风柜等实验操作位置，而相对的“低风险区域”主要在核心工作间入口一侧，一般把房间排风口布置在生物安全柜及其他排风设备的同一侧。T/CAME 15—2020《医学实验室建筑技术规范》第6.4.1条规定“实验室内各种设备的位置应有利于气流由被污染风险低的空间向被污染风险高的空间流动，最大限度减少室内回流与涡流”。

理论及实验研究结果均表明“上送下排”的气流组织形式对污染物的控制效果要优于“上送上排”的气流组织形式，因此在核心工作间气流组织设计时建议优先采用“上送下排”的气流组织形式，当不具备条件时可采取“上送上排”。在进行通风空调系统设计时，对室内送风口和排风口的位置要精心布置，使室内气流组织合理，有利于室内可能被污染空气的排出。T/CAME 15—2020《医学实验室建筑技术规范》第6.4.3条规定“设置生物安全柜的实验室气流组织宜采用上送下排方式，送风口和排风口布置应有利于室内可能被污染空气的排出”。

T/CAME 15—2020《医学实验室建筑技术规范》第6.4.4条规定“在生物安全柜操作面或其他有气溶胶操作地点的上方附近不应设送风口”，这是因为送风口有一定的送风速度，如果直接吹向生物安全柜或其他可能产生气溶胶的操作地点上方，有可能破坏生物安全柜工作面的进风气流，或把带有致病因子的气溶胶吹散到其他地方而造成污染。送风口的布置应避开这些地点。

T/CAME 15—2020《医学实验室建筑技术规范》第6.4.5条规定“气流组织上送下排时，排风口下沿离地面不宜低于0.1m，上沿高度不宜超过地面之上0.6m。排风口面风速不宜大于1m/s”。室内排风口高度低于工作面，这是一般洁净室的通用要求。考虑到实验室排风量大，而且工作面也仅在排风口一侧，所以排风口上边的高度放宽到距地0.6m。

四、部件与材料

（一）空调机组部件要求

T/CAME 15—2020《医学实验室建筑技术规范》第6.5.1条规定空调机组应满足下列要求。

（1）内部结构及配置的零部件应便于消毒、清洗并能顺利排除清洗废水，不易积尘、积水和滋生细菌。

（2）表面冷却器的冷凝水排出口，宜设在正压段，否则应设能防倒吸并在负压时能顺利排出冷凝水的装置，当设置水封时，水封高度应大于凝水盘处压力。

（3）新风机组和空调机组内各级空气过滤器前后应设置压差计。

（4）当采用表面冷却器时，截面的气流速度不宜大于 2.5m/s。

（5）当采用净化空调机组时，机组箱体的密封应可靠，当机组内试验压力保持 1500Pa 的静压值时，箱体的漏风率不应大于 2%。

（6）送风系统正压段过滤器应选用对大于等于 0.5μm 微粒计数效率不低于 40%的中效过滤器。

（7）空调机组的基础对地面的高度不宜低于 200mm。空调机组安装时应调平，并做减振处理。

（8）各检查门应平整，密封条应严密。

（9）空调机组正压段的检修门宜向内开，负压段的检修门宜向外开。

（二）风管要求

通风空调系统风管材料和制作应符合现行国家标准 GB 50243《通风与空调工程施工质量验收规范》、GB 50591《洁净室施工及验收规范》的有关规定。

应在新风、送风的总管和支管上的方便操作的位置，按现行国家标准 GB 50243《通风与空调工程施工质量验收规范》、GB 50591《洁净室施工及验收规范》的要求开风量检测孔。

空调及通风设备宜有较宽敞的设置场所，不宜露天设置。设置于屋面的管道及阀门应进行有效的防护措施。

五、实验废气处理

医学实验室在实验过程中会产生各类有害气体，不经任何处理的废气直接排入大气会污染环境，因此废气在排放前，需要进行净化处理。有害气体的处理方法一般可分为高空稀释与净化处理两大类。高空稀释主要是通过高烟囱排放有害气体，用气体进行扩散稀释，排放口的有害气体浓度及排放速率必须满足国家相关标准；净化处理包括物理方法、化学方法、生物方法以及几种方法的综合。

（一）生物类实验室废气处理

医疗卫生机构生物类实验室废气包括但不限于 PCR 实验室和 HIV 实验室中生物安全柜排出的实验废气。GB 50881—2013《疾病预防控制中心建筑技术规范》第 7.3.2 条规定“当排风污染物浓度高于环保部门的排放标准要求时，应按照生物污染或化学污染分类采取净化处理措施。排除生物安全危险、腐蚀性气体的管道材质应满足耐腐蚀、易清洗的要求，排风口至少应高出屋面 2m ，排风口宜向上并有防雨措施”；GB 50346—2011《生物安全实验室建筑技术规范》第 5.3.2 条以强制性条文的形式明确规定“三级和四级生物安全实验室防护区的排风必须经过高效过滤器过滤后排放”。工程实践中部分生物安全二级实验室的排风也采用了高效过滤器过滤排放。排风除通过高效过滤器过滤处理以外，通常还进行高空排放，以进一步降低其对周围环境的影响。

（二）化学类实验室废气处理

医学实验室内的实验操作会使用大量的化学药品，特别是病理科会用到大量的化学溶剂。医学实验室气态污染物的处理方法一般有物理吸附法、化学吸附法、氧化法、水洗法、吸收法等，需要根据废气特点来组合选择高效率、低成本的处理方法及设备。

医学实验室化学类废气常用吸附法进行处理，吸附法是指采用适当的吸附剂对废气进行物理吸附或者化学吸附。表 4-2-2 给出了物理吸附与化学吸附两种处理方法的对比。

表 4-2-2　物理吸附和化学吸附对比分析

项目	物理吸附	化学吸附
吸附热	较小（21～63kJ/mol），相当于凝聚热的 1.5～3.0 倍	较大（42～125kJ/mol），相当于化学反应热
吸附力	主要为范德华力（分子间力），较小	主要为未饱和化学键力，较大
可逆性	可逆、易脱附	不可逆，不能或不易脱附
吸附速度	快	慢（因需要活化能）
被吸附物质	非选择性	选择性
发生条件	适当选择物理条件（温度、压力、浓度），任何固体-流体之间都可发生	发生在有化学亲和力的固体-流体之间
作用范围	与表面覆盖程度无关，可多层吸附	随覆盖程度的增加而减弱，只能单层吸附
等温线特点	吸附量随平衡压力（浓度）正比上升	关系较复杂
等压线特点	吸附量随温度升高而下降（低温吸附、高温脱附）	在一定温度下才能吸附（低温不吸附、高温下有一个吸附极大点）

吸附现象中具有较大吸附能力的固体物质叫作吸附剂，一定量的吸附剂所吸附的气体量是有一定限度的，经过一段时间吸附达到饱和状态时，要更换吸附剂。活性炭因其具有大比表面积和微孔结构而广泛应用于吸附回收低浓度气态污染物，是一种典型的物理吸附剂。医学实验室通常采用活性炭吸附法处理实验室排放的有机废气及含恶臭的废气。

化学吸附往往选择碱性或酸性的比表面积较大的固体物（如浸渍氢氧化钾或磷酸的活性炭）作为吸附剂，该类吸附剂无腐蚀性、无毒、对环境条件无具体要求，当被净化气体中的酸性或碱性气体扩散运动到达吸附剂表面吸附力场时，便被固定在其表面，然后与其中活性成分发生化学反应，生成一种新的中性盐物质而存储在吸附剂结构中，适用于无机废气的处理，可祛除氯化氢、氟化氢、氨气等。

相比于喷淋塔，化学（或物理）吸附废气处理装置不需要额外的电力辅助，适用于排放浓度不高的场所。有些吸附剂中还会加入氧化还原剂，如高锰酸钾和活性氧化铝等，对于分子结构亲和力较差的气体可以迅速分解为无机盐和水，祛除的气体包括硫化氢、硫氧化物、氮氧化物、甲醛、乙醛、乙炔、氯氧化物、乙烯等。

第三节　给水排水

一、基本要求

实验室给排水系统是在建筑给排水的基础上特殊设计的给排水系统，具有非标准的给排水设计及多种变化的布局。实验室给排水系统应根据工艺操作需求、标准规范要求等进行设计。

（一）洗手装置及实验水池设置要求

有关洗手装置的设置要求，T/CAME 15—2020《医学实验室建筑技术规范》第7.1.1条规定“实验室应设置洗手装置，并宜设置在靠近实验室的出口处，洗手装置宜采用非手动开关，并采取防止污水外溅的措施”。

实验人员在离开实验室前应洗手，从合理布局的角度考虑，宜将洗手设施设置在实验室的出口处。应采用流动水洗手，洗手装置应采用非手动开关，如感应式、肘开式或脚踏式，这样可使实验人员不和水龙头直接接触。

洗手池的排水与主实验室的其他排水通过专用管道收集至污水处理设备，集中消毒灭菌达标后排放。图4-3-1给出了感应式柜式洗手盆安装示意图，供参考。

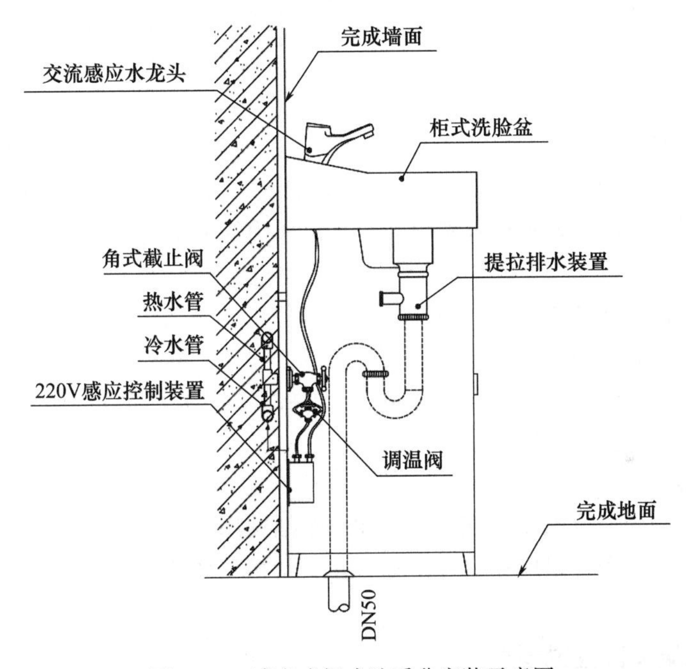

图4-3-1 感应式柜式洗手盆安装示意图

有关实验水池的设置要求，T/CAME 15—2020《医学实验室建筑技术规范》第7.1.2条规定“手工检验使用的实验水池应根据专业要求合理设置，宜至少设置两个水池分别用于清洁、污洗，水池深度不宜小于200mm，以防止外溅”。

（二）管道安装要求

实验室内部给水管道应尽可能短，横平竖直，同时避免交叉，以使供水更加安全、可靠。实验室防护区应少敷设管道，与本区域无关的管道不应穿越。实验室通常摆放的实验柜台较多，水平管道可敷设在实验台柜内、地沟内，条件允许时也可敷设在下层吊顶内和本层吊顶内，立管可暗装布置在墙板、管槽、壁柜或管道井内。暗装敷设管道可使实验室使用方便、清洁美观。所有暗装的管道应在控制阀门位置设置相应的检修孔，以方便故障维修。有关医学实验室给排水管道安装要求，T/CAME 15—2020《医学实验室建筑技术规范》第7.1.3条规定“实验室内部的给排水管道宜暗装敷设”。

给水排水管道穿越实验室污染区的密封装置，对维护实验室正常负压、定向气流、洁净度、防止气溶胶向外扩散具有重要作用，是保证实验室达到生物安全要求的重要措施。有关医学实验室给排水管道穿墙密封问题，T/CAME 15—2020《医学实验室建筑技术规范》第7.1.4条规定“给排水管道穿越实验室的墙壁、楼板时应加设套管，管道和套管之间应采取密封措施，无法设置套管的部位也应采取有效的密封措施”。

二、实验室给水

（一）给水水压及水质要求

1. 水压要求

实验室给水的目的是满足实验室三个方面的用水需求，即实验过程用水（如纯水）、日常用水和消防用水。实验室水源一般来自城市自来水系统，自来水的水压和水量应能满足实验室的工作需要，通常市政供水压力为0.2～0.3MPa，建筑三层以下一般为市政直供，当室外管网压力不能满足要求时，可设置加压设备。

常见卫生器具的给水当量、连接管径和工作压力按照GB 50015《建筑给水排水设计标准》的相关规定执行。GB/T 38144.1《眼面部防护　应急喷淋和洗眼设备　第1部分：技术要求》规定“紧急冲淋洗眼装置水流压力最低值为0.2MPa”。

T/CAME 15—2020《医学实验室建筑技术规范》第7.2.1条规定“实验室的给水水量和水压应根据具体要求确定，且分别设置独立的给水系统，进入实验室的给水总管应设置水表、压力表，每一给水支路应单独设置阀门”，第7.2.2条规定“当实验用水盆水嘴的工作压力大于0.02MPa，急救冲洗水嘴的工作压力大于0.01MPa时，应采取减压措施”。

2. 水质要求

给水水质应符合现行国家标准GB 5749《生活饮用水卫生标准》的有关规定：水质应无色、无味，有机物含量应尽量少，盐含量、溶解气体应尽量少，水质稳定，随季节变化小。

（二）防回流装置设置要求

为了防止实验室在给水供应时可能对其他区域造成回流的污染，防回流装置采用的是在给水、热水、纯水供水系统中能自动防止因背压回流或虹吸回流而产生的不期望的水流倒流的装置。防回流污染产生的技术措施，一般可采用空气隔断、减压型倒流防止器、压力型真空破坏器等措施和装置。T/CAME 15—2020《医学实验室建筑技术规范》第7.2.3条规定“给水管与卫生器具及实验设备的连接应有空气隔断或倒流防止器，不应直接连接，空气隔断或倒流防止器应安装在易于检修、更换的位置”。

（三）管道材质及保温要求

1. 管道材质要求

管道泄漏是实验室可能发生的风险之一，应予以重视。设计时需要特别注意管材的壁厚、承压能力、工作温度、膨胀系数、耐腐蚀性等参数。管道材料分为非金属和金属两类。

常用的非金属管道包括无规共聚聚丙烯（PP-R）、耐冲击共聚聚丙烯（PP-B）、氯化聚氯乙烯（CPVC）等，非金属管道可耐消毒剂的腐蚀，但其耐热性不如金属管道。

常用的金属管道包括304不锈钢管、316L不锈钢管道、铜管等，304不锈钢管不耐氯和腐蚀性消毒剂，316L不锈钢的耐腐蚀能力较强。金属管最受青睐的是铜管。据了解，铜管在经济发达国家和地区的建筑给水、热水供应中得到普遍应用。美国和加拿大80%以上供水管为铜管，中国香港50%的供水系统采用铜管。铜管使用历史最悠久，机械性能好，耐压强度高，化学性能稳定，耐腐蚀，使用寿命长，管材管件齐全，接口方式多样。另外，铜还具有抗微生物的特性，可以抑制细菌的滋生，尤其对大肠杆菌有抑制作用，99%以上的水中细菌在进入铜管道5h后会自行消失。所以，铜管为给水管道的首选管材。

关于管道材质选择问题，T/CAME 15—2020《医学实验室建筑技术规范》第7.2.4条规定“给水管道应采用不锈钢管、铜管、塑料管，管道配件应采用与管道相应的材料。管道的连接方式应该可靠，吊顶内安装的给水管道和管件应选用不生锈、耐腐蚀和连接方便可靠的管材和管件”。从生物安全的角度考虑，给水管道宜采用焊接或快速接口连接，一方面连接方便，另一方面具有较好的严密性和耐久性。

2. 管道保温要求

给水管道结露会影响室内环境，破坏室内装饰层，管道外表面应采取有效的防结露措施。给水管道防结露隔热层的选型计算，与室内温度、湿度、绝热层的材质及导热系数等因素有关，可按现行国家标准GB/T 8175《设备及管道绝热设计导则》执行。

（四）生活热水

1. 水温要求

军团菌生长繁殖的适宜温度是20～50℃、pH值为5.0～8.5，最佳生长温度为40℃。通常生活热水和空调冷却循环水系统中滋生军团菌的可能性较大。生活热水系统一般要求水加热器的温度大于等于60℃，这样基本可防治军团菌的滋生。有关实验室热水温度的要求，T/CAME 15—2020《医学实验室建筑技术规范》第7.2.5条规定“当实验室内部设有集中热水系统时，储热设备供热水时的水温宜为60℃；设置循环系统供热水时水温不宜低于50℃”。

2. 管道安装要求

生活热水横干管的敷设坡度：上行下给式系统不宜小于0.005，下行上给式系统不宜小于0.003。生活热水管道（包括热水配水、回水横干管、立管）上均应设置补偿热水管道热胀冷缩的装置。补偿装置包括波纹伸缩节、伸缩套筒等，常采用波纹伸缩节。按照工程实践经验，长度超过50m的热水横干管或立管均须设置，设置位置通常位于该根管道上管径较小的管段处，靠近一端的管道固定支架（吊架）。

3. 管道保温要求

生活热水系统中的热水锅炉、燃油（气）热水机组、水加热设备、贮热水箱（罐）、分（集）水器、热水输（配）水干（立）管、热水循环回水干（立）管均应做保温。保温应在试压合格及完成除锈防腐处理后进行。需要注意的是，当生活热水配水、回水管道采用薄壁不锈钢管时，不应直接采用柔性泡沫橡塑保温材料，宜采用离心玻璃棉管壳保温材料或管道外表面覆塑后再采用柔性泡沫橡塑保温材料。

（五）紧急淋浴装置及洗眼装置设置要求

实验室中有酸、苛性碱、腐蚀性、刺激性等危险化学品溅到眼中的可能性，如发生

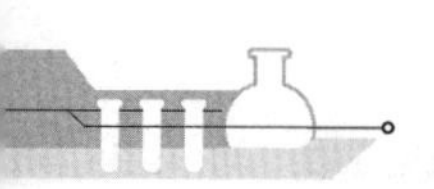

意外能就近、及时进行紧急救治，故在实验室内应设紧急冲眼装置。冲眼装置应是符合要求的固定设施或是有软管连接于给水管道的简易装置。在特定条件下，如实验仅使用刺激较小的物质，洗眼瓶也是可接受的替代装置。GB 51039—2014《综合医院建筑设计规范》第 5.13.6 条规定“检验科实验室危险化学试剂附近应设紧急洗眼处和淋浴”。GB 50346—2011《生物安全实验室建筑技术规范》第 6.2.5 要求“二级生物安全实验室应设紧急冲眼装置，必要时设紧急淋浴装置。一级生物安全实验室内操作刺激或腐蚀性物质时，应在 30m 内设紧急冲眼装置，必要时设紧急淋浴装置”。

GB 19781—2005《医学实验室　安全要求》也明确规定因化学污染可能造成眼睛损伤的所有实验区，应提供洗眼装置；存在大面积身体污染风险性质的化学污染的场所，应提供喷淋装置。图 4-3-2 给出了紧急洗眼喷淋装置示意图，供参考。

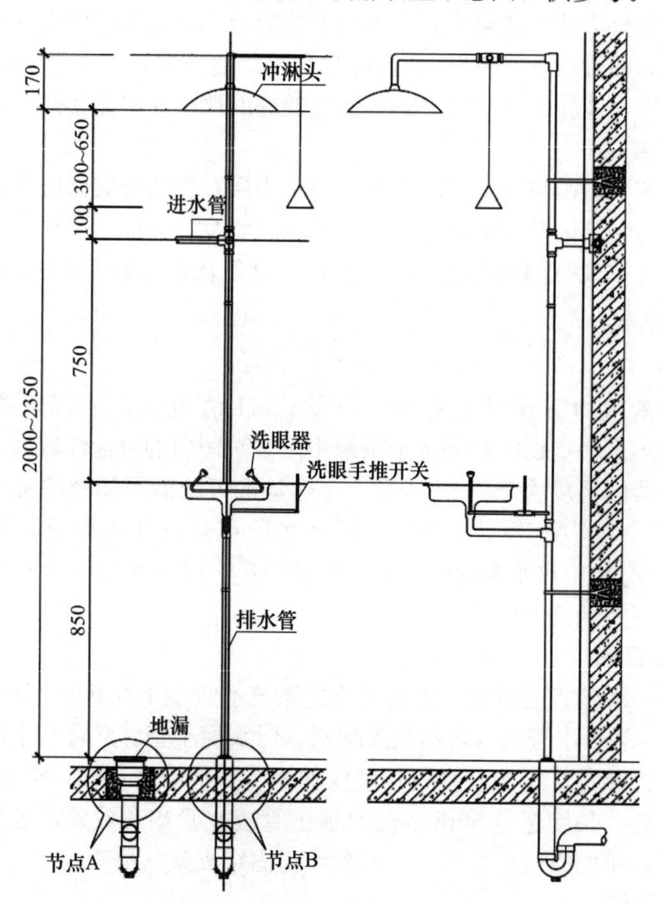

图 4-3-2　紧急洗眼喷淋装置示意图

三、实验室纯水

（一）实验用水类别

医学实验室日常工作（如仪器、玻璃器皿的洗涤，冻干品的复溶、样本的稀释、试剂配制、仪器的运行）以及生活当中都要用到水，水的质量与临床检验质量密切相关，因此临床实验室应加强用水管理，确保用水的安全与质量。实验室用水通常可分为去离子水、蒸馏水（双蒸水）、超纯水三个级别。

1. 蒸馏水

将水蒸馏、冷凝的水，经两次蒸馏的水称双蒸水，经三次蒸馏的水称三蒸水。水中可能含有与水沸点一样的物质，蒸馏法很难清除。一般试剂配制可用双蒸馏水。

2. 去离子水

经过阴、阳离子交换柱除去杂质阴、阳离子。去离子水除掉的是离子化合物，没有离子化的有机物或微生物则不能被清除。一般的试验器皿器具的洗净用去离子水。

3. 超纯水

通过数次高性能的离子交换树脂处理后再经过微孔滤膜过滤，所得到水的电导率可达 18MΩ/cm，接近理论纯水的 18.3MΩ/cm。超纯水既无离子也无微生物，可用于分子克隆、DNA 测序、细胞培养等各种精细试验。

（二）纯水规格及处理工艺

实验室纯水主要用于分析实验室，纯水的原水应为饮用水或适当纯度的水。分析实验室用水共分三个级别：一级水、二级水和三级水。一级水用于有严格要求的分析实验（包括对颗粒有要求的实验），如高效液相色谱分析用水；二级水用于无机痕量分析等实验，如原子吸收光谱分析用水；三级水用于一般化学分析实验。

1. 纯水规格

实验室纯水规格应符合 GB/T 6682—2008《分析实验室用水规格和试验方法》分析实验室用水的规格，如表 4-3-1 所示。

表 4-3-1　分析试验室用水规格表

名称	一级	二级	三级
pH 值范围（25℃）	—	—	5.0～7.5
电导率（25℃）/（mS/m）	≤0.01	≤0.10	≤0.50
可氧化物质含量（以 O 计）/（mg/L）	—	≤0.08	≤0.4
吸光度（254nm，1cm 光程）	≤0.001	≤0.01	—
蒸发残渣［（105±2）℃］含量/（mg/L）	—	≤1.0	≤2.0
可溶性硅（以 SiO_2 计）含量/（mg/L）	≤0.01	≤0.02	—

注：

由于在一级水、二级水的纯度下，真实的 pH 值难以测定，因此，对一级水、二级水的 pH 值范围不做规定；

由于在一级水的纯度下，可氧化物质含量和蒸发残渣难以测定，对其限量不做规定。可用其他调节和制备方法来保证一级水的质量。

2. 纯水处理工艺

纯水处理工艺一般由预处理、除盐和精处理三个工序组成，经过这三个工艺处理后，纯水水质电阻率通常能达到 15MΩ·cm（25℃）以上。

（1）预处理

预处理主要去除原水中的悬浮物、色度、胶体、有机物、微生物及余氯等杂质，其出水的水质达到除盐设备的进水水质要求。采用生活饮用水作为纯水原水时，预处理通常采用砂过滤、活性炭过滤及软水器等处理单元。

（2）除盐

除盐工艺常根据纯水电阻率的不同，分别采用反渗透、离子交换、电渗析及相关组合的处理工艺。一般经反渗透和离子交换相结合的水处理工艺或直接采用双级反渗透工艺，其出水水质均能达到生物安全实验室实验用纯水的要求。

（3）精处理

精处理是对除盐水进一步除盐杀菌、去除微粒，使水质符合最终使用要求，常用处理单元有精混床、紫外线消毒微滤等。

（三）纯水系统设计要求

1. 水处理设备的设置

医院建筑纯水系统可采用集中制水、分质供水系统，也可采用各科室独立分散水机供水系统。集中制水、分质供水系统是指在医院建筑中集中设置一个水处理机房，机房内采用一套水处理机组，水处理达标后，通过给水管网供给各医疗科室使用的系统。

纯水处理机房应通风良好，换气次数不应少于 8 次/h，进风口附近不得有污染源。机房应有良好的采光及照明，需要进行隔振、防噪设计。机房地面应设排水沟、地漏等间接排水设施，设备排水口应设防护网罩。水处理设备的能力，宜按照每小时最大用水量的 1.5 倍选型。

2. 纯水系统管道设计

供水管路材质应防腐蚀、防锈，宜选用不锈钢材质及相应管件。纯水管路系统的设计应避免死水滞留，死水滞留不可避免时，滞留段长度不宜大于管道公称直径的 3 倍，管路应设计为循环回路，尽可能减少拐弯，以防止微生物滋生繁殖降低水质。循环管道宜采用有独立供水管和回水管的双管布置方式。

纯水供水管的管径应根据其负荷用水设计秒流量确定。纯水干管中纯水流速宜大于 1.5m/s，纯水支管中纯水流速宜大于 1.0m/s。纯水循环管的管径应根据其负荷用水设计循环流量确定，循环流量宜取设计秒流量的 50%～100%。

纯水系统供回水管路应采用架空敷设，并做到安全可靠、经济合理、整齐美观，同时应满足施工、操作、维修等方面的要求。纯水管道与排水管道平行敷设净距不应小于 0.5m，垂直敷设净距不应小于 0.15m，且应在排水管道上方；与热水管道平行敷设时应在热水管道下方；不应敷设在烟道、风道、电梯井、排水沟、卫生间内。

纯水管路系统中需要清洗、杀菌的部位应设置清洗接口，清洗、杀菌时不宜通过设备或装置，应设旁通。

3. 纯水水质监测要求

应对纯水的水质进行监测，确保电阻率大于 1MΩ · cm，当电阻率小于 10MΩ · cm 时应报警。为此，纯水系统应设检测与控制系统，宜安装流量、压力、温度、电导率等检测仪表，同时应根据水质要求配置水样的物理、化学和微生物污染等离线检测设备。

纯水系统宜设自动化控制系统，并应具有手动控制系统。控制系统应运行安全可靠，应设置故障停机、故障报警装置。纯水控制系统应有各设备运行参数和系统运行指示或显示，能显示重要运行参数，并设定监测指标的警戒限度与纠偏限度。纯水控制系统应对缺水、过压、过流、过热、不合格水排放等有保护功能，并根据反馈信号进行相应控制，协调系统的运行。

四、实验室排水

（一）室内排水设计

1. 存水弯的设置要求

有关室内排水设备和洁具排水口下面存水弯的设置问题，T/CAME 15—2020《医学实验室建筑技术规范》第7.3.3条规定“实验室内部的排水设备和洁具，应在其排水口的下面设有高度不小于50mm、不大于100mm的存水弯”。

国家标准GB 50015—2019《建筑给水排水设计标准》第4.3.10条规定“构造内无存水弯的卫生器具或无水封的地漏、其他设备的排水口”与生活污水管道或其他可能产生有害气体的排水管道连接时，必须在排水口以下设存水弯；第4.3.1条规定水封装置的水封深度不得小于50mm；第4.3.12条规定医疗卫生机构内门诊、病房、化验室、试验室等不在同一房间内的卫生器具不得共用存水弯。

2. 地漏的设置要求

地漏作为排除地面积水的卫生设备，应设置在易溅水的用水设备附近，以及需要经常用水清洗地面、墙面的地方。地漏的安装应平整、牢固、无渗漏。地漏顶标高应低于附近地面5～10mm，并应以0.01的坡度坡向地漏，这样可迅速排除地面积水，并使地漏的存水弯的水封得以经常补充水量，防止地漏水封损失而干枯。

设置在实验室的地漏一是要有足够的水封，满足相关标准的要求，地漏水封深度不得小于50mm；二是结构要简单，内部要光滑，水流畅通，不易积污，不得有冒溢现象，具有较好的自清洁能力，利于清扫；三是要加密加盖，防止水分蒸发和下水道内有害气体渗入。

地漏无论是直通式、管道带存水弯的，还是密封型本身带密封盖的，都是污水流入下水道的一个关口。此处易沉积有机物、滋生细菌，有机物腐化发酵易生成有害气体而渗入室内，污染室内空气。所以，洁净区内不宜设置地漏。

有关洁净室地漏的设置问题，T/CAME 15—2020《医学实验室建筑技术规范》第7.3.4条规定“当实验室内设置洁净室时，洁净区内不宜设置地漏，当确需设置时应采用有防污染措施的专用密封地漏，且不应采用钟罩式和机械密封的地漏”。专用密封地漏具有排水时打开、不排水时密封的功能，既能防止水封损失而干枯，不使污浊气体窜入室内，又可隔离由于地漏积污而产生的臭气。

钟罩式地漏易积污，自清洁能力差，无法保持水封，早已被淘汰。而机械密封地漏存在密闭性差、打开弹回性能不稳定、可靠性差等缺点，已被淘汰。GB 50015—2019《建筑给水排水设计标准》第4.3.11条为强制性条文，明确规定：水封装置的水封深度不得小于50mm，严禁采用活动机械活瓣替代水封，严禁采用钟式结构地漏。

3. 实验设备排水管要求

T/CAME 15—2020《医学实验室建筑技术规范》第7.3.5条规定“实验设备和设施的排水管宜采用间接排水，且间接排水下部要有水封”。间接排水是指卫生设备或容器排出管与排水管道不直接连接，这样卫生器具或容器与排水管道系统不但有存水弯阻隔气体，而且还有一段空气间隙。在存水弯水封可能被破坏的情况下，卫生设备或容器与排水管道也不至于连通，造成污浊气体进入设备或容器。间接排水的漏斗或容器不得产生溅水、溢流，并应布置在容易检查、清洁的位置。

GB 50015—2019《建筑给水排水设计标准》第 4.4.14 条对间接排水口最小空气间隙有明确要求，按照表 4-3-2 确定。

表 4-3-2　间接排水口最小空气间隙

间接排水管管径/mm	排水口最小空气间隙/mm
≤25	50
32～50	100
>50	150
饮料用贮水箱排水口	≥150

实验用水设备均应设置相应的排水管，宜设置单独的排水管道，应满足短时间大量排放水的要求。

4. 排水管道材质及通气管要求

排水管道应采用不易生锈、耐腐蚀的管材，可采用机制排水铸铁管或塑料管等。

实验室排水系统通气管口应单独设置，不应接入通风系统的排风管道，因为排风系统的负压会破坏排水系统的水封，排水系统的气体也会污染排风系统。

（二）实验室污水处理要求

实验室污水常含有酸、碱、氰化物、重金属等无机物以及致病微生物或放射性物质，所以，实验室污水不能直接排放。在有条件的城市，应将污水分类收集后交给废物处理部门集中处理；无条件的城市或地区，应在实验室设有污水处理装置或采取有效措施，以除去废水中的污染物，杀灭致病微生物，使水质达到污水排放标准后再排入到城市排水管网。

1. 污水来源

医学实验室污水主要来源于临床实验、教学实验、科研实验废水以及实验室各项洗涤卫生用水和办公生活用水的废水，由于实验人员从事的实验不同，同一实验人员的实验内容也不固定。因此，实验室污水的排放污染物成分复杂、种类繁多，且随时间的变化排放量及浓度变化范围较大。

实验室污水中主要含有一些特殊的污染物，如化学试剂、酸碱、洗涤剂、病毒、细菌等微生物类，主要分类如下：

（1）重金属类，含有的铅、汞、镉、六价铬、铜、锑、二价铁、铝、锰等；

（2）有机类，含有苯、醛、酚、腈、氰化物、醇、酮、有机磷农药等；

（3）无机类，硝酸、盐酸、磷酸、硫酸、双氧水、氯化钾、氯化钙等酸碱；

（4）生物类，细菌、病毒、衣原体、支原体、螺旋体、真菌、布鲁氏杆菌、炭疽杆菌等。

2. 设计原则

鉴于实验室污水来源及成分复杂，含有病原性微生物，有毒、有害的物理化学污染物和放射性污染等，具有空间污染、急性传染和潜伏性传染等特征，如果不经过有效处理则会成为疫病扩散、严重污染环境的重要途径。

医学实验室污水处理应遵循以下原则。

（1）全过程控制原则：对实验室污水产生、处理、排放的全过程进行控制。

（2）减量化原则：严格实验室内部卫生安全管理体系，在污水和污物发生源处进行严格控制和分离，生活污水与实验废水分别收集，即源头控制、清污分流。严禁将实验废水随意弃置排入下水道。

（3）就地处理原则：为防止实验室污水输送过程中的污染与危害，实验室污水应就地处理。

（4）生态安全原则：有效去除污水中有毒、有害物质，减少处理过程中消毒副产物产生和控制出水中过高余氯，保护生态环境安全。

3. 基本要求

实验污水、生活污水系统应分别设置，实验污水系统应根据实验排出废水的性质、污染物浓度及水量等特点来确定处理措施，确保无害化处理后方可排入市政排水系统。GB 51039—2014《综合医院建筑设计规范》第 6.8.1 条规定医疗污水排放应符合现行国家标准 GB 18466《医疗机构水污染物排放标准》的有关规定。

（三）剧毒和强腐蚀性污水处理

对于剧毒和强腐蚀性的污水应单独收集，综合处理并满足排放标准后排放或回收利用，应符合 GB 18466《医疗机构水污染物排放标准》的有关规定。

1. 酸性废水处理

酸性废水应单独收集，收集管道应采用耐腐蚀的特种管道，一般采用不锈钢管道或塑料管道。酸性废水在排放前应进行预处理，预处理通常采用中和处理法，即以氢氧化钠或石灰作为中和剂，与酸性废水发生中和反应以降低废水的酸性。酸性废水中和反应搅拌器应防腐蚀，中和剂配制成溶液通过计量泵投加，投加剂量应根据酸性废水 pH 值及中和剂浓度计算后确定，中和后 pH 值应为 6～9。

未经处理的酸性废水如果进入排水系统，会腐蚀排水管道，影响某些消毒剂的消毒效果，若排入水体还会对环境造成一定危害。

2. 碱性废水处理

碱性废水应单独收集，收集管道应采用耐腐蚀的特种管道，一般采用不锈钢管道或塑料管道。碱性废水亦会腐蚀排水管道，影响某些消毒剂的消毒效果，若排入水体还会对环境造成一定的危害。

碱性废水在排放前应进行预处理，预处理通常采用中和处理法，即以盐酸或硫酸作为中和剂与碱性废水发生中和反应以降低废水的碱性。碱性废水中和反应搅拌器应防腐蚀，中和剂配制成溶液通过计量泵投加，投加剂量应根据碱性废水 pH 及中和剂浓度计算后确定，中和后 pH 应为 6～9。

3. 含氰、含汞、含铬等的废水处理

含氰废水应单独收集，在排放前应进行预处理，预处理通常采用化学氧化法、活性炭吸附法和生物处理法等。条件允许时含氰废水可送电镀厂回收利用。

含汞废水应单独收集，排放前应进行预处理，预处理通常采用铁屑还原法、化学沉淀法、活性炭吸附法和离子交换法等。

含铬废水应单独收集，在排放前应进行预处理，预处理通常采用化学还原沉淀法，即在酸性条件下向废水中加入还原剂，将六价铬还原成三价铬，再加碱中和调节 pH，使之形成氢氧化物沉淀。条件允许时含铬废水可送电镀厂回收利用。

第四节 电气自控

一、主要用电设备

医学实验室是指对取自人体的标本进行生物学、微生物学、免疫学、化学、血液学、免疫血液学、生物物理学、细胞学、病理学等检验的实验室，在医院内主要为病理科和检验科两大科室，等级较高的医院还有教学科研实验室。根据《医院分级管理标准》，医学实验室对应一、二、三级医院设置不同的规模及功能。

检验科的主要功能区域包括大型生化仪器区、PCR 实验室、HIV 鉴定室、真菌实验室、微生物实验室、细胞实验室、微量元素室、血细胞形态室、生化免疫实验室、血液检验室、体液检验室、血库（很多血库单独成科室）、成分分拣室等，目前有的发热门诊单独设置 PCR 实验室。

病理科主要功能区域包括病理镜检室、分子病理室、免疫组化室、切片染色室、冷冻切片室、取材室等。

表 4-4-1 给出了检验科、病理科实验室主要用电设备一览表，供参考。

表 4-4-1 检验科、病理科主要用电设备表

序号	使用场所	设备名称	功率/kV·A	电压/V	UPS	供电方式
1	临检体液实验室	全自动模块式血液体液分析仪（Sysmex XN-2800）	0.27	240	是	插座
2	临检体液实验室	全自动凝血分析仪（ACL TOP 750 LAS）	0.62	220	是	插座
3	临检体液实验室	全自动尿液分析仪（Sysmex UC-3500）	0.18	250	是	插座
4	临检体液实验室	全自动尿液沉渣分析仪（Sysmex UF-5000）	0.60	250	是	插座
5	临检体液实验室	阴道分泌物分析仪（金域 JY-VFS-M）	0.15	220	否	插座
6	临检体液实验室	低速离心机（安亭 TDL-80-2S）	0.135	220	否	插座
7	临检体液实验室	台式低速离心机（赫西 TDZ4）	0.12	220	否	插座
8	临检体液实验室	显微镜（上海光学 XSP-9CA）	0.06	220	否	插座
9	临检体液实验室	显微镜（OLYMPus CX31）	0.187	220	否	插座
10	临检体液实验室	显微镜（OLYMPus BX51）	0.396	220	否	插座
11	临检体液实验室	冷冻冷藏箱（海尔 HYCD-205）	0.066	220	否	插座
12	临检体液实验室	药品保存箱（海尔 HYC-326A）	0.462	220	否	插座
13	实验室前处理	立式自动压力蒸汽灭菌器（致微 GR85DP）	4.6	220	否	开关
14	实验室前处理	真空采血管脱盖机（阳普 DC-1）	0.20	220	否	插座
15	实验室前处理	生物安全柜（力申 HFSAFE-900）	1.85	230	否	插座
16	实验室前处理	低速冷冻离心机（卢湘仪 DDL-5M）	4.40	220	否	开关
17	实验室前处理	台式高速离心机（赫西 TG16MW）	0.35	220	否	插座
18	实验室前处理	低速离心机（怡之康 YK1004）	0.07	220	否	插座

续表

序号	使用场所	设备名称	功率/kV·A	电压/V	UPS	供电方式
19	实验室前处理	低速离心机（东旺 Happy-T5）	0.60	220	否	插座
20	实验室前处理	医用血液冷藏箱（海尔 HXC-358）	0.46	220	否	插座
21	生化实验室	全自动生化分析仪（西门子 ADVIA Chemistry XPT）	2.86	220	是	插座
22	生化实验室	全自动蛋白分析仪（西门子 BNII System）	0.45	240	是	插座
23	生化实验室	全自动糖化血红蛋白分析仪（东曹 HLC-723G11）	0.20	240	是	插座
24	生化实验室	超纯水系统（水思源 SSY-H-100L）	0.35	220	否	插座
25	生化实验室	药品保存箱（海尔 HYC-326A）	0.462	220	否	插座
26	生化实验室	冷冻冷藏箱（海尔 IIYCD-205）	0.066	220	否	插座
27	微生物实验室	全自动微生物分析仪（梅里埃 VITEK 2COMPACT）	0.528	240	是	插座
28	微生物实验室	全自动血培养仪（梅里埃 BACT/ALERT 3D）	0.672	240	是	插座
29	微生物实验室	全自动化学发光免疫分析仪（丽珠 LEACL-600）	0.80	220	是	插座
30	微生物实验室	医用低温保存箱（海尔 DW-86L728）	1.20	220	否	插座
31	微生物实验室	生物安全柜（力申 HFSAFE-1200E）	2.0	230	否	插座
32	微生物实验室	二氧化碳培养箱（力申 HF240）	0.735	230	否	插座
33	微生物实验室	药品保存箱（海尔 HYC-326A）	0.462	220	否	插座
34	微生物实验室	冷冻冷藏箱（海尔 IIYCD-205）	0.066	220	否	插座
35	微生物实验室	显微镜（OLYMPus CX31）	0.187	220	否	插座
36	微生物实验室	显微镜（OLYMPus BX51）	0.396	220	否	插座
37	微生物实验室	细胞涂片离心机（赛默飞世尔 Cytospin4）	0.15	240	否	插座
38	微生物实验室	低速多管架自动平衡离心机（湘仪 TDZ5-WS）	2.2	220	否	插座
39	微生物实验室	红外接种环灭菌器（HM-3000C）	0.32	220	否	插座
40	免疫实验室	全自动化学发光免疫分析仪（西门子 Atellica IM 1600）	2.64	220	是	插座
41	免疫实验室	全自动样品处理系统（西门子 Atellica Sample Handler）	1.92	240	是	插座
42	免疫实验室	全自动化学发光免疫分析仪（迈克 i3000）	3.50	220	是	插座
43	免疫实验室	全自动化学发光免疫分析仪（罗氏 cobas 8000 e 801）	2.00	230	是	插座
44	免疫实验室	循环增强荧光分析仪（星童 Pylon IRIS）	0.80	220	是	插座
45	免疫实验室	生物安全柜（力申 HFSAFE-900）	1.85	230	否	插座
46	免疫实验室	医用低温保存箱（海尔 DW-86L728）	1.20	220	否	插座
47	免疫实验室	数显混匀器（东吴 WZR-H6000）	0.022	220	否	插座
48	免疫实验室	酶标仪（BIO RAD IMark）	0.10	240	否	插座
49	免疫实验室	冷冻冷藏箱（海尔 IIYCD-205）	0.066	220	否	插座
50	免疫实验室	药品保存箱（海尔 HYC-326A）	0.462	220	否	插座
51	免疫实验室	超纯水系统（水思源 SSY-H-100L）	0.35	220	否	插座
52	免疫实验室	紫外线消毒车（跃进 ZXC-Ⅱ）	0.132	220	否	插座
53	输血科	全自动血库系统（源博 YBXK-2A）	1.00	220	是	插座
54	输血科	离心机（BIO Ortho）	0.20	240	否	插座
55	输血科	孵育器（BIO Block-32）	0.025	240	否	插座

续表

序号	使用场所	设备名称	功率/kV·A	电压/V	UPS	供电方式
56	输血科	医用离心机（源博 LB-3000）	0.10	220	否	插座
57	输血科	试剂卡孵育器（源博 LB-C02-1）	0.10	220	否	插座
58	输血科	冷冻血浆解冻仪（研创 YCJD-6T-G）	1.8	220	否	插座
59	输血科	血小板恒温振荡保存箱（XHZ-ⅢA）	0.5	220	否	插座
60	输血科	高频热合机（GZR-Ⅲ）	0.20	242	否	插座
61	输血科	药品保存箱（海尔 HYC-326A）	0.462	220	否	插座
62	输血科	冷冻冷藏箱（海尔 IIYCD-205）	0.066	220	否	插座
63	输血科	医用低温保存箱（海尔 DW-40L262）	0.34	220	否	插座
64	输血科	医用血液冷藏箱（海尔 HXC-358）	0.46	220	否	插座
65	病理科	病理生物组织脱水机	1.0	220	是	插座
66	病理科	生物组织石蜡包埋机	0.9	220	是	插座
67	病理科	生物组织烤片机	1.2	220	是	插座
68	病理科	生物切片机	0.8	220	是	插座
69	病理科	显微镜	0.2	220	是	插座

二、负荷分级

行业标准 JGJ 312—2013《医疗建筑电气设计规范》中第 4.2.1 条规定：检验科的大型生化仪器为一级负荷中特别重要负荷；病理科的取材室、制片室、镜检室的用电设备为一级负荷；血库、培养箱、恒温箱等为一级负荷。

GB 51039—2014《综合医院建筑设计规范》中第 8.1.2 条规定：检验科大型生化仪器自动恢复供电时间 $t<0.5\text{s}$，检验科的一般仪器、病理科取材、镜检、制片等自动恢复供电时间 $0.5\text{s}<t<15\text{s}$。

综合两个规范的要求及负荷分级的原则，可以确定病理科的工艺设备、照明及检验科的一般工艺设备、照明应为一级负荷，检验科的大型生化设备应为一级特别重要负荷，发热门诊独立设置的 PCR 实验室可按一级负荷供电。

三、供配电系统

检验科、病理科根据不同规模及医院等级，其用电指标有一定的差异（表 4-4-2），可以看出一般检验科、病理科单位面积工艺设备的用电安装容量为 150～250W/m^2，表 4-4-2 中的“某医院 5 检验科”的工艺设备均为大型生化设备，用电指标偏高。

检验科、病理科内的实验设备多为小容量、不连续工作设备，计算配电干线时，可根据规模的大小取 K_x 为 0.6～0.8，计算变压器时取 K_x 为 0.5～0.6。举例如下：

某检验科建筑面积为 1600m^2，设备安装容量按 230W/m^2 估算，则 $P_{js}=1600\times230\times0.7=258\text{kW}$。

表 4-4-2 检验科、病理科工艺设备负荷容量表

序号	场所	面积/m²	安装容量/kW	指标/（W/m²）
1	某医院 1 检验科	1900	400	210
2	某医院 1 病理科	300	60	200
3	某医院 2 检验科	1300	210	162
4	某医院 2 病理科	500	80	160
5	某医院 3 检验科	1350	320	237
6	某医院 4 检验科	1500	350	233
7	某医院 5 检验科	560	180	320

二、三级医院中的检验科、病理科，其供电电源宜由变电所内互为备用的低压母线段双电源，放射式敷设至科室配电室内，为科室内的工艺设备及照明供电。当项目内设置柴油发电机时，其中一路电源宜引自柴油发电机应急段；在科室配电间内设双电源互投配电箱，作为科室的总配电控制箱，在各主要实验室内设置分配电箱，分配电箱由总配电控制箱单回路放射式供电；对于供电恢复时间 $t<0.5$s 的大型生化设备还应配置 UPS 不间断电源。典型配电系统图见图 4-4-1。

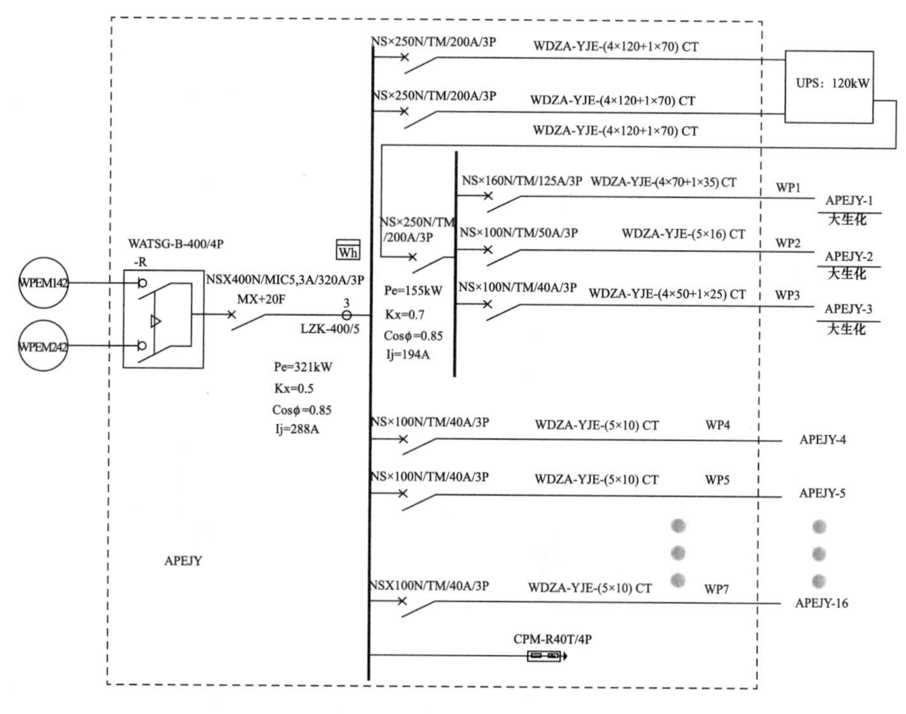

图 4-4-1 检验科配电系统图

四、实验设备供电

检验科的大型生化设备工艺性较强，需要根据业主具体的设备选型、工艺布置进行供配电设计。一般是在施工图阶段，在总配电控制箱内预留几个备用回路，后期根据设备厂家提供的工艺布置图进行配电系统的深化设计。配电箱安装在生化实验区内，由配电箱直接为各实验设备供电。图 4-4-2、图 4-4-3 为典型的大型生化设备配电图。

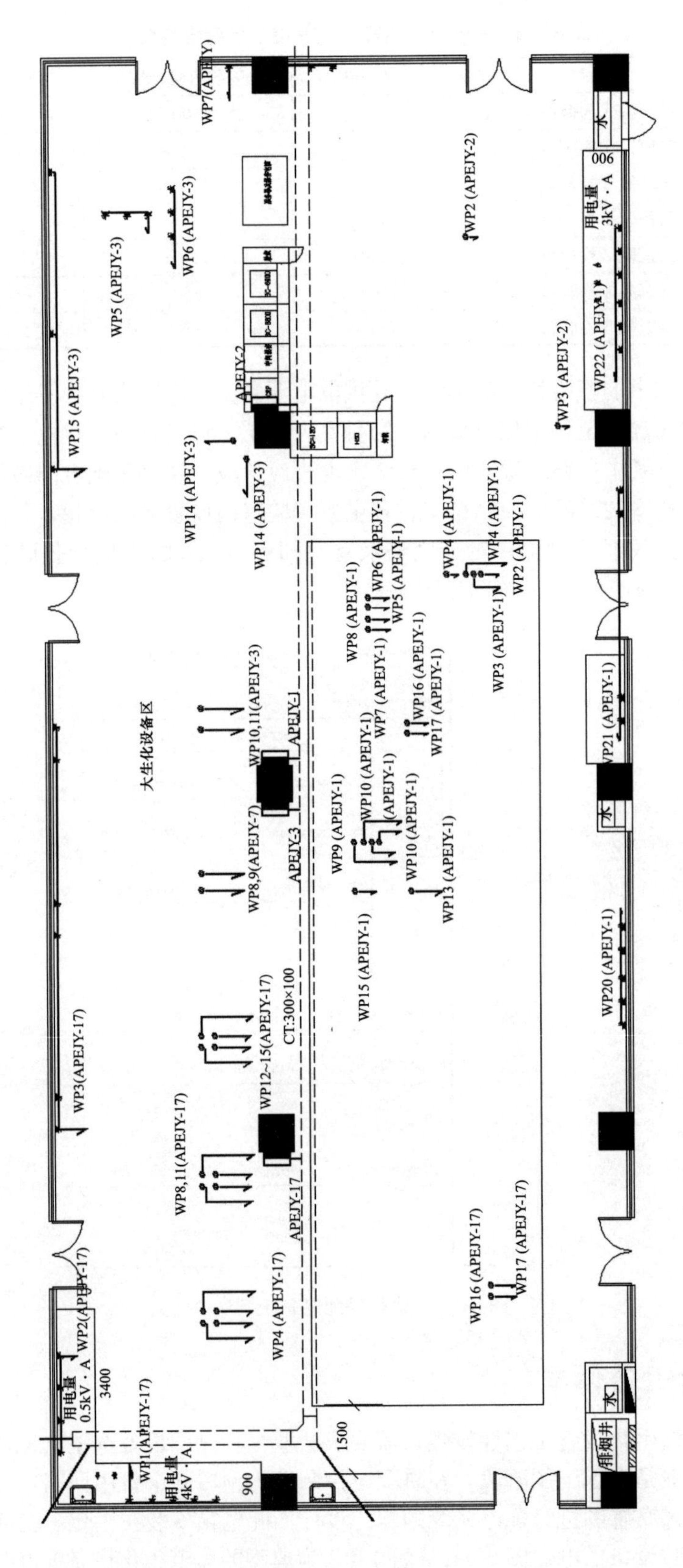

图4-4-2 检验科大型生化设备配电平面图

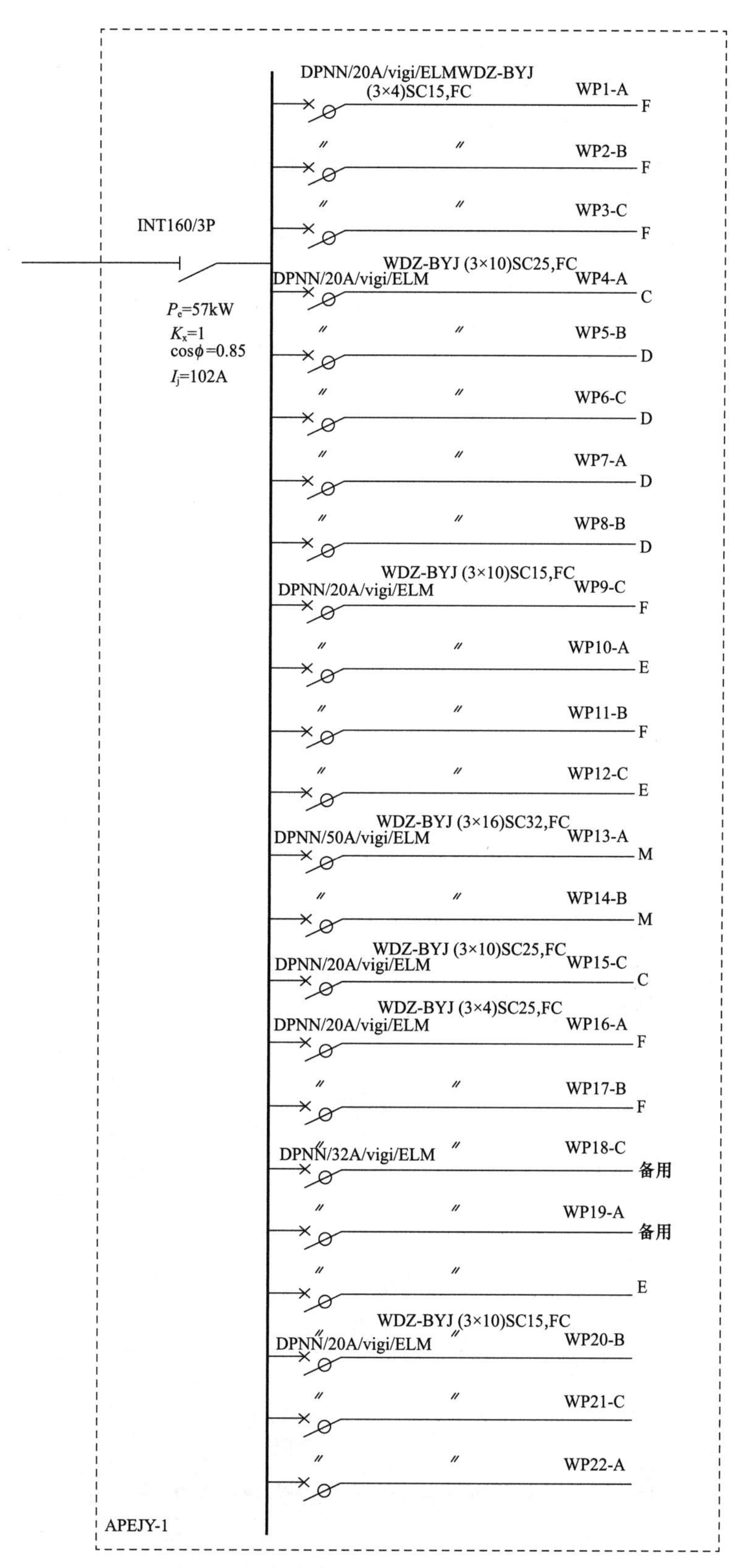

图 4-4-3　检验科大型生化设备配电系统图

检验科、病理科除大型生化设备的其他用电设备容量较小，一般不超过 3kV·A，插座供电即可满足要求。通风柜宜通过独立插座回路进行供电，其他设备在实验台、四周墙面设置插座，插座间距 0.5m；插座以 2+3 孔 10A 插座为主，各处适当预留 16A 插座（单相插座及三相插座）；电源插座回路应设有剩余电流保护电器。对有防干扰要求的设备，宜采用电磁型剩余电流保护电器；每个供电回路的插座数量不宜过多，各实验室应设置配电箱管理本实验室内的用电设备。图 4-4-4、图 4-4-5 为典型实验室配电图。

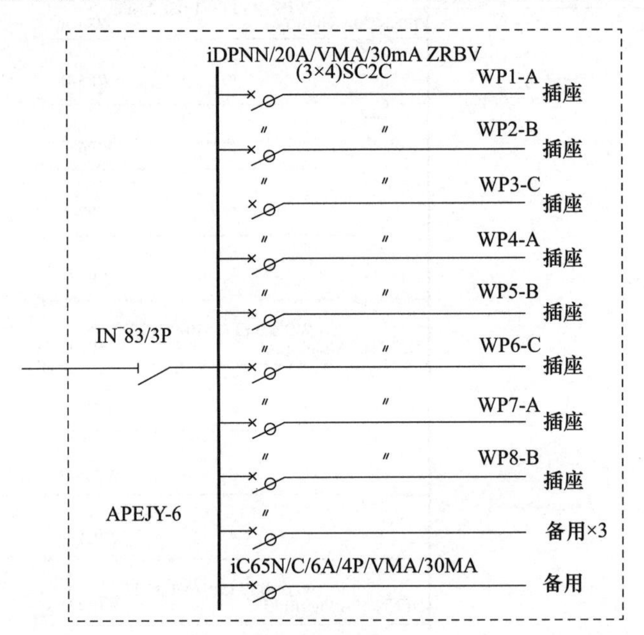

图 4-4-4　典型实验室配电平面图

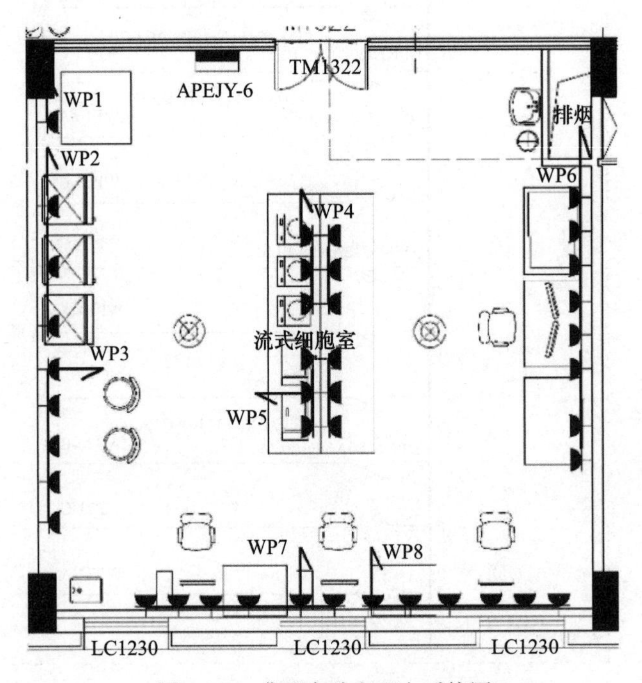

图 4-4-5　典型实验室配电系统图

五、照明设计

根据JGJ 312—2013《医疗建筑电气设计规范》第8.2.1条规定，检验科、病理科实验用房的照度标准值为500lx；根据GB 50034—2013《建筑照明设计标准》第4.4.2条规定，照明光源的显色性不应小于80，光源的色温宜为3300～5300K，当采用LED光源时，其色温不应高于4000K，一般照度均匀度不应低于0.7，统一眩光值不应大于19。

实验室内照明灯具的布置应结合实验台、大型实验设备的工艺布置，应布置在实验台的上方、大型实验设备的操作面，原则上不能出现遮挡光源的现象。开敞实验室内的照明应结合工作分区进行控制，小实验室灯具控制宜与窗户平行。

六、线缆的选择及敷设

电力线缆应采用低烟无卤低毒阻燃类线缆，导体材料应选择铜芯电缆或电线。科室总配电箱至分配电箱的电缆宜采用桥架敷设，实验室内的线缆敷设可结合插座的安装采用组合线槽，如图4-4-6所示。

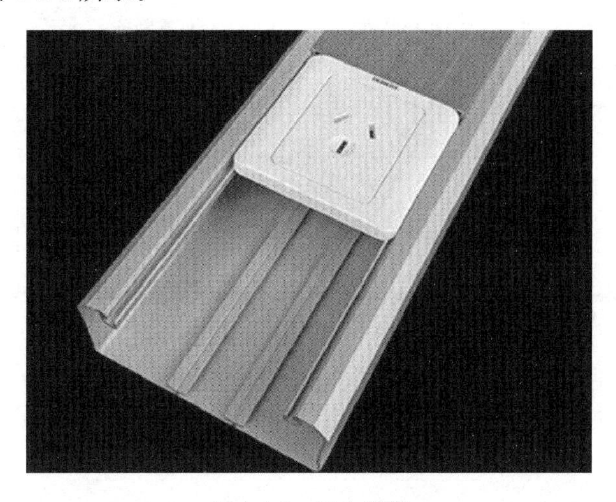

图4-4-6　组合线槽

七、安防系统设计

检验科、病理科等实验场所，致病微生物、血液等存放场所，均为医院安全防范的重点区域。检验科、病理科的出入口应安装出入口控制装置和视频监控装置，对人员进出实施管理和监控。

检验科、病理科周边应设置电子巡查装置。致病微生物、血液等存储场所的出入口应安装出入口控制装置和视频监控装置，其外部主要通道应安装视频装置，其内部应安装入侵报警和视频监控装置。

致病微生物、血液等存储场所的周边应设置电子巡查装置。

发热门诊PCR实验室缓冲间的门应通过出入口控制系统实现互锁功能，如图4-4-7所示。

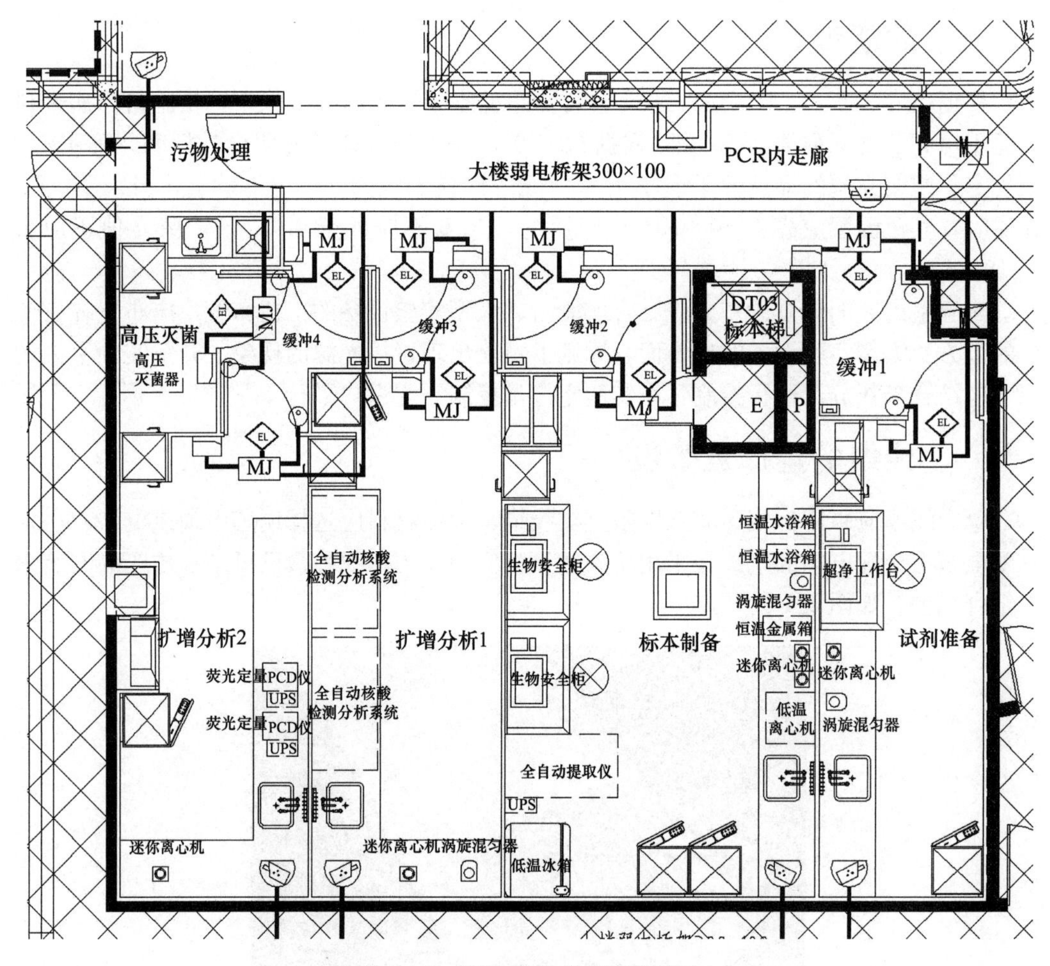

图 4-4-7　PCR 实验室安防平面图

参考文献

[1] 国家卫生和计划生育委员会规划与信息司．综合医院建筑设计规范：GB 51039—2014 [S]．北京：中国计划出版社，2015.

[2] 中国实验室国家认可委员会．医学实验室　安全要求：GB 19781—2005 [S]．北京：中国标准出版社，2005.

[3] 中国医学装备协会．医学实验室建筑技术规范：T/CAME 15—2020 [S]．北京：中国标准出版社，2020.

[4] 中科院建筑设计研究院有限公司．科研建筑设计标准：JGJ 91—2019 [S]．北京：中国建筑工业出版社，2020.

[5] 中国建筑科学研究院．疾病预防控制中心建筑技术规范：GB 50881—2013 [S]．北京：中国建筑工业出版社，2013.

[6] 中国合格评定国家认可中心．实验室　生物安全通用要求：GB19489—2008 [S]．北京：中国标准出版社，2009.

[7] 中国建筑科学研究院．生物安全实验室建筑技术规范：GB 50346—2011 [S]．北京：中国建筑工

业出版社，2012.
[8] 中国建筑科学研究院．民用建筑供暖通风与空气调节设计规范：GB 50736—2012［S］．北京：中国建筑工业出版社，2012.
[9] 华东建筑集团股份有限公司．建筑给水排水设计标准：GB 50015—2019［S］．北京：中国计划出版社，2019.
[10] 中华人民共和国住房和城乡建设部．建筑节能与可再生能源利用通用规范：GB 55015—2021［S］．北京：中国建筑工业出版社，2022.
[11] 中华人民共和国住房和城乡建设部．建筑环境通用规范：GB 55016—2021［S］．北京：中国建筑工业出版社，2021.
[12] 中华人民共和国住房和城乡建设部．建筑给水排水与节水通用规范：GB 55020—2021［S］．北京：中国建筑工业出版社，2021.
[13] 公安部天津消防研究所．建筑设计防火规范：GB 50016—2014（2018 版）［S］．北京：中国计划出版社，2018.
[14] 中国建筑科学研究院．医院洁净手术部建筑技术规范：GB 50333—2013［S］．北京：中国建筑工业出版社，2013.
[15] 中国建筑科学研究院．洁净室施工及验收规范：GB 50591—2010［S］．北京：中国建筑工业出版社，2010.
[16] 许钟麟．空气洁净技术原理［M］.4 版．北京：科学出版社，2014.
[17] 许钟麟．洁净室及其受控环境设计［M］．北京：化学工业出版社，2008.
[18] 许钟麟．医用洁净装备工程实施指南［M］．北京：中国建筑工业出版社，2018.
[19] 曹国庆，张彦国，翟培军，等．生物安全实验室关键防护设备性能现场检测与评价［M］．北京：中国建筑工业出版社，2017.
[20] 曹国庆，王君玮，翟培军，等．生物安全实验室设施设备风险评估技术指南［M］．北京：中国建筑工业出版社，2018.
[21] 曹国庆，唐江山，王栋，等．生物安全实验室设计与建设［M］．北京：中国建筑工业出版社，2019.
[22] 周建昌，于晓明．医院建筑给水排水系统设计［M］．北京：中国建筑工业出版社，2020.
[23] 任宁，包海峰，赵奇侠，等．医学实验室建设与运营管理指南［M］．北京：中国标准出版社，2019.
[24] 曹国庆，李劲松，钱华，等．建筑室内微生物污染与控制［M］．北京：中国建筑工业出版社，2022.
[25] 黄中．医院通风空调设计指南［M］．北京：中国建筑工业出版社，2019.

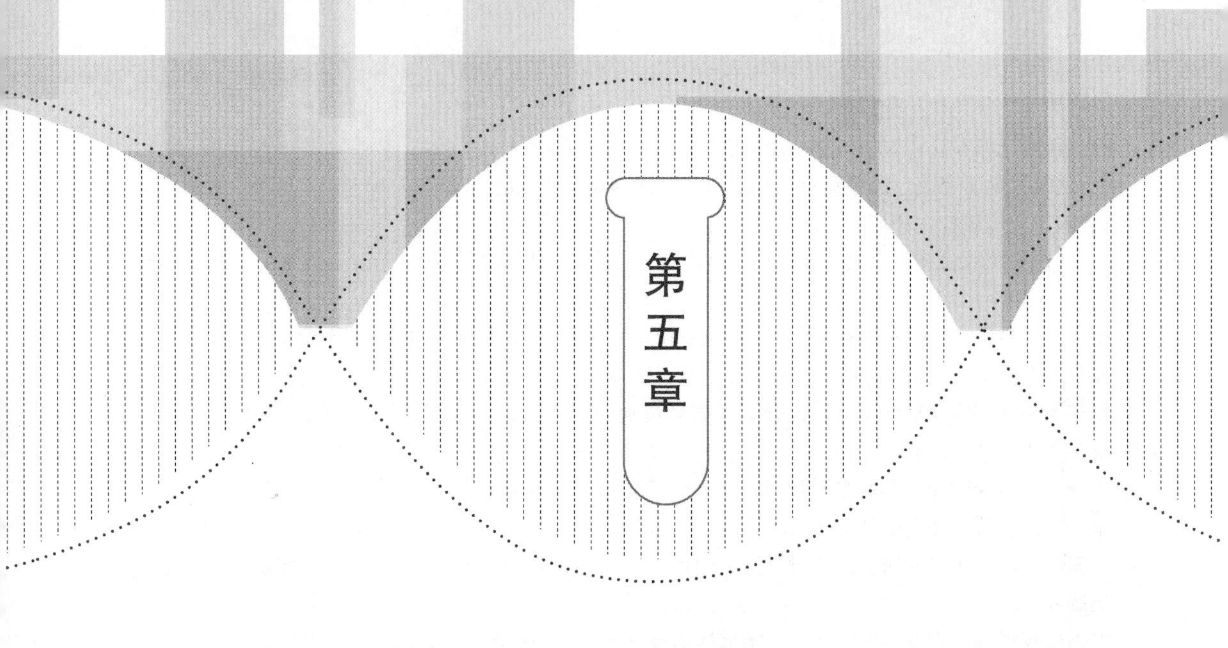

建设要点

第一节　检验科

一、选址

检验科实验室是医院诊疗工作的重要医技部门之一，无论门诊还是住院病人，都需要进行相应的医疗检查，因此，检验科实验室的位置应充分考虑工艺流程、样本采集、样本运送等因素，应与门诊和病房之间保持合适的距离。为了减少交叉感染，检验科宜设在门诊楼，实验室应自成一区。

国内相关标准规范对检验科实验室的位置提出了明确要求，汇总如下。

（1）GB 51039—2014《综合医院建筑设计规范》第 5.13.1 条提出了检验科实验室位置及平面布置要求："检验科用房应自成一区，微生物学检验应与其他检验分区布置；微生物学检验室应设于检验科的尽端。"

（2）T/CAME 15—2020《医学实验室建筑技术规范》第 5.1.1 条给出了医学实验室的选址要求："实验室应自成一区，场地应能避免各种不利自然条件的影响，远离灰尘、病原、噪声、振动、辐射、电磁等可对检测结果及实验数据的精确性产生影响的因素及区域。"

（3）T/CAME 15—2020《医学实验室建筑技术规范》第 5.1.2 条指出："实验室选址需考虑具备良好自然通风的条件，不宜设置在地下室。"

二、平面布局

医院检验科一般设置临检、生化、免疫、微生物、艾滋病检测等实验部门，主要开展生物化学、血液学、细胞学、免疫学等分析，为疾病诊断、疗效追踪等提供检验依据。其功能分区、面积规划、部分场所设计要点简介如下。

（一）功能分区

检验科实验室人员、物品流线应分开设置，各自有独立的出入口，尤其是医疗废弃物应有专用出口，经污物电梯运送至医院集中的医疗废弃物存放点。检验科实验室平面布局应能清晰地分出清洁区、半污染区和污染区（图 5-1-1），各区域之间应有缓冲间或卫生通过室隔开。

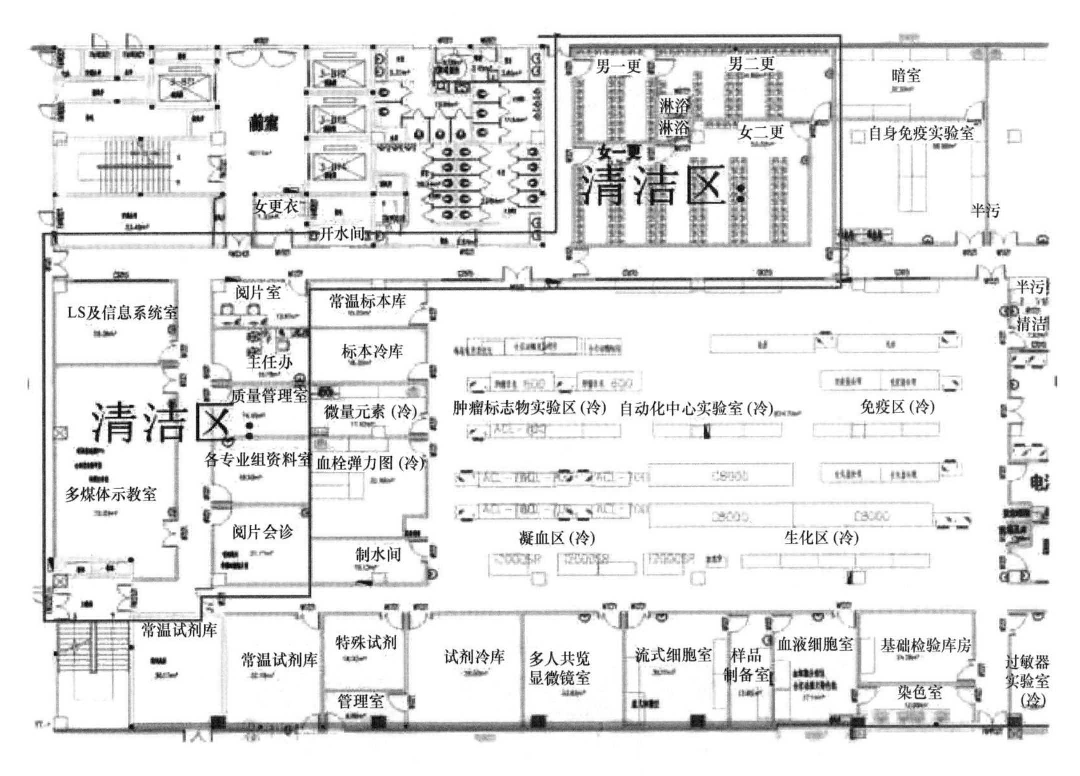

图 5-1-1　实验室平面图

从图 5-1-1 可以看出，检验科实验室清洁区主要包括更衣室、办公室、会议室、学习室、值班室等；半污染区主要包括标本库、试剂库、纯水间、清洗间、UPS 电源间等辅助功能用房；污染区主要包括采血室、检测实验室等区域，主要功能用房包括标本接收区、体液采集区、急诊处理区、生化免疫分析室、仪器室、艾滋病初筛室、PCR 实验室、药品配制、微生物实验室、无菌室、培养室等。

（二）面积规划

检验科面积规划可参照本书第二章第四节给出的表 2-4-1 进行测算，即依据医院床位数来确定实验室面积，一般情况下三甲医院检验科面积不宜少于 1200m^2，二甲医院检验科面积不宜少于 800m²，如果检验科还承担有较多的科研、教学任务，面积还应适当增加。

（三）部分场所设计

1. 采样处

患者样品采集设施应有隔开的接待和采集区。这些设施应考虑患者的隐私、舒适度及需求（如残疾人通道、盥洗设施等），以及在采集期间陪伴人员（如监护人或翻译）等候区。采血区应单独成一区，采血窗口长度不宜小于 1.2m，宽度以 45～60cm 为宜，采血窗口的数量应参考日平均门诊数量确定，并适当考虑将来发展需要。某医院采样处如图 5-1-2 所示。

(a) 采样处外部（患者活动空间）

(b) 采样处内部（医生工作空间）

图 5-1-2　采样处

2. 开放实验室

早期的临床实验室由于开展的项目少，手工操作的项目多，各类检测主要以专业为区分，相对独立完成各自工作。因此，每个专业实验室在设置时，通常都是采用分隔式的，相当多的临床实验室一直沿用至今，如图 5-1-3 所示。分隔式的优点是工作相对独立，人员、噪声、温湿度和电磁等因素相互干扰少，也不容易产生交叉污染，但也存在着工作沟通协调困难、公用资源浪费等缺点。

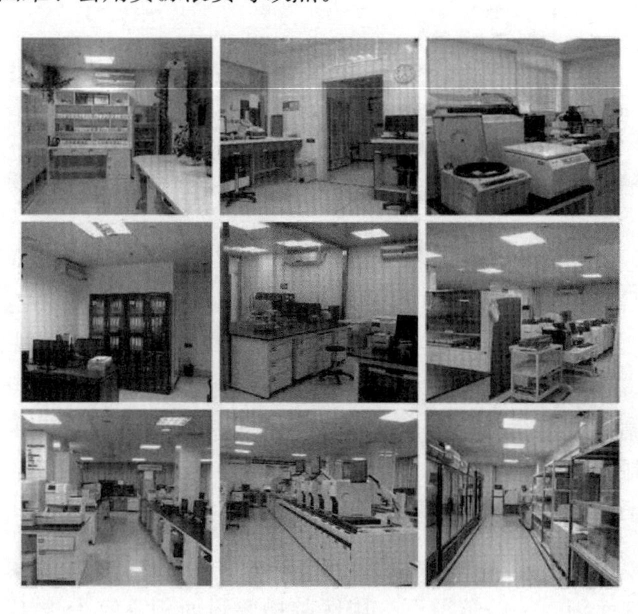

图 5-1-3　实验室分隔式布局（组图）

随着工作量的不断增加、自动化仪器和实验室信息系统的发展，特别是自动化流水线和前处理的应用，很多临床实验室已经采用开放式的大操作间布局模式，如图 5-1-4 所示。开放式的优点是可以优化工作流程、合理使用配置、人员集中调配，在实验室的扩展方面也更具灵活性，但容易产生人员、噪声、温湿度和电磁的相互干扰，交叉污染的风险也较高。

图 5-1-4　实验室开放式布局

因此，现在更趋向根据各个专业的特点，采用封闭式和开放式相结合的布局，如图 5-1-5 所示。对于一些操作模式相似、可共同使用资源（包括电、水、废液的处理和标本的共用等）、仪器间相互干扰少、不容易产生交叉污染的项目（如生化、免疫和血液的大部分项目）可以放在相对开放的空间进行，但要注意防噪声的措施，并保证温湿度的均衡等；而微生物、PCR 以及一些免疫的手工项目，则应该严格地进行功能性区域划分，并符合国家或行业的相应法规和标准，采用封闭式的模式。同时，应注意开放式和封闭式区域之间通道的合理衔接，做到协调统一。

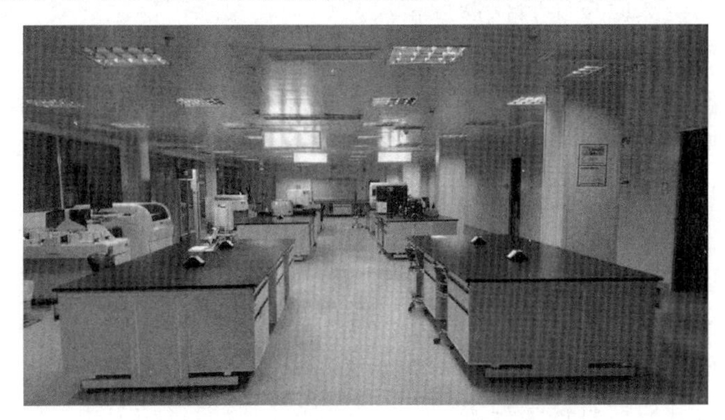

图 5-1-5　实验室开放式分隔式相结合布局

3. 洁净功能用房及生化区

（1）HIV 初筛实验室：分为清洁区、半污染区、污染区，面积不宜小于 45m^2。

（2）PCR 实验室：分为试剂准备室、样品制备室、扩增分析室，各实验室前要有缓冲间，PCR 实验室总面积不宜小于 60m^2。实验室的设计应考虑超净工作台、通风橱、生物安全柜等大型设备的安装空间和运输通道。

（3）微生物实验室：分为准备室、缓冲间和工作区，面积不宜小于 35m^2。无菌实验室的设计应充分考虑超净工作台等大型设备的安装空间和运输通道。

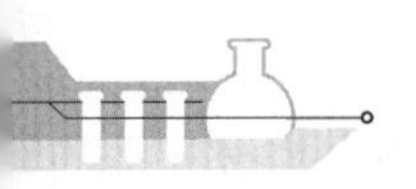

(4) 生物安全实验室的设计应考虑生物安全柜、双扉高压锅、污水处理设备等大型设备的安装空间和运输通道。

(5) 生化区在设计时应重点关注生化机，生化机的更新换代速度很快，在设计前应与设备厂家联系，确定设备的摆放位置、规格、重量、功率、用水量等参数。

三、建筑装饰

(一) 室内空间要求

1. 室内净高

JGJ 91—2019《科研建筑设计标准》第 4.1.9 条给出了科研通用实验区的室内净高要求：当不设置空气调节时，不宜小于 2.80m；当设置空气调节时，不宜小于 2.60m；走道净高不宜小于 2.40m。

医学实验室基本都需要设置空气调节系统，根据 JGJ 91—2019 的要求，实验室的室内净高不宜低于 2.60m。T/CAME 15—2020《医学实验室建筑技术规范》第 5.3.6 条明确规定“实验室装修完成后的净高不宜小于 2.6m”，这是对常规实验室的室内净高要求，专用实验室的室内净高应按实验仪器设备尺寸、安装及检修的要求确定。

2. 开间及进深

有关科研通用实验室开间及进深问题，JGJ 91—2019《科研建筑设计标准》第 4.2.5 条规定“科研通用实验区标准单元开间应由实验台宽度、布置方式及间距确定。实验台平行布置的标准单元，其开间不宜小于 6.60m”；第 4.2.6 条规定“科研通用实验区标准单元进深不宜小于 6.00m”。

JGJ 91—2019《科研建筑设计标准》第 4.3.1 条规定：由标准单元组成的科研专用实验室，其开间和进深应按实验仪器设备尺寸、安装及维护检验的要求确定。布置通风柜和实验台时，应符合该标准第 4.2.7～4.2.14 条的相应规定。

上述条文中所述的“标准单元”，是指具有标准化、通用化的机电设备配置与接口，满足各类科研实验工作开展及实验设备配置的模数化建筑空间实验单元。检验科实验室开间及进深的设计，可以参照上述要求。

3. 门窗

JGJ 91—2019《科研建筑设计标准》第 4.1.5 条对实验室门进行了规定：由 1/2 个标准单元组成的实验室的门洞宽度不应小于 1.20m，高度不应小于 2.10m；由一个及以上标准单元组成的实验室的门洞宽度不应小于 1.50m，高度不应小于 2.10m；有特殊要求的房间的门洞尺寸应按具体情况确定。实验室的门应能自动关闭，应设置观察窗及门锁。实验室的门宜开向压力较高的区域，缓冲间的两个门之间要能够互锁。

4. 设备间距

GB 51039—2014《综合医院建筑设计规范》第 5.13.7 条规定“实验室工作台间通道宽度不应小于 1.20m”。

JGJ 91—2019《科研建筑设计标准》第 4.2.7～4.2.14 条对科研通用实验区的实验台、通风柜、实验仪器设备等设备间距的布置提出了要求，这里不再一一赘述，摘录部分内容如下。

(1) 由 1/2 个标准单元组成的科研通用实验区，沿两侧墙布置的边实验台之间的净距不应小于1.60m。当沿一侧墙布置通风柜或实验仪器设备时，其与另一侧实验台之间的净距不应小于1.50m。

（2）由一个标准单元组成的科研通用实验区，沿两侧墙布置的实验台、通风柜或实验仪器设备与房间中间布置的岛式或半岛式中央实验台、通风柜或实验仪器设备之间的净距不应小于1.50m。岛式实验台端部与外墙之间的净距不应小于0.60m。

（3）当连续布置两台及以上岛式实验台时，其端部与外墙之间的净距不应小于1.00m。

（4）实验台与墙平行布置时，与墙之间的净距不应小于1.20m。实验台不宜与外窗平行布置。需与外窗平行布置时，其与外墙之间的净距不应小于1.30m。

（二）墙面、顶棚、地面装饰

检验科实验室墙面、顶棚应采用易于清洁消毒、耐腐蚀、不起尘、不开裂、光滑防水、表面涂层具有抗静电性能的装饰材料，常用的墙面及顶棚材料有复合彩钢板、电解钢板、铝板或者不锈钢板。墙面与顶棚之间的相交位置（阴角）、墙面与墙面之间的相交位置（阴角或阳角）宜做半径不小于30mm的圆弧处理。

地面应采用无缝、防滑、耐磨、耐腐蚀的材料，踢脚宜与墙面齐平。地面与墙面的相交位置（阴角）宜做半径不小于30mm的圆弧处理。常用的地面材料有自流平地面、PVC卷材地面、橡胶卷材地面等。

四、通风空调

（一）室内环境

综合考虑T/CAME 15—2020《医学实验室建筑技术规范》、GB 51039—2014《综合医院建筑设计规范》、美国ASHRAE 170—2021《医疗护理设施通风》有关医学实验室室内环境的控制要求，检验科实验室室内空调设计参数可参见表5-1-1中的数值。

表5-1-1　检验科实验室室内空调设计参数

功能房间	相对邻室压力关系	夏季		冬季		最小新风量/h^{-1}	房间最小换气次数/h^{-1}
		温度/℃	相对湿度/%	温度/℃	相对湿度/%		
中心检验区	NR	24	60	22	40	2	6
微生物实验室	N	24	60	22	40	3	12
HIV实验室	N	24	60	22	40	3	12
核医学检测	N	24	60	22	40	3	12
PCR实验室	N	24	60	22	40	3	12
体液实验	N	24	60	21	30	2	6
微量元素	N	24	60	21	30	2	6
质谱	N	24	60	21	30	2	6
便尿标本收集	N	24	60	21	NR	全排风	12
便常规	N	24	60	21	NR	3	12
采血	P	24	60	21	30	2	6
高压消毒室	NR	26	NR	21	NR	NR	12

注：NR表示“无要求”；N表示“负压”；P表示“正压”。

（二）通风

检验科各类实验室每天会收到大量来自门诊及住院患者的标本，包括血液、尿液、粪便、痰液、胸水、腹水、脑脊液、各种分泌物等。标本中含有诸如乙型肝炎病毒、丙型肝炎病毒、人类免疫缺陷病毒（HIV）、梅毒螺旋体、结核分枝杆菌、霍乱弧菌等病原体，所以检验科是各种病原体密集的地方，同时各种实验试剂也会散发异味。另外，有些实验操作必须在生物安全柜或通风柜中操作。检验科往往配备一定数量的生物安全柜和通风柜，需要设计可靠的通风系统以排除实验室污染物。

（三）空调

1. 冷热源及负荷计算

医院检验科往往处于建筑内区，补风系统冷热源可以接入医院大系统，室内空调冷热源宜采用独立系统，比如多联机空调系统。

检验科实验室有很多现代化的自动检测仪器，有明显的设备发热量，在空调负荷计算时必须充分考虑这部分设备发热量。第四章表 4-4-1 列举了检验科常用设备功率，可供空调负荷计算参考，同时建议留有一定的余量以应对不断更新的检测仪器。

2. 空调形式

检验科作为医院的检验部门，是临床医学和基础医学之间的桥梁，一般设有中心实验区、微生物实验室、HIV 筛查实验室、PCR 实验室等实验功能用房，承担着血液生化检验、微生物检验、免疫检验及临检项目的检验工作。检验科内各功能实验室生物安全分类、分级以及建议采用的空调系统形式，可参见表 5-1-2。

表 5-1-2　实验室分类分级及条件

房间名称	生物安全实验室级别	生物安全实验室分类	能否采用带循环风的空调系统
标本采集	BSL-1	a	√
标本储存	BSL-1	a	√
中心实验区	BSL-1	a	√
微生物实验室	BSL-2	b1	√
HIV 筛查实验室	BSL-2	a	√
PCR 实验室	BSL-2	a	√

注：a、b1 类的含义参见 GB 50346—2011《生物安全实验室建筑技术规范》。

3. 空调系统划分

检验科实验室通风空调系统宜按各功能模块分区分系统设计。目前检验科在建筑平面布置时趋于模块化设计，办公室、休息室、更衣室等处于清洁区范围，中心实验室、微生物实验室、HIV 筛查实验室、PCR 实验室等均自成模块，根据医院需求围绕中心实验室合理布置。图 5-1-6 给出了某医院检验科空调通风平面图，供参考。

从图 5-1-6 中可以看出，中心实验室、微生物实验室、PCR 实验室送排风系统均独立设置，便于各实验模块分别进行室内压力控制。空调系统采用的是变频多联机系统，新风补风机接入大楼冷热源。

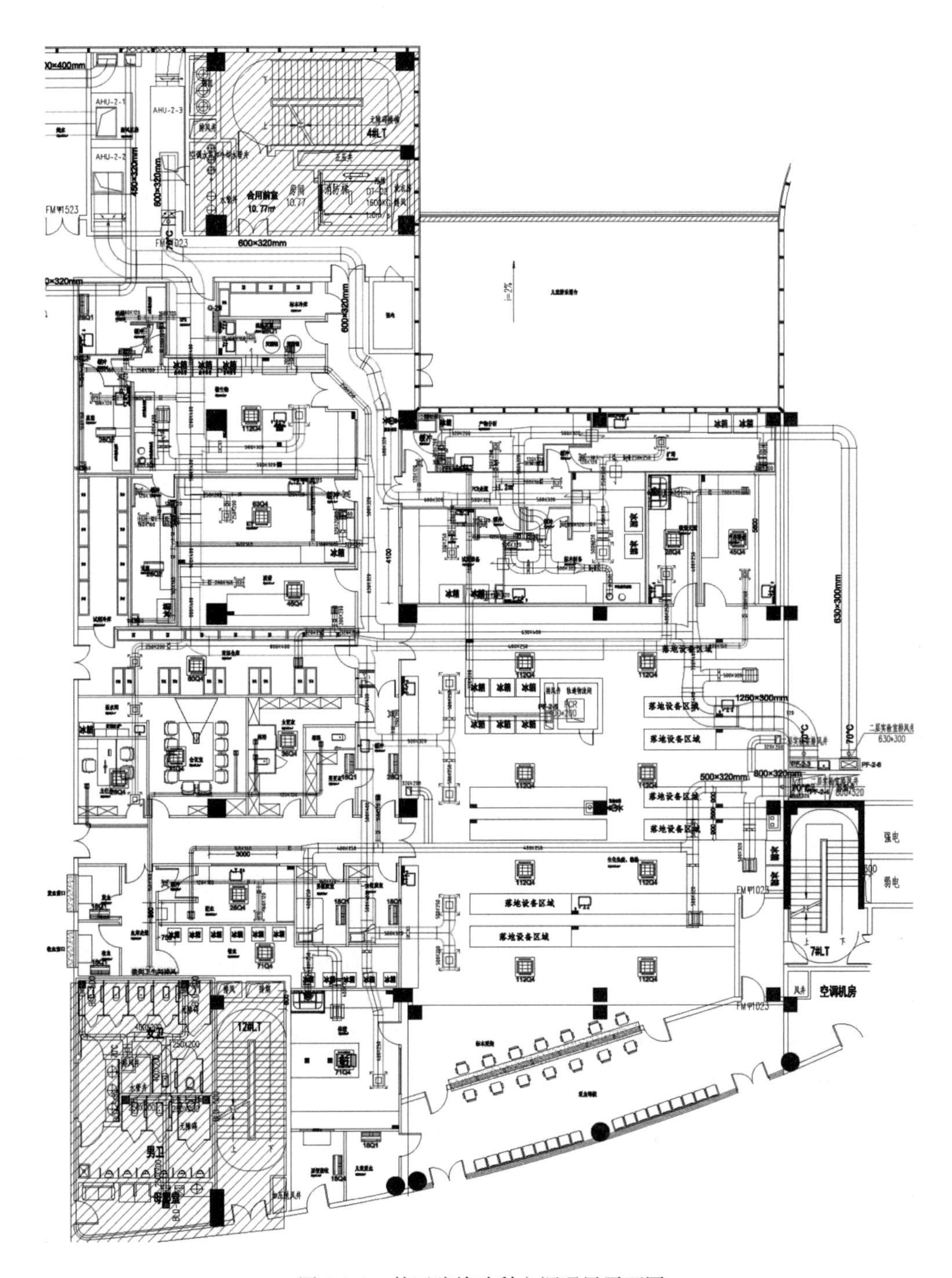

图 5-1-6 某医院检验科空调通风平面图

4. 中心实验室

中心实验室一般是开放型布置，包括常规检验、生化与免疫检验、全血细胞分析等轻微污染的检验项目。中心实验室使用的专业仪器较多，主要有全自动生化免疫分析仪、全自动生化电泳分析仪、质谱仪、色谱仪等。

中心实验室属于轻污染区域，工艺操作会产生一些空气污染。设计时按全面通风考虑，建议按4～6次计算排风量，微负压控制。由于大部分试剂蒸汽比空气重，排风口设置需考虑一定比例的下排风口，建议将1/2到2/3左右的排风设置在离地1m处。

中心实验室通风柜和生物安全柜使用较少，当工艺平面布置有一两台通风柜时，通风柜排风可以单独设置局部排风系统，也可以并入中心实验室大排风系统。并入大系统时，可以将整个系统按变风量排风系统设计，也可以简化设计为定风量排风系统，但要注意设置排风主管静压监测，确保系统静压处于通风柜变风量阀工作范围。变风量排风系统设计可参阅相关理化实验室变风量排风系统，此处不做详细阐述。

5. 空调系统设计要点

(1) 检验科实验室舒适性空调主要是采用风机盘管加新风系统，冬夏季使用医院集中的冷热源，如果春秋季节医院没有冷热源，可自备风冷式模块机组提供冷热源。

(2) 涉及病原微生物实验室时，实验室空调设计参数应同时参照GB 50346—2011《生物安全实验室建筑技术规范》的相关要求，在设计时应考虑到生物安全柜、离心机、培养箱等设备的热、湿负荷。

(3) 实验室各区之间应保持不小于5Pa的压差，保证气流从清洁区流向污染区，应在易于观察的位置设置压差表。

(4) 净化实验室应避免多个实验室共用一个空调机组的情况，单独的空调机组可有效避免交叉污染，节约运行成本。

(5) 实验室的排风机应与送风机连锁，实验室有负压要求时，排风机应先于送风机开启，后于送风机关闭；实验室有正压要求时，排风机应后于送风机开启，先于送风机关闭。

(6) 室内送排风建议采用上送下排方式，室内送风口和排风口布置应使室内气流停滞的空间降低到最小程度。

(7) 洁净空调系统应设置粗、中、高三级空气过滤，粗效过滤器应设在新风口处，中效过滤器应在空调机组的正压段，高效过滤器应设系统的送风末端。

(8) 新风口距地面高度不宜低于2.5m，新风口应有防雨及防鼠虫措施，应设有易拆除清洗的过滤网。

(9) 过滤器和空调机组不应使用木制材料，应采用耐消毒剂腐蚀、不吸水的材料，空调机组的漏风率应小于2%。

五、给水排水

(1) 给水系统

实验室的出口处应设有洗手装置，洗手装置应使用非手动水龙头，生物安全实验室建议检验地带网配自动手消毒装置，给水材料符合国家相关要求。

(2) 排水系统

洁净实验室内不应设置地漏，实验室排水应与生活区排水分开，应确保实验室排水进入医院污水处理站。

(3) 纯水系统

临床实验室需要用到纯水的设备主要是生化仪，实验室纯水系统在设计前应与实验室负责人沟通纯水的用水点及各水点的用水量。

六、气体系统

微生物实验室会使用二氧化碳供气，由高压气瓶供给。气瓶应设置于辅助工作区，通过管道输送到用气点并应对供气系统进行检测。所有供气管穿越防护区处应安装防回流装置，用气点应根据工艺要求设置过滤器。

七、电气自控

（一）动力配电系统

（1）检验科实验室宜按一级负荷供电，并应设置不间断电源，保证主要设备不少于30min的电力供应。

（2）在进行电气设计时应设置足够多的插座，并应提前了解实验室主要设备的用电功率，生物安全实验室应设置专用配电箱。

（3）在设计不间断电源前应与实验室负责人沟通，确定需要不间断电源供电的设备及最短供电时间，不间断电源放置的位置应通风条件良好。

（二）照明系统

（1）实验室照度≥300lx，缓冲间、准备间≥200lx，办公区照度≥200lx，采血台台面照度≥500lx。

（2）净化区应采用密闭灯具，普通实验区可根据吊顶材料选用普通灯具。

（3）实验室应配紫外线灭菌灯，可按10～15m^2配备一支紫外线灯（30W）。

（4）疏散指示灯、应急灯、出口指示灯的数量和位置应按消防相关规范设计。

（三）弱电系统

（1）电话网络终端：在实验室内应设置足够多的电话网络终端，满足实验室信息化管理的要求。

（2）门禁系统：可限制非授权人员的进入，保证实验室的安全。

（3）监控系统：可监控实验室人员的出入情况、日常工作情况、视频教学情况等。

（4）呼叫系统：实验室内应设置紧急呼叫分机，呼叫主机应设在值班室内。

第二节 病理科

一、概述

（一）病理科的职能

病理科是大型综合医院专科医院必不可少的科室之一，其主要任务是在医疗过程中承担病理诊断工作，包括通过活体组织检查、脱落和细针穿刺细胞学检查以及尸体剖检，为临床提供明确的病理诊断，确定疾病的性质，查明死亡原因。

（二）病理科设置原则

医院是否需要建设病理科应根据实际情况确定，每年的病理检查例数少于2000例

（不包括细胞学）时，不宜建立病理科。未设立病理科的医院，其病理诊断任务应由当地卫生行政部门协调，送有资质的病理科承担；或根据地域条件等实际情况，采用相邻若干医院共同组建病理诊断中心的方式解决，具体应由省级病理质控中心和当地卫生行政部门共同协调。

医疗机构若新成立病理科，应由省级病理质控中心根据当地病理科水平和发展需要，对申请医院的病理科人员、设备等条件进行评估，并将评估结果反馈给当地卫生行政部门，作为决策的依据。原则上三级甲等综合医院的常规病理组织学诊断不应少于8000例（次）/年，三级乙等综合医院不应少于4000例（次）/年，二级医院不应少于2000例（次）/年。

医院病理科应独立建制，一个医疗机构内只允许设置一个病理科。为适应医院临床学科的发展和需求，提倡病理科发展亚专科化，包括细胞病理、消化病理、肾病理、血液病理、神经病理、妇科病理、眼科病理、皮肤病理等。病理科以外的其他科室及其下属的实验室不得从事病理检查及诊断工作。

二、平面布局

（一）位置要求

病理科的组成一般分为病理技术区域和病理解剖区域，各部分在工艺布局时应自成一区。病理技术区域必须配备的用房有取材、制片、标本处理（脱水、染色、蜡包埋、切片）、镜检、洗涤消毒、卫生通过等；病理解剖区域宜和太平间合建，与停尸房宜有内门相通，且应设工作人员更衣及淋浴设施。

GB 51039—2014《综合医院建筑设计规范》第5.14.1、5.14.2条给出了病理科用房位置及平面布置要求："病理科用房应自成一区，宜与手术部有便捷联系。病理解剖室宜和太平间合建，与停尸房宜有内门相通，并应设工作人员更衣及淋浴设施。"

T/CAME 15—2020《医学实验室建筑技术规范》第5.1.1条给出了医学实验室的选址要求："实验室应自成一区，场地应能避免各种不利自然条件的影响，远离灰尘、病原、噪声、振动、辐射、电磁等可对检测结果及实验数据的精确性产生影响的因素及区域。"第5.1.2条指出："实验室选址需考虑具备良好自然通风的条件，不宜设置在地下室。"

（二）工艺要求

病理科实验室是提高病理诊断水平、保证医疗质量和医疗安全的重要科室，其工作任务是负责对取自人体的各种器官、组织、细胞、体液及分泌物等标本，运用免疫组织化学、分子生物学、特殊染色以及电子显微镜等技术进行分析，包括快速病理制片、穿刺与脱落细胞病理制片、常规活检组织的HE制片、免疫组化、特殊染色、分子病理制片等。

病理科实验室按制作流程分为标本取材室、脱水透明浸蜡与包埋室、切片室、染色室、特殊染色和免疫组化室（分子病理室）。针对病理科实验室主要用途、基本性能指标等特点，确定合理功能分区，应有足够空间放置实验台、通风柜、普通工作台以及常用仪器设备。

（三）功能分区

病理科实验室可划分为清洁区、半清洁区和污染区，污染区和半清洁区之间的缓冲区。无关人员和无关物品不得进入污染区和相对清洁区。各区域包括的功能用房如下。

（1）污染区：（生物因素与化学制剂污染）标本收取、巨检和取材室，冰冻切片室等，（化学制剂污染）常规制片室，特殊染色室。

（2）半清洁区/缓冲区：免疫组化室，分子实验室，诊断室。

（3）办公清洁区：档案室，办公室。

（4）相对危险区：（防火区）有毒易燃物品储藏室。

（四）常用设备

（1）病理诊断室应有多人共览显微镜、显微摄影设备、图文报告与信息管理系统，以保证报告的规范化打印和传输，满足临床病理讨论会、远程病理会诊的工作需求。

（2）病理实验室应有高质量石蜡切片机、冰冻切片机、自动脱水机、自动染色机、组织包埋机、冰箱、一次性刀片或磨刀机、液基细胞制片设备、恒温箱、烘烤片设备等仪器设备。

（3）病理科医师宜每人配备 1 台双目光学显微镜，并装备多人共览显微镜、显微摄影及投影设备等。

（4）病理取材室有直排式专业取材台、专用标本存放柜、大体及显微照相设备、电子秤、冷热水、溅眼喷淋龙头、紫外线消毒灯等仪器设备。

（5）免疫组化室有实验台、微波炉、高压锅、冰箱等仪器设备，有条件时可配备全自动免疫组化染色机。

（6）病理科与手术室之间应有传真设备，有条件时，与手术室安装可视对讲设备，方便手术医生与病理医生的直接沟通。

（7）资料室有专用切片及蜡块存放柜，有条件时设置物流传输系统。

（8）三级医院应设置分子病理检测设备，如 PCR 仪、杂交仪、流式细胞仪、基因测序仪、低温冰箱等。

（9）病理科实验室有条件时可配置电镜、超薄切片机、切片数字化扫描仪等。

三、装饰装修

病理科实验室清洁区的墙板、顶棚应采用易于清洗、耐清洗、不起尘、不开裂、光滑防水的材料（如彩钢板、无机预涂板等），防火等级不低于难燃 B1 级；污染区和危险区的墙板、顶棚材料应采用易于清洗、耐擦洗、不起尘、不开裂、光滑防水的材料（如墙面土建墙＋瓷砖、顶面轻钢龙骨＋铝扣板/矿棉板等）；办公区的墙板、顶棚材料应采用易于清洗、耐擦洗、不起尘、不开裂、光滑防水的材料（如墙面土建墙＋瓷砖、顶面轻钢龙骨＋铝扣板/矿棉板等）。

实验室吊顶后的室内净高以 2.60m 为宜，主实验室吊顶不能开设人孔或设备检修孔。实验室墙体上不宜设可开启的外窗，可设密闭观察窗。实验室的墙体与墙体交接处、墙体与地面交接处、墙体与顶棚的交接处均应圆弧处理，彩钢板、无机预涂板拼接处均应打密封胶处理，以保证实验室的气密性。

实验室门应能自动关闭，门上宜设观察窗，带门锁和闭门器，门头上可加装工作状态指示灯，标明实验室是否有人工作，清洁区门需带气密封设施，放置化学品、易燃易爆房间设置防爆及防腐蚀措施。

四、通风空调

（一）室内环境

在病理科相关操作的过程中，样本放置过程中如果室内湿度过高则有变质的可能性，如果湿度过低则会因为失水过多影响切片的制作。病理科夏季设计参数温度宜控制在 24～26℃，相对湿度应为 60％～70％；冬季室内设计参数温度为 18～21℃，相对湿度为 30％～40％；为防止工作区域由于风速过高使样本失水，工作区域的风速应保持在 0.2～0.25m/s。

在综合考虑 T/CAME 15—2020《医学实验室建筑技术规范》、GB 51039—2014《综合医院建筑设计规范》、美国 ASHRAE 170—2021《医疗护理设施通风》有关医学实验室室内环境的控制要求，病理科实验室室内空调设计参数可参见表 5-2-1 中的数值。病理科全科室相对相邻科室区域宜为微负压，办公区各房间新风量需按照维持房间相对正压所需风量进行校核，病理实验室区域建议各房间维持 5～10Pa 负压。

表 5-2-1　病理科实验室室内空调设计参数

功能房间	相对邻室压力关系	夏季		冬季		最小新风量 /h^{-1}	房间最小换气次数/h^{-1}
		温度/℃	相对湿度/％	温度/℃	相对湿度/％		
标本接收存储	N	24	60	21	40	NR	12
取材室	N	24	60	21	40	3	12
包理切片	N	24	60	21	40	2	6
冷冻切片	N	24	60	21	40	2	6
临床解剖	N	24	60	21	40	3	12
分子病理实验室	N	24	60	21	40	3	12
染色封片	NR	24	60	21	40	3	12
免疫组化	N	24	60	21	40	3	12
细胞穿刺	N	24	60	21	40	3	12

注：NR 表示“无要求”；N 表示“负压”。

（二）通风设计

1. 病理科的污染源

病理科各项工作需要广泛使用各种化学溶液，其中组织石蜡切片技术作为病理科最基本最重要的技术，它的取材、固定、洗涤和脱水、透明、浸蜡、包埋、切片与贴片、脱蜡、染色、脱水、透明、封片等，几乎每一步骤都离不开易挥发、具有毒性（或刺激性）的危险试剂。免疫组织化学、原位杂交及特殊染色等实验操作也会产生诸如甲醇、甲酰胺等有害气体。

病理科大量使用的甲醛、二甲苯等有机溶剂，很多是我国职业卫生标准 GBZ 2—

2002《工作场所有害因素职业接触限值》中明确列出的物质，不仅会对实验室人员造成职业损伤，还会对周围环境造成破坏，因此对病理科各房间的使用情况进行有针对性的研究，确定一套科学实用的防护措施，是减少化学试剂污染、改善工作环境、提高工作效率的必由之路。病理科常用溶液见表 5-2-2，从中可以看出，病理科的通风设计重点在于实验试剂蒸汽的排放。

表 5-2-2　病理科常见溶液

实验步骤	步骤涉及溶液名称	危害
取材、固定	固定液（常用 10%甲醛溶液或中性甲醇液）	甲醇易挥发，易燃，较强毒性； 甲醛可燃，对眼、鼻子有刺激性，且属于 1 类致癌物
脱水、透明	脱水剂（采用逐级浓度 50%～100%的梯度酒精、丙酮） 透明剂（二甲苯、苯、氯仿、正丁醇等）	二甲苯、苯、正丁醇等均易燃，对人体有毒性或刺激性； 氯仿易挥发，受光照会分解成剧毒的光气和氯化氢
浸蜡、包埋、切片、冷冻切片	石蜡液、二甲苯、包埋剂（如聚乙二醇和聚乙烯醇的水溶性混合物）	聚乙烯醇粉体与空气可形成爆炸性混合物。对人体有害且会刺激眼睛
脱蜡与水化	二甲苯、逐级浓度 100%～50%的梯度酒精、蒸馏水	二甲苯易燃，有刺激性
染色及特殊染色	常规染液有苏木素——伊红。染色后需经乙醇脱水、二甲苯才可以封片。特殊染色相对常规染色，需根据具体实验对象选用不同的染色剂	
封片	中性树胶、封片时切片上仍保留适当二甲苯	二甲苯易燃，有刺激性
免疫组织化学	3%甲醇-H_2O_2 溶液、甘油和 0.5mmol/L 碳酸盐缓冲液（pH 9.0～9.5）等量混合、DAB 显色剂	甲醇及 DAB 显色剂均易挥发、有毒，DAB 显色剂有致癌性
原位杂交	30%、50%甲醇的 PBST（磷酸盐吐温缓冲液）溶液、4%多聚甲醛的 PBS 溶液、50%甲酰胺溶液	甲醇易挥发，易燃，较强毒性； 甲醛、甲酰胺均可燃，且属于 1 类致癌物
标本储存	标本储藏过程中存在甲醛、二甲苯等的释放	

2. 通风要求

病理科各部门在对组织或器官进行病理分析前需要对相关样本进行一系列复杂精细的处理，特别是在取材室、脱水室和包埋室，甲醛、二甲苯、石蜡等化学试剂被大量使用，为减少有机溶剂的挥发蒸汽及石蜡加热后产生蒸汽对人体的危害，部分试验操作是在通风柜和带有排气装置的试验台上完成的（如包埋、脱水、自动染色、免疫组化染色、手工染色等操作通常在通风柜中进行），但是由于在实际操作中很多使用试剂和组织样本的放置和收取都不在试验器具排风系统的控制范围之内，因此大部分房间室内空气的有害物质浓度往往超过国家相关规范规定的上限值。有害气体浓度必须得到控制，否则对工作人员的危害是巨大的。

病理科实验室常用的局部排风设备除通风柜外，还有取材台局部排风装置、解剖台局部排风装置、标本柜、生物安全柜等，各类局部排风设备的排风量有较大差异，需根据使用方提供的资料确定。

取材室取材台采用不锈钢制作，取材台前方设置了侧面吸风罩，用于排除试验时散发的有害气体，取材台排风罩的排风量为 1200～1700m³/h，设计时一般取 1500m³/h，局部压力损失约为 120Pa；常规标本柜排风量为 70～100m³/h，大型标本柜排风量可达到 2000～3600m³/h 等。

排毒柜一般采用普通化学通风柜，通风柜可以自带风机或在外部另设风机。实验室有害气体的释放量比较大，所以病理科使用的通风柜控制风速取值为 0.4～0.5m/s（排除毒性较高化学污染物时，如甲醛、苯、甲酰胺等，通风柜面风速建议取大值），通风柜排风量可根据其操作口开启面积及面风速确定，单台排风柜的排风量一般取 1800m³/h。

病理科各房间除设置上述局部排风外，还应设置全面排风系统，以保证全室足够的通风量以稀释污染物浓度。病理科使用的试剂挥发所产生的气体（如甲醛、二甲苯、石蜡蒸汽等）虽然密度略大于空气，但是与室内大量空气混合后的密度并不是其自身的密度，而是有效相对密度，经测量，混合气体的有效相对密度与空气的密度基本相当。

病理科全面排风的风口设置采用上下排风相结合的方式比较理想，设计时一般设置一根排风立柱，排风立柱上设置上部排风口和下部排风口，排风量分别为总排风量的 1/3 和 2/3。室内全面排风量的计算是指使进入室内空气总的有害物质的浓度稀释到室内最高容许浓度时所需的通风量。可按照式（5-1）计算：

$$L=m/(C_y-C_j) \tag{5-1}$$

式中：L——房间排风量，m^3/h；

m——室内有害气体的散发量，mg/h；

C_y——室内空气中有害气体的最高容许浓度，mg/m^3；

C_j——进入房间空气中的有害气体的浓度（一般可以取 0），mg/m^3。

由于病理科试验过程中有害气体的挥发是随机、不均匀和不稳定的，确定室内有害气体的散发量确有一定困难，根据公式计算全面排风量尚有一定难度。

由于病理科通风柜和取材台的排风量较大，这些设备全部开启时的换气次数远大于全面通风的换气次数，按照全面通风确定新风量在部分房间不能满足使用要求。为合理匹配送排风系统的风量平衡，设计中应考虑新风机组和排风机组的风量均按照二项风量的大值选取，且均采用变频控制，通风柜、取材台等局部排风设备和全面排风立柱及新风机组间应建立连锁和风量匹配关系，通过自动控制和风机变频实现风量平衡。

由于稀释通风的局限性，以及甲醛、二甲苯等挥发性试剂黏附渗透在墙面、吊顶、家具等物体上难以根除，仅通过加大送、排风量来稀释室内有害气体的方法，无法完全解决污染物浓度超标的问题，还会导致系统能耗过度增加。因此，建议在通风系统中设置空气净化装置这一主动净化措施，增强有害气体污染物清除能力。随着科学技术的发展，近几年空气处理行业新技术不断推陈出新，病理科新风系统中设置智能型空气净化装置在去除空气中有害气体和自然菌方面具有特殊的功效。

3. 通风设计要点

综上所述，病理科实验室通风设计要点汇总如下：

（1）污染区设置通风柜、取材台局部排风装置等局部通风设备；

（2）实验室设置全面排风系统，满足房间换气要求，根据需要设置排风立柱，采用顶部、下部排风口相结合的双排风形式；

（3）由于污染区有散发大量有害气体的风险，房间应设计为负压；

（4）免疫实验室区域应采用全送全排形式；

（5）实验室排风应经过无害化处理，达标之后进行高空排放。

（三）空调

1. 冷热源

医院病理科实验室常位于建筑内区，空调系统宜独立设置。其补风系统冷热源可以接入医院大系统，室内空调冷热源宜采用独立系统，如多联机空调系统。

2. 空调系统划分

病理科在建筑平面布置时一般会分为办公管理区（清洁区）和病理实验区（污染区），通风空调系统宜相应分区、分系统设计。根据病理科室内污染物的特性及对温、湿度的要求，最佳空调方式是采用直流式空调系统。但直流式空调系统的能耗较大（由于排风中的酸性气体会对金属产生腐蚀作用，热回收装置的使用受到限制），运行费用高。

目前大部分病理科工程在设计时还是采用了风机盘管加新风的空调方式。新风需满足人员所需及通风换气所需的风量。病理科实验室部分房间实验仪器设备较多，如免疫组化、分子病理实验室，空调末端配机需留有余量，这两个房间使用相对独立，空调系统亦可考虑独立设置。

3. 空调风系统设计

送风口宜结合工艺流程中人员逗留相对较长的区域进行设置，实现工位送风，工作人员的头部尽可能处在新鲜空气的送风区域。图 5-2-1 给出了某医院病理科通风空调系统管道平面布局，供参考。

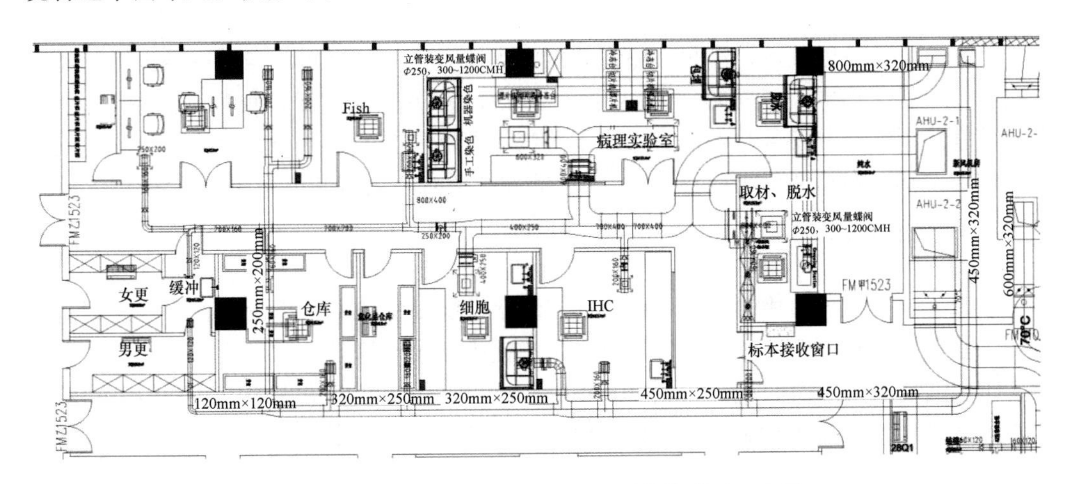

图 5-2-1　某医院病理科通风空调系统管道平面布局

病理科实验室通风系统宜采用变风量通风系统，送风机组和排风机组通常采用变频控制，在各排风点位（通风柜、取材台、全面排风口等）设置变风量风阀和定风量风阀。

4. 空调系统设计要点

（1）新风机组回风口和风机盘管机组的回风口应设置初阻力小于 50Pa、微生物一次通过率不大于 10%和颗粒物一次计重通过率不大于 5%的过滤设备。

（2）当室外可吸入颗粒物 PM10 的年均值未超过现行国家标准 GB 3095《环境空气质量标准》中二类区适用的二级浓度限值时，新风采集口应至少设置粗效和中效两级过滤器，当室外 PM10 超过二级浓度限值时，应再增加一道高中效过滤器。

（3）普通空调采用两管制系统，接大楼冷热源。

（4）新风送风主管和风机盘管回风箱需安装能消除或降解污染物及挥发性气体的净化装置，改净化装置不能产生对人体有害的气体。

5. 净化系统设计

病理科实验室如有洁净功能用房设计要求，该类用房应设置独立的净化空调系统，宜设置独立的空调机房。净化空调系统的设计应符合下列要求。

（1）清洁区中的免疫组化室，分子实验室可按洁净级别Ⅳ级设计，其他房间为非洁净区。

（2）设独立空调冷热源，设空气加湿系统。

（3）顶部设高效送风口，侧下墙设排风口，上送下排形式，高效送风口和排风口布置应使室内气流停滞的空间降低到最小程度。

（4）在生物安全柜操作面或其他有气溶胶操作地点的上方附近不得设送风口。

（5）病原微生物实验室应按负压设计，全送全排形式。

（6）高效风口对大于等于 0.5μm 微粒，其过滤效率不低于 95%，排风口应设过滤效率不低于 60%的中效过滤器。

（7）消声器或消声部件的材料应能耐腐蚀、不产尘和不易附着灰尘，其填充材料不应使用玻璃纤维及其制品。

（8）高效过滤器应耐消毒气体的侵蚀，送排风系统中的各级过滤器应采用一次抛弃型。

（9）空调设备的选用应满足：不应采用淋水式空气处理机组，当采用表面冷却器时通过盘管所在截面的气流速度不宜大于 2.0m/s；各级空气过滤器前后应安装压差计，测量接管应通畅，并安装严密；宜选用干蒸汽加湿器加湿，设备与其后的过滤段之间应有足够的距离；在空调机组内保持 1000Pa 的静压值时，箱体漏风率应不大于 2%。

五、给水排水

实验家具上设置水槽时，水槽带台式三联水龙头，实验室内应设紧急冲眼装置。盥洗设备设生活冷热水管，所有实验家具的水槽设生活给水管道。给水管与卫生器具及设备的连接应有空气隔断或倒流防止器，不应直接相连。给水管应使用不锈钢管、铜管或无毒给水塑料管。除实验家具水槽外，房间内的洗手盆应采用感应自动、膝动或肘动开关水龙头。

分析化验用排水系统应单独收集，并经综合处理后再排入院内管网。超过 40℃的高温排水经降温处理后排入院内管网。实验室排水横管直径应比设计值大 1 倍。设置的地漏应采用带过滤网的无水封直通型地漏加存水弯，地漏的通水能力应满足地面排水的要求。

实验室家具水槽设置纯水用水。实验室纯水应满足GB/T 6682—2008《分析实验室用水规格和试验方法》的相关要求。供水主管采用循环供水方式，不循环支管长度尽量短，其长度不应大于6倍管径。纯水管材应符合对水质的要求，可选择不锈钢管或工程塑料管。

六、电气自控

病理科实验室区域为0类医疗工作场所，二级生物安全实验室的用电负荷不宜低于二级。应根据医疗工作场所分类、自动恢复供电时间的要求进行设计。生物安全柜、送风机和排风机、照明、自控系统、监视和报警系统等应按要求和需要配备不间断电源系统，电力供应应至少维持30min时间。应在安全的位置设置专用配电箱。

实验室核心工作间的照度应不低于350lx，其他区域的照度不应低于200lx，宜采用吸顶式防水洁净照明灯。应设不少于30min的应急照明系统。实验室内环境采用紫外线光照射、甲醛气体熏蒸等方法消毒，在天花板或墙壁上固定安装紫外灯（离地面约2.5m）。

在实验室内应设置足够多的电话网络终端，满足实验室信息化管理的要求。应设置门禁系统，限制非授权人员的进入，保证实验室的安全。应设置安防系统，可监控实验室人员的出入情况、日常工作情况、视频教学情况等。

七、消防

病理科实验室的耐火等级不宜低于二级，或设置在不低于二级耐火等级的建筑中。实验室的防火设计应以保证人员能尽快安全疏散、防止病原微生物扩散为原则，火灾必须能从实验室的外部进行控制，使之不会蔓延。实验室内除遇水发生剧烈反应或不宜用水的场所外，在有贵重设备、仪器的房间设置固定自动喷水灭火设施时，采用预作用式自动喷水灭火系统。区域内配置火灾自动报警系统和合适的灭火器材。

区域内长度大于20m的疏散走道和面积大于50m^{2}且无窗房间需要设置排烟设施。区域内设置消防广播系统，并与大楼广播系统合并使用。实验室的所有疏散出口都应有消防疏散指示标志和消防应急照明措施。

第三节 输血科

一、选址

输血作为一种特殊的治疗手段，是现代医学不可或缺的，在拯救患者生命的同时也可能会给受血者带来不良反应，有些是终生的甚至是致命的。充分认识输血治疗的危险因素，规范输血科设计建设，是临床用血安全的重要保证。医院输血科设计与建设的依据主要有《医疗机构输血科（血库）基本要求（试行）》《临床输血技术规范》。

《医疗机构输血科（血库）基本要求（试行）》指出“输血科（血库）应有独立的业务用房，选址应远离污染源，并尽可能临近手术室、病房，以便于取血”。

输血科（血库）业务用房除应靠近病区和手术室外，还应注意环境洁静、采光良好、空气流通，符合卫生学要求，还应具备双路供电和畅通的通信设施。输血科业务用房的使用面积应满足其功能和任务的需要，输血科不少于 200m²，血库不少于 80m²。

中国医学装备协会团体标准 T/CAME 15—2020《医学实验室建筑技术规范》第 5.1.1 条给出了医学实验室的选址要求，“实验室应自成一区，场地应能避免各种不利自然条件的影响，远离灰尘、病原、噪声、振动、辐射、电磁等可对检测结果及实验数据的精确性产生影响的因素及区域”，第 5.1.2 条指出“实验室选址需考虑具备良好自然通风的条件，不宜设置在地下室”。

二、平面布局

输血科至少应设置储血室、配血室、发血室、治疗室、值班室、办公室、洗涤室及库房；血库至少应设置储血室、配血室、发血室、值班室。各室布局、流程应合理。应有存放易燃、易爆和有腐蚀性等危险品的安全场所。消防、污水处理、医疗废物处理等设施应符合国家相关规定。

输血科实验室要求室内宽广明亮，分布合理，仪器设备先进，功能分区符合规范要求。按工作流程分室分区，应有清洁区、半清洁区和污染区，各室或各区域有明显的标识。

血液贮存、发放处和输血治疗室设在清洁区，血液检验和处置室设在污染区，办公室设在半清洁区。科室用房面积应能满足其任务和功能的需要，原则上三级医院不少于 80m²，二级医院不少于 50m²，贮血室不少于 30m²。《医疗机构输血科（血库）基本要求（试行）》给出了输血科用房使用面积与床位数参考比例推荐标准，如表 5-3-1 所示。

表 5-3-1　输血科用房使用面积与床位数参考比例推荐标准

床位数/张	使用面积/m²
＜150	＞30
150～300	＞50
300～500	＞60
＞500	＞80

三、室内环境

综合考虑 T/CAME 15—2020《医学实验室建筑技术规范》、GB 51039—2014《综合医院建筑设计规范》、美国 ASHRAE 170—2021《医疗护理设施通风》有关医学实验室室内环境的控制要求，输血科实验室室内空调设计参数可参见表 5-3-2 中的数值。

表 5-3-2　输血科实验室室内空调设计参数

功能房间	相对邻室压力关系	夏季		冬季		最小新风量/h^{-1}	房间最小换气次数/h^{-1}
		温度/℃	相对湿度/%	温度/℃	相对湿度/%		
血库（输血科）	NR	26	60	20	30	2	6

四、工艺要求

血液存放区应分别设置待检测血液隔离存放区、合格血液存放区和报废血液隔离存放区，标识清晰、明确。室内空间应满足整洁、卫生和隔离的要求，具有防火、防盗、防鼠等安全设施。血液存放区要求连续储存血液超过 24h 时，应设计双路供电或应急发电设备。血液存放区应有足够的照明光源。

血液和血液成分应储存于专用的血液储存设备。当血液储存设备使用人工监控（图 5-3-1）时，应至少每 4h 监测记录温度 1 次；当血液储存设备使用自动温度监测管理系统（图 5-3-2）时，应有温度超限声、光报警装置，应有 24h 连续温度测量电子记录，另外应至少每日人工记录温度 2 次，2 次记录间隔 8h 以上；血液储存设备的温度监控记录至少应保存到血液发出后 1 年，以保证可追溯性。

图 5-3-1　血液储存设备使用人工监控

图 5-3-2　血液储存设备自动温度监测管理系统

五、仪器设备及家具

配血区仪器设备包括但不限于血液辐照仪、进口全自动配血仪、全自动化学发光仪等设备仪器；储血区仪器设备包括但不限于专用储血冰箱、－20℃冰箱、2～8℃冰箱等；发血区仪器设备包括但不限于自动血浆解冻箱、血小板保存箱等。输血科仪器设备布置示例如图 5-3-3、图 5-3-4 所示。

配血区家具主要有生物安全柜、边台、电脑台、仪器台、更衣柜、文件柜、非手动水槽龙头、洗眼器、万向罩、冰箱等；储血区家具主要有实验台、更衣柜、非手动水槽龙头等；发血区家具主要有发血窗口、实验台、更衣柜、文件柜等。

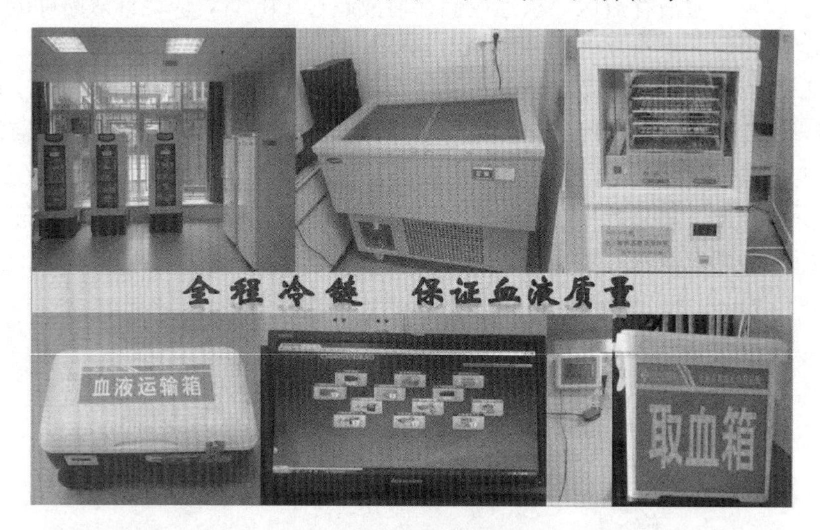

图 5-3-3　输血科设备 1

图 5-3-4　输血科设备 2

第四节　微生物实验室

一、实验室组成

微生物实验室主要用于微生物分离、培养、鉴定、形态、利用、变异、危害等方面的实验和研究。主要功能用房包括准备室、缓冲间、无菌室、培养室［细菌培养室、真菌培养室、结核菌（TB）培养室］、鉴定室、洗消室、试剂室、菌种储藏室等，根据工作领域功能性质（检测、教学、研究、监测）不同，实验室的组成和规模可做相应调整和合并。

（1）准备室

包括样本检测前的相应准备工作和各种培养基及生化试剂的配制等。

（2）无菌室

接种室有无菌室的要求，主要用于接种、纯化菌种等无菌操作。在微生物中，菌种的接种分离是一项主要操作，过程要保证菌种纯种，防止杂菌的污染。分装室有无菌室的要求，主要用于灭菌后物品的分装培养基的倾注等活动。

（3）培养室

主要放置各种培养箱、摇床，要求温度较恒定。用于细菌、真菌、结核菌等微生物的培养。

（4）鉴定室

用于细菌、真菌、结核菌等微生物的鉴定。

（5）洗消室

包括洗涤室和消毒灭菌室。洗涤室，用于洗刷器皿等，消毒灭菌室主要用于培养基的灭菌和各种器具的灭菌。

（6）菌种存储室

主要用于检测样本及菌种的存储。

二、平面布局

微生物实验室宜设置于实验区的尽端，自成一区，与其他区域分开，为了防止交叉污染，保护工作人员健康，微生物实验室必须有严格的洁污分区。微生物实验室部分功能用房有洁净度要求，需要做成洁净室，主要用于灭菌后物品的分装、培养基的倾注、菌种的接种、纯化等活动。

（一）功能分区

除洁净室之外的功能用房可按照第二章的功能分区原则，划分为清洁区、半污染区、污染区，具体如下。

（1）清洁区：主要是培养基制备、试剂存放，以及医务人员的办公、休息、准备的区域。

（2）半污染区：在清洁区、污染区之间需要设置缓冲区域，用于有效地控制不同区域间的室内环境。

（3）污染区：进行微生物实验的区域，通常包括：准备室、培养室、鉴定室、菌种储存室。

（二）工艺流线

为减少人员频繁进场，降低空间彼此污染的可能，准备室、培养室、鉴定室、无菌室之间应设传递窗及缓冲间，其工艺流程为“培养基制作、倒皿”——“样本接种、纯化”——“培养箱培养”——“显微镜检查、鉴定、药敏”——“器皿消毒清洗”，其操作流线按样本接收、样本接种、培养、分离鉴定、药物敏感实验、结果报告等次序，单一方向延伸，尽量空间分割明确，流线单一。

（三）示例

微生物实验室面积不宜小于 $35m^2$，由于现实条件限制，有些也将几个功能室合并为一间。图 5-4-1 给出了微生物实验室平面布局示例，供参考。

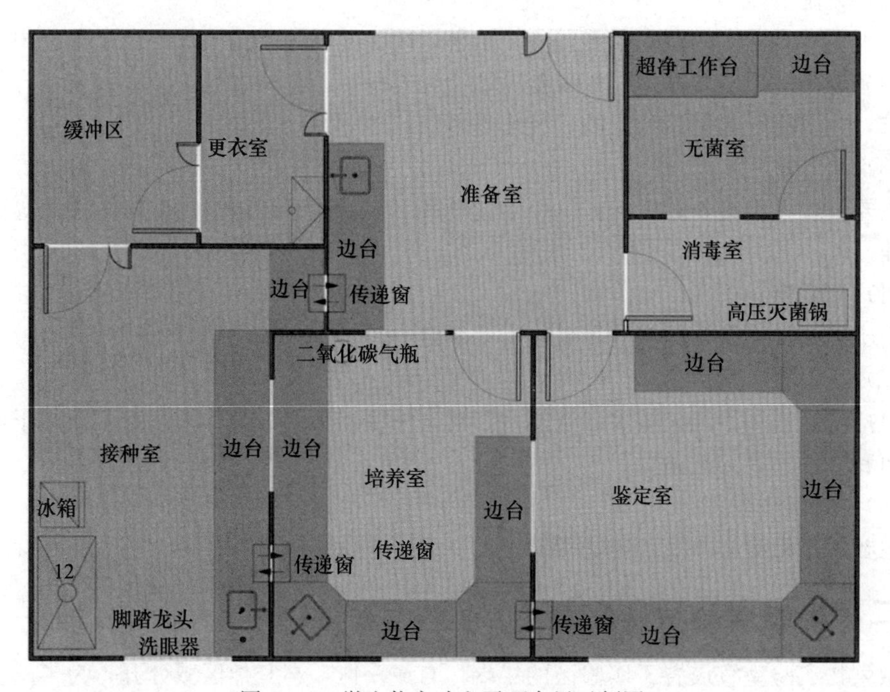

图 5-4-1　微生物实验室平面布局示例图

三、装饰装修

微生物实验室地面材料通常选用 PVC 地板或橡胶地板，地面与墙体的转角位置应采用阴圆弧处理，地面表面应卷起不低于 100cm 高，贴于侧墙壁，或使用铝合金做曲率半径大于 30mm 圆弧处理，略凹于墙面或与墙面齐平。

墙面材料通常选用无机复合板或夹芯彩钢板，抗污抗菌效果好，且防潮防霉变耐腐蚀。天花板吊顶通常选用无机预涂板或铝扣板，墙体与天花板间应采用型材圆弧收编，便于除尘与清洁。

实验台面选用大理石或理化板，应坚固防水，耐腐蚀，易清洁，耐燃烧等。

四、通风空调

（一）生物安全等级

微生物实验室主要从事病原微生物的检查，侧重研究感染性疾病，在医院感染的监测中发挥重要作用，临床微生物检验是合理并规范应用抗菌药物的保障。微生物实验室根据其操作对象的生物安全分级进行相应的防护，常规微生物实验室为生物安全二级（BSL-2）医学实验室，BSL-2 实验室又可细分为普通型 BSL-2 实验室和加强型 BSL-2 实验室，两者的主要技术要求和指标如表 5-4-1 所示。

表 5-4-1　实验室主要技术要求和指标

类型	通风方式	缓冲间	核心工作间相对于相邻区域最小负压/Pa	高效过滤排风	高效过滤送风	温度/℃	相对湿度/%	噪声/dB（A）	核心工作间平均照度/lx
普通型医学 BSL-2 实验室	应保证良好通风；可自然通风，宜设机械通风；可使用循环风	根据需要设置	—	—	—	18～26	—	≤60	≥300
加强型医学 BSL-2 实验室	机械通风，不应自然通风；且不宜使用循环风	应设置	不宜<－10	有	宜设置	18～26	宜 30～70	≤60	≥300

普通型 BSL-2 实验室的设计要求相对简单，对空调和通风并未作出特别要求，可以采用机械通风，也可以采用自然通风。加强型 BSL-2 实验室则需采用机械通风，核心工作间不应设可开启外窗，入口处设置缓冲间，核心工作间对大气保持负压状态并在入口显著位置安装压力显示装置，排风端设置高效过滤器；此外，加强型 BSL-2 实验室还建议采用全新风系统，对湿度和压力梯度进行控制。

（二）空调负荷计算

空调负荷包括围护结构负荷、新风负荷、照明负荷、设备负荷、人员负荷以及其他负荷等。对于生物安全实验室，其空调负荷相比一般办公房间的空调计算负荷要大得多，需要额外考虑。

（1）实验设备的散热量

实验室相比于一般办公房间，除办公设备散热量外还需要额外考虑实验室设备的高散热量，如（超）低温冰箱、离心机、CO_2 培养箱、高压灭菌器等都会影响实验室的显热负荷。

（2）为维持房间风量平衡而补充的新风量

实验室因为存在局部排风设备，如生物安全柜，为了维持实验室的风量平衡，除人员新风外还要补充新风，需要考虑额外的新风负荷。

（三）通风空调系统

普通型 BSL-2 实验室的空调系统设计相对灵活，可根据业主需求，在技术经济分析的基础上，选择全空气系统、“空气-水”系统、变冷媒流量多联机（VRF）系统或者分体空调等多种形式。加强型 BSL-2 实验室一般采用全空气系统（全新风系统），建议其使用时换气次数为 6 ～12 次/h，应根据实验室空调负荷、实验操作流程以及使用材料的危险等级来决定实验室的具体换气次数。

当采用外排型生物安全柜时，应通过独立于建筑物其他公共通风系统的管道排出，当生物安全柜通风系统与实验室通风系统合用时，排风机压头需考虑生物安全柜局部阻力（一般约500Pa）。当实验室排风与生物安全柜排风分设排风系统时，需注意生物安全柜排风与实验室排风进行联锁控制，生物安全柜排风始终先启后停，以保证生物安全柜内的排风不会被倒吸至室内环境中。加强型BSL-2实验室在排风侧还应设置高效过滤器，排风机根据需要宜设置备用风机。

为了防止有害生物因子无序或逆向扩散，无论是哪种类型的实验室都应重视室内的气流组织，生物安全实验室送风口和排风口的布置应形成向内的定向气流，从低污染区流向高污染区，避免气流在房间内形成较大的死角或者涡流，而且不能影响生物安全柜的性能表现。GB 50346—2011《生物安全实验室建筑技术规范》中明确指出：在生物安全柜操作面或其他有气溶胶产生地点的上方附近不应设送风口；气流组织上送下排时，高效过滤器排风口下边沿离地面不宜低于0.1m且不宜高于0.15m，上边沿高度不宜超过地面之上0.6m；排风口排风速度不宜大于1m/s。

五、给水排水

微生物实验室应设洗手装置，并宜设置在靠近实验室的出口处。对于用水的洗手装置的供水应采用非手动开关。室内给水管材宜采用不锈钢管、铜管或无毒塑料管等，管道应可靠连接。

实验室污水、生活污水系统应分别设置，实验污水系统应根据微生物实验室排除废水的性质、污染物浓度及水量等特点来确定处理措施，确保无害化处理后方可排入市政排水系统。

洁净实验室内不应设置地漏，实验室排水应与生活区排水分开，应确保实验室排水进入医院污水处理站。

六、气体系统

微生物实验室会使用二氧化碳供气，由高压气瓶供给，气瓶应设置于辅助工作区，通过管道输送到用气点并应对供气系统进行检测。

所有供气管穿越防护区处应安装防回流装置，用气点应根据工艺要求设置过滤器。

七、电气自控

微生物室应保证用电的可靠性，用电负荷应按二级负荷供电；配电总功率为设计功率的1.5～2倍，以便增加仪器设备时保证供电；设置不间断电源（UPS）时，其工作时间不宜小于30min，能实现在线切换；应设置独立的专用配电箱，应具备发生火灾时消防联动切断电源的功能；应设置足够数量的固定电源插座，重要的设备（微生物鉴定仪、质谱仪等）应单独回路配电，且应设置漏电保护装置；低温冰箱、超低温冰箱、高温高压消毒锅等有特殊用电要求的设备，宜单独设置配电箱。

各房间、区域分区照明，采用不同照度标准；大面积照明场所宜分段、分区设置灯控开关；充分利用自然光，并依次决定电气照明的分区；应采用高显色照明光源，显色指数应大于或等于80，宜选用合格的LED新光源和采用带电子镇流器的三基色荧光灯；实验区照度不宜低于300lx，辅助区的照度不宜低于200lx；应设置不少于30min的应急照明级紧急发光疏散指示标志。

在实验室内应设置足够多的电话网络终端，满足实验室信息化管理的要求；设置门禁系统，限制非授权人员的进入，保证实验室的安全；设置监控系统，可监控实验室人员的出入情况、日常工作情况、视频教学情况等；设置呼叫系统，实验室内应设置紧急呼叫分机，呼叫主机应设在值班室内。

八、消防系统

实验室的耐火等级不宜低于二级；所有疏散出口都应有消防疏散指示标志和消防应急照明措施；应设置火灾自动报警装置和合适的灭火器材。

九、标识系统

微生物实验室标识主要包括：功能或区域标识（实验室的楼层标识）；房间标识；生物危险标志。

应在有生物安全防护实验室的入口明显位置处粘贴有生物危险标志，并加以标明，应明确标示操作所接触的病原体的名称、危害等级、预防措施、负责人姓名、紧急联系方式等，同时应标示出国际通用生物危险符号，如图 5-4-2 至图 5-4-4 所示。

图 5-4-2　生物危害标识

图 5-4-3　危险有毒警示标识

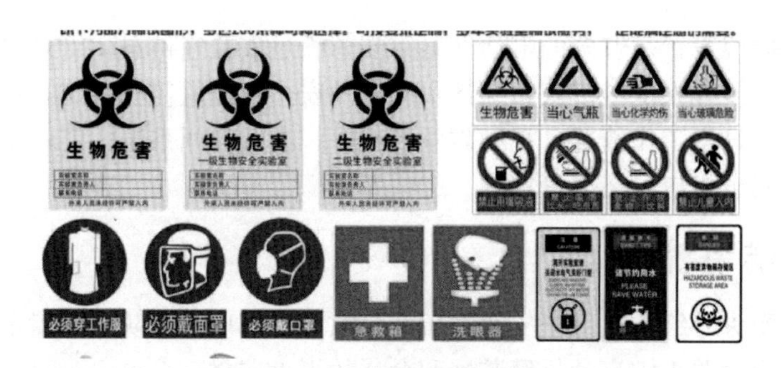

图 5-4-4　实验室安全标识

十、三废处理

从微生物实验室出来的所有废弃物，包括不再需要的样品、培养物和其他物品，均应视为感染性废弃物，应置于专用的密封防漏容器中，安全运至消毒室，并在高压消毒后运送至指定垃圾场掩埋处理，或在指定地方焚烧后处理。

实验室的废液，须建立收集池，收集后将酸性废液和碱性废液在池中中和，调整废液 pH 值到微碱性，加入絮凝剂沉淀，上清废液可直接排放或进污水管网，沉淀物处理后按固体废弃物处理。

实验室废气主要有两大类：酸雾和有机气体。产生两类污染的操作宜在不同的通风柜中进行，处理后的实验室废气应符合 GB 16297、GB 14554 等相关规定。

微生物室常用的消毒方法如下。

（1）高压蒸汽消毒：121℃，保持 15～20min。

（2）干燥空气烘箱消毒（干烤消毒）：140℃，保持 2～3h。

（3）废弃物缸：5000mg/L 次氯酸钠。

（4）生物安全柜工作台面或仪器表面：75%乙醇。

（5）溢出物：5000mg/L 次氯酸钠。

（6）污染的台面或器具：2000mg/L 次氯酸钠，也可以用过氧化氢或过氧乙酸。

第五节　PCR 实验室

一、实验室组成

（一）PCR 术语

聚合酶链反应（polymerase chain reactio，PCR）是一项在短时间内体外大量扩增特定的 DNA 片段的分子生物学技术，它可看作是生物体外的特殊 DNA 复制。

PCR 实验室，或称为 PCR 扩增实验室，就是进行聚合酶链反应的实验室场所，广泛应用于生物学各个领域。例如：艾滋病、乙型肝炎、禽疫病、癌基因的检测和诊断，DNA 指纹、个体识别、亲子鉴定及法医物证、动植物检疫、动物及其衍生产品检测，动物饲料、化妆品、食品卫生检测，转基因作物与转基因微生物检测等。

（二）工艺要求

PCR实验室主要由四间相邻的实验室组成，包括试剂准备区、标本制备区、扩增区和产物分析区。其四区的工作内容如下。

（1）试剂准备区

该区域主要完成试剂和主反应混合液的储存、配制和封装工作。所有运送到该区域的试剂和材料不应经过其他区域，试剂和原材料应在本区内储存和制备。本区域的气压应相对外界保持正压。

由于该区域有多种试剂，所以“安全”应是平面设计首要考虑因素。平面设计时应保持通风流畅、逃生畅通。首先，实验台布置在房间的两侧，中间的过道全部通向走廊，便于疏散。同时根据国际人体工程学的标准，实验台与实验台通道设计为1500mm，中间的通道可满足两边坐人中间过人的要求。

（2）标本制备区

该区域的功能是样本的保存、核酸提取和贮存、样本加入扩增反应管和测定DNA的合成。样本应直接运送至该区并储存在本区内，不得经过其他区域。

对于气流压力的控制，由于在本区内加样操作可能产生气溶胶，为避免气溶胶扩散出去对外界造成污染，本区应对外界保持负压。从质量控制的角度而言，本区相对于扩增反应混合物配制和扩增区以及扩增产物分析区为正压，以避免从邻近区进入本区的气溶胶污染。但当涉及病原微生物时，从生物安全的角度来看，标本制备区应符合GB 19489—2008《实验室生物安全通用安全》对BSL-2实验室的各项安全要求，此时要求本区相对于扩增区为负压，故涉及病原微生物操作时，在综合考虑质量控制、生物安全因素的前提下，整体上标本制备区与扩增区的压力应持平，即均为负压，两个相邻房间之间的负压值基本相当。

（3）扩增区

该区域的功能是DNA扩增和扩增片段的测定。此外，反应混合液（来自试剂贮存和制备区）制备成反应混合液和已制备的DNA模板（来自标本制备区）的加入等也可在本区内进行。对于气流压力的控制，相对于邻近区域为负压，以避免气溶胶从本区漏出。为避免气溶胶所致的污染，应尽量减少在本区内不必要的走动。个别操作如加样等应在超净台内进行。

（4）产物分析区

该区域的功能是扩增产物的分析。该区域可能会用到某些可致基因突变的有毒物质，应特别注意实验人员的安全防护。对于气流压力的控制，该区域是PCR实验的最后一步，压力应为最低，相对于邻近区域为负压，以避免气溶胶从本区漏出。为避免气溶胶所致的污染，应尽量减少在本区内不必要的走动。

二、平面布局

（一）功能分区要求

PCR实验室原则上分为试剂准备区、样品制备区、扩增区和扩增产物分析区四个工作区域，各工作区域应设缓冲间，工作区与缓冲间宜安装连锁装置。不同功能的工作区应是

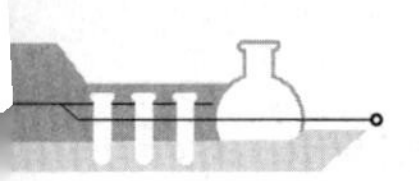

分隔独立的，各工作区有明显的标志，不能直通，如果紧密相连，需安装物品传递窗。

前两区为扩增前区，后两区为扩增后区，扩增前区与扩增后区应严格分开。实验材料、试剂、记录纸、笔、清洁材料等，只能从扩增前区流向扩增后区，即从试剂准备区、样品制备区、扩增区到扩增产物分析区，不得逆向流动。实验室的气流也应从扩增前区流向扩增后区，不得逆向流动。

这几个区域的大小设置情况：试剂准备区、扩增区、扩增产物分析区，空间可以相对小一些；样品制备区要放置生物安全柜和低温冰箱，空间应大一些。通常每间面积为 $15\sim20m^2$，整个区域面积为 $60\sim80m^2$。

PCR 实验室区域的设置并不是一成不变的，以下几种情况需要说明：

（1）如果样本在扩增之前需要粉碎处理，则需要增加一个区域用于样品的粉碎；

（2）如果采用实时荧光 PCR 法，则扩增区和分析区可以合并为一个区；

（3）如果采用全自动化 PCR 分析仪，则标本制备区、扩增区和分析区可以合并为一个区。

（二）缓冲间的设置

PCR 实验室各分区应设置独立缓冲间，必要性分析如下。

（1）影响空气在不同区域之间传播污染的主要因素包括压差、温差以及门的卷吸作用和人的裹带作用。

（2）压差是空气从高压一侧通过门窗缝隙流向低压一侧时的阻力，其隔离作用限制于房间的门、窗等开口处于关闭状态，一旦门打开，两个房间之间的压差将瞬间降为零。因此，压差属于静态隔离的一种措施，在开门状态下起不到隔离作用。

（3）门开启时，由于温差、门的卷吸作用和人的裹带作用，会引起短时间、大风量的室内外空气交换，产生交叉污染。

（4）由以上分析可知，实验室门开启时，必然会产生实验室内空气的外泄。因此，对于 PCR 实验室，分区之前应分别设置独立的缓冲间，保证缓冲间的门不同时开启，同时可进一步设计合理的压差梯度控制措施，进行全过程的“动态隔离”。

（5）在建筑设施上，缓冲间是阻隔室内外空气流通即交叉污染的首要措施。因此，各工作区均需设置缓冲间。

（三）平面布局案例

实验室平面布局如图 5-5-1 所示。

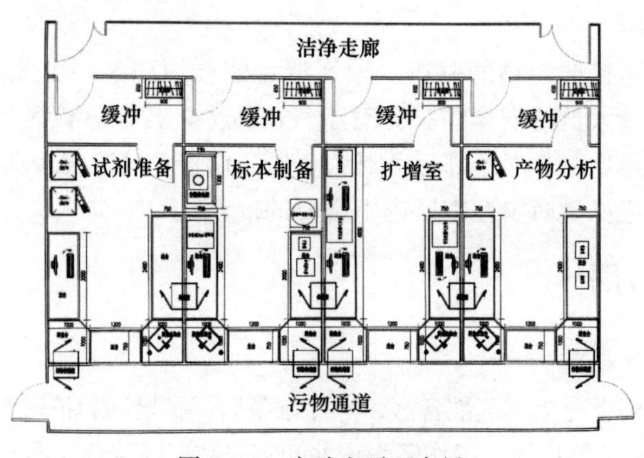

图 5-5-1　实验室平面布局

三、室内环境

（一）室内空调设计参数

PCR实验室空调设计参数可参照表5-5-1执行（参阅黄中教授级高工的专著《医院通风空调设计指南》）。

表5-5-1　PCR实验室空调设计参数

功能房间	相对邻室压力关系	夏季		冬季		最小新风量/h^{-1}	房间最小换气次数/h^{-1}	噪声/dB（A）
		温度/℃	相对湿度/%	温度/℃	相对湿度/%			
PCR试剂准备	P	26	60	20	20	3	12	50
PCR标本制备	N	26	60	20	20	3	12	50
PCR扩增	N	26	60	20	20	3	12	50
PCR产物分析	N	26	60	20	20	3	12	50

（二）气流流向及压力梯度要求

PCR实验室的空气流向从质量控制的角度来看，整体上按照试剂储存和准备区→标本制备区→扩增区→扩增产物分析区空气压力逐渐递减方式进行，防止扩增产物顺空气气流进入扩增前的区域。若通风设计不合理，会使风速流向混乱，甚至危害人们健康。普通的PCR实验室标本制备区一般为正压，新冠的PCR实验室要求为负压。图5-5-2为典型的发热门诊PCR实验室图例。

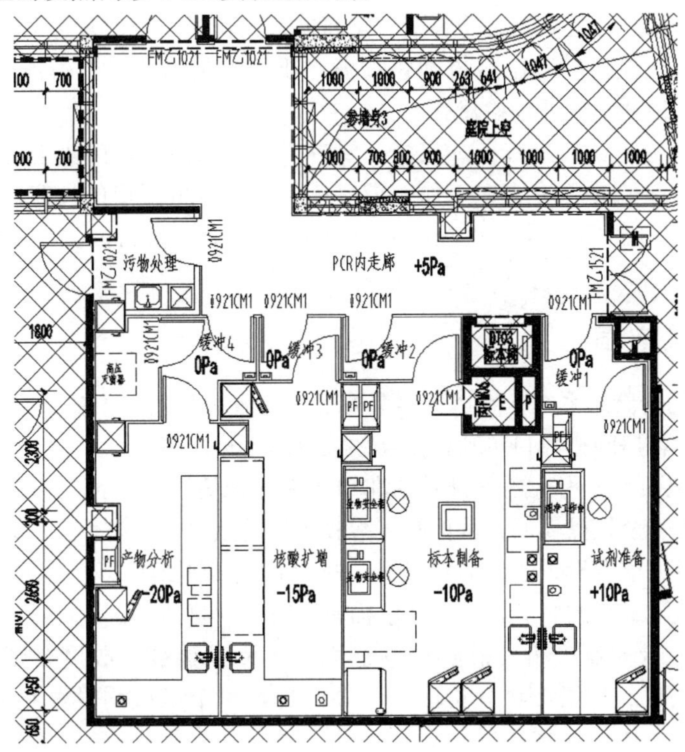

图5-5-2　典型的发热门诊PCR实验室

图 5-5-2 给出的典型发热门诊 PCR 实验室，其工艺控制要求说明如下。

（1）试剂储存和准备区：为清洁区，一般为 10Pa。

（2）标本制备区：由于在样本混合、核酸纯化过程中可能会发生气溶胶所致的污染，可通过在本区内设立正压条件（普通 PCR），避免从邻近区进入本区的气溶胶污染。涉及生物安全的病原微生物样本制备区（如新冠 PCR），按照强制性卫生行业标准《病原微生物核酸扩增实验室通用要求》（征求意见稿）的要求，此区应为负压，负压值应与核酸扩增区持平。目前行业标准《病原微生物核酸扩增实验室通用要求》尚未正式发布实施，建议工程技术人员在后续项目实施过程中密切关注其进展，以更好地进行 PCR 实验室的设计与建设。

（3）核酸扩增区：为避免气溶胶所致的污染，应当尽量减少在本区内的走动。本区负压一般为－15Pa。

（4）扩增产物分析区：本区是最主要的扩增产物污染来源，因此必须注意避免通过本区的物品及工作服将扩增产物带出。本区负压一般为－20Pa。

（5）缓冲间：微正压（阻挡污染空气进入），微负压（防止污染空气外泄），0 压（起屏障作用）。

四、装修要求

地面材料通常选用 PVC 地板或橡胶地板，地面与墙体的转角位置应采用阴圆弧处理，地面表面应卷起不低于 100cm 高，贴于侧墙壁，或使用铝合金做曲率半径大于 30mm 圆弧处理，略凹于墙面或与墙面齐平。墙面材料通常选用无机复合板或夹芯彩钢板，抗污抗菌效果好，且防潮、防霉变、耐腐蚀。天花板吊顶通常选用夹芯彩钢板或铝扣板，墙体与天花板间应采用型材圆弧收编，便于除尘与清洁。吊顶高度以 2.6m 为宜，主实验室吊顶处不宜开设检修孔。

门应能自动关闭，门上宜设观察窗，要带门锁和闭门器，门头上可加装工作状态指示灯，标明实验室是否有人在工作。窗墙体上不宜设可开启的外窗，可设密闭观察窗。实验台面选用大理石或理化板，应具有坚固防水、耐腐蚀、易清洁、耐燃烧等性能。

五、通风空调

1. 建议采用全新风系统。新风经热湿处理及三级（初效＋中效＋高效/亚高效）过滤后送入室内；各房间排风口单独设置高效或亚高效过滤器。

2. 空调系统通常采用上送下排式的非单向流送风方式。房间上部送风口尽量均匀布置，且与生物安全柜操作面或其他有气溶胶操作地点的正上方保持一定距离；房间下部利用室内排风夹道上设置的排风口排风，排风口底部距地面 0.1m，排风夹道需设置于室内被污染风险最高的区域，排风口前面不应有障碍物遮挡。

3. 压力需求及控制分析。根据实验流程，PCR 实验室一般设有试剂准备区、标本制备区、扩增区、扩增产物分析区等 4 个区域，每个区域均设置有独立的缓冲间。如图 5-5-3 所示。

（1）试剂准备区：对于气流压力的控制，本区并没有严格的要求。建议呈微负压，可通过控制进风风量大于排风风量来达到正压效果。

（2）样品制备区：本区的压力梯度要求相对于邻近区域为正压，以避免从邻近区进入本区的气溶胶污染。

（3）扩增区：本区的压力梯度要求相对于邻近区域为微负压，以避免气溶胶从本区漏出。可通过控制排风风量大于进风风量来达到负压效果。

（4）扩增产物分析区：本区的压力梯度的要求相对于邻近区域为负压，以避免扩增产物从本区扩散至其他区域。

（5）缓冲间：理想情况下该区域可设置正压，使室内空气不流向室外，室外空气不流向室内。

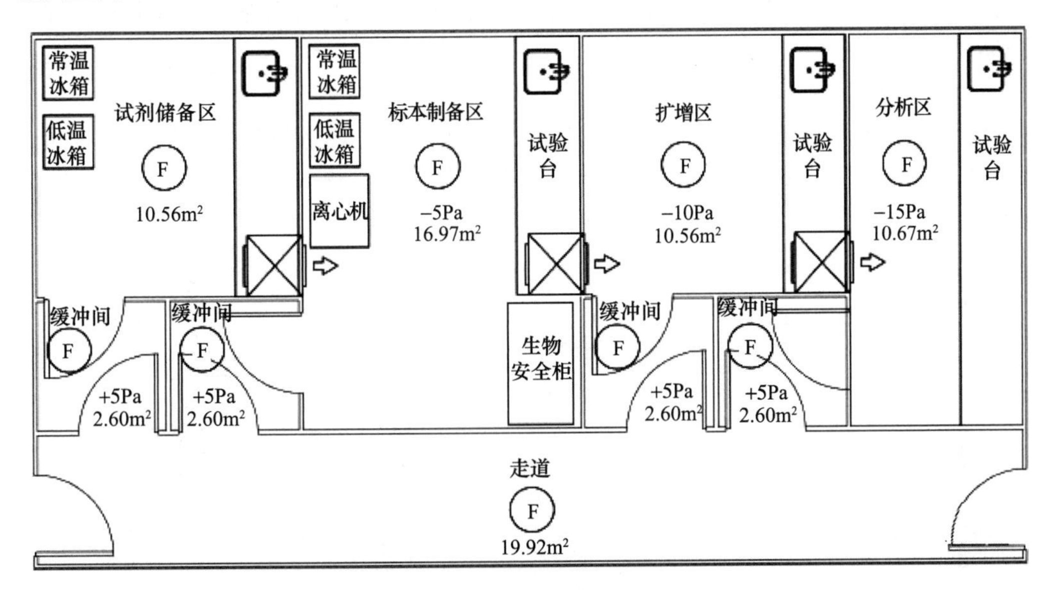

图 5-5-3　实验室压力梯度平面图

六、给水排水

PCR 实验室应设洗手装置，并宜设置在靠近实验室的出口处。对于用水的洗手装置的供水应采用非手动开关。室内给水管材宜采用不锈钢管、铜管或无毒塑料管等，管道应可靠连接。

洁净实验室内不应设置地漏，实验室排水应与生活区排水分开，应确保实验室排水进入医院污水处理站。

七、电气自控

（一）配电

应保证用电的可靠性，用电负荷应按二级负荷供电；配电总功率为设计功率的 1.5～2 倍，以便增加仪器设备时保证供电；设置不间断电源（UPS）时，其工作时间不宜小于 30min，能实现在线切换；应设置独立的专用配电箱，应具备发生火灾时消防联动切断电源的功能；应设置足够数量的固定电源插座，重要的设备（微生物鉴定仪、质谱仪等）应

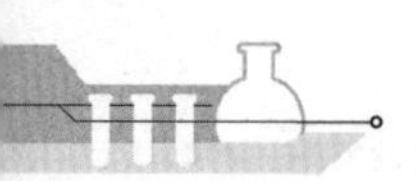

单独回路配电，且应设置漏电保护装置。

（二）照明

应采用高显色照明光源，显色指数应大于或等于 80，宜选用合格的 LED 新光源和采用带电子镇流器的三基色荧光灯；实验区照度不宜低于 300lx，辅助区的照度不宜低于 200lx；应设置不少于 30min 的应急照明级紧急发光疏散指示标志。

（三）弱电系统

在实验室内应设置足够多的电话网络终端，满足实验室信息化管理的要求；设置门禁系统，限制非授权人员的进入，保证实验室的安全；设置监控系统，可监控实验室人员的出入情况、日常工作情况、视频教学情况等；实验室内应设置紧急呼叫分机，呼叫主机应设在值班室内。

实验室的排风机应与送风机连锁，排风机先于送风机开启，后于送风机关闭。

房间内设压差传感器，当房间内的压差与设定压差出现偏差时，调节电动阀的开启程度及风机频率。图 5-5-4 为压差传感器平面布置图，图 5-5-5 为送排风机控制原理图。

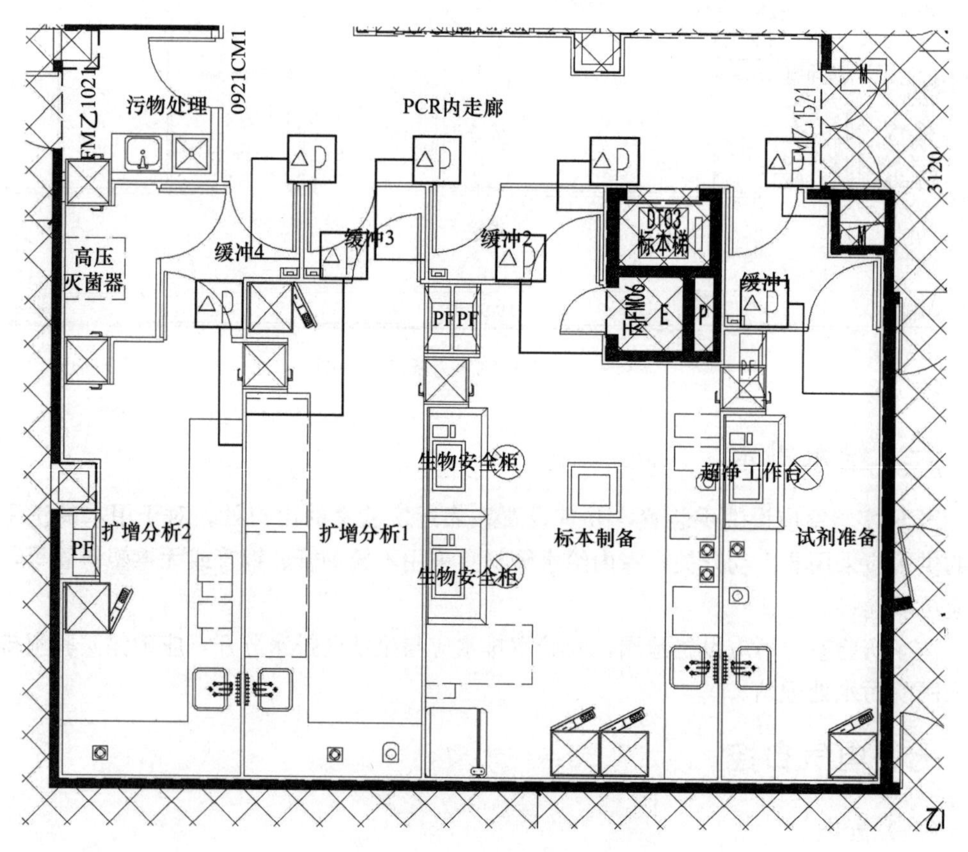

图 5-5-4　压差传感器平面布置图

当 PCR 实验室设置备用送排风机组时，备用机组的 DDC 控制器应与主用机组分开设置，保证整个系统的可靠运行。

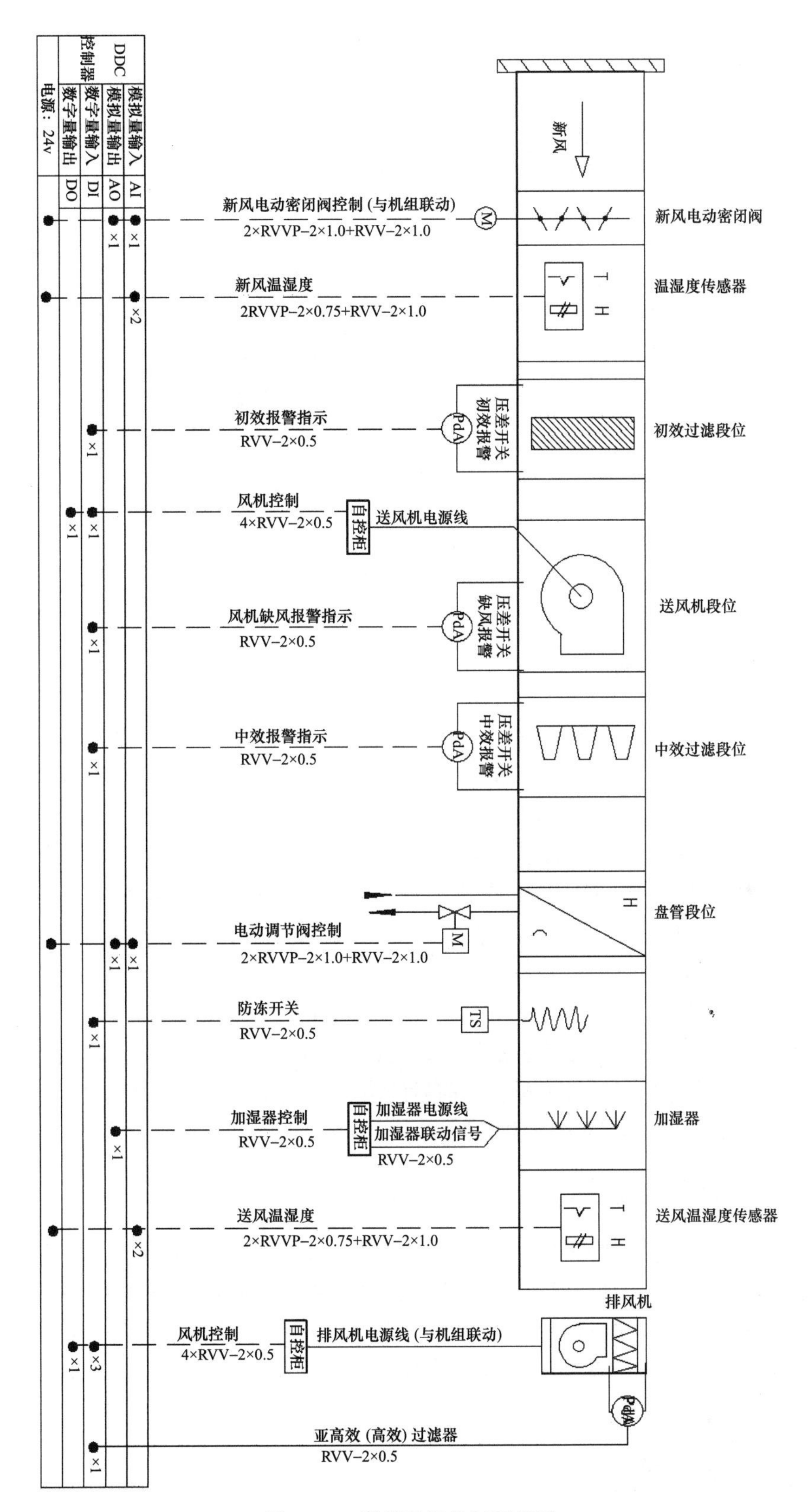

图 5-5-5 送排风机控制原理图

八、消防系统

实验室的耐火等级不宜低于二级；所有疏散出口都应有消防疏散指示标志和消防应急照明措施；应设置火灾自动报警装置和合适的灭火器材。

九、三废处理

从 PCR 实验室出来的所有废弃物，包括不再需要的样品、血液标本和其他物品，均应视为感染性废弃物，应置于专用的密封防漏容器中，安全运至消毒室，并在高压消毒后运送至指定垃圾场掩埋处理，或在指定地方焚烧后处理。

实验室的废液，须建立收集池，收集后将酸性废液和碱性废液在池中中和，调整废液 pH 值到微碱性，加入絮凝剂沉淀，上清废液可直接排放或进污水管网，沉淀物处理后按固体废弃物处理。

第六节　HIV 实验室

一、实验室组成

人类免疫缺陷病毒（Human Immunodeficiency Virus，HIV），简称艾滋病病毒，是一种逆转录病毒，可引起人类细胞免疫功能损害、缺陷，导致一系列致病菌感染和罕见肿瘤的发生，传染快，病死率高。

HIV 实验室是对人体的血液、体液、精液、器官、组织以及有关血液制品、生物组织或其他物品等进行艾滋病病毒或其相应标志物检测的场所，HIV 实验室分为初筛实验室和确认实验室两种。由于现代医院中的 HIV 实验室绝大多数为初筛实验室，故文中仅对该类型 HIV 实验室进行论述。

HIV 初筛实验室：分为清洁区、半污染区、污染区，面积不宜小于 $45m^2$。

清洁区：主要用于实验室报告的打印、实验数据的汇总和上传等。

半污染区：主要用于医务人员实验前后的清洗、消毒以及物品的存放。

污染区：主要用于 HIV 的实验检测。

二、生物安全级别

根据《病原微生物实验室生物安全管理条例》，人类免疫缺陷病毒（HIV）属于高致病性病原微生物，列为危害程度第 2 类病原微生物，为确保 HIV 检测的准确性和可靠性，保证 HIV 检测实验室的安全，初筛实验室应符合Ⅱ级生物安全实验室（BSL-2）要求，应符合 GB 19489—2008《实验室生物安全通用安全》对Ⅱ级生物安全实验室的各项安全标准。

三、平面布局

实验室要严格安照污染区、半污染区和清洁区进行平面布局，通常医务人员由公共走廊进入实验室清洁区，再进入半污染区，最后到达污染区（初筛实验室）。实验室平面布局如图 5-6-1 所示。

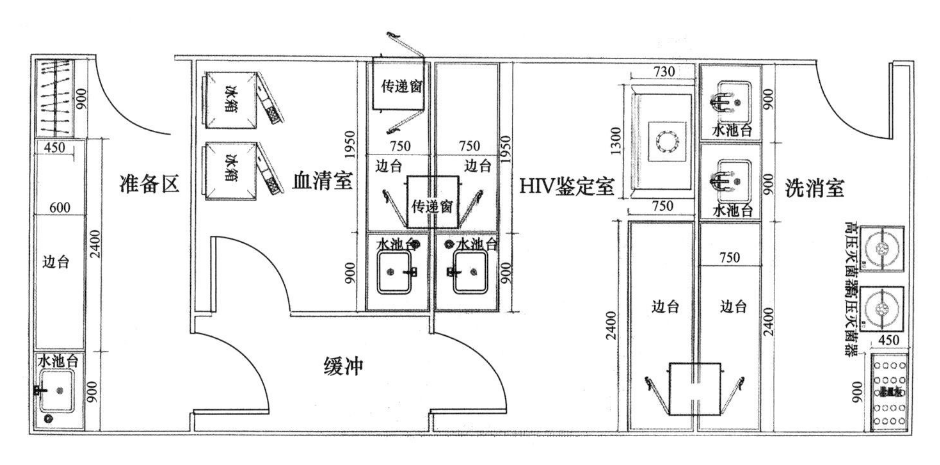

图 5-6-1　实验室平面布局

四、装修要求

地面材料通常选用 PVC 地板或橡胶地板，地面与墙体的转角位置应采用阴圆弧处理，地面表面应卷起不低于 100cm 高，贴于侧墙壁，或使用铝合金做曲率半径大于 30mm 圆弧处理，略凹于墙面或与墙面齐平。墙面材料通常选用无机复合板或夹芯彩钢板，抗污抗菌效果好，且防潮、防霉变、耐腐蚀。天花板吊顶通常选用夹芯彩钢板或铝扣板，墙体与天花板间应采用型材圆弧收编，便于除尘与清洁。吊顶高度以 2.6m 为宜，主实验室吊顶处不宜开设检修孔。

门应能自动关闭，门上宜设观察窗，要带门锁和闭门器，门头上可加装工作状态指示灯，标明实验室是否有人在工作。窗墙体上不宜设可开启的外窗，可设密闭观察窗。实验台面选用大理石或理化板，应具有坚固防水、耐腐蚀、易清洁、耐燃烧等性能。

五、通风空调

实验室可以利用自然通风，当采用机械通风系统时应避免交叉污染，实验室排风应通过独立于建筑物其他公共通风系统的管道排出；在污染区应设有通风柜、生物安全柜等进行排风处理。同时应进行风量平衡计算，宜设置机械补风系统；如有条件，在污染区可采用全排风系统。排风机应设置在排风管路末端，排风应该经无害化处理后排至室外；新风应直接取自室外，新风口应设有初效、中效二级过滤器，并应设置压差报警装置，提示清洗或更换过滤器。新风口距地面高度不应低于 2.5m，新风口应有防鼠虫和防雨措施，应设置容易拆除清洗的过滤网。

污染区、清洁办公区采用新风机组＋风机盘管系统。房间新风需满足人员所需、通风换气所需风量；空调设计参数应参照《生物安全实验室建筑技术规范》要求，在设计时还应考虑到生物安全柜、离心机、培养箱等设备的热、湿负荷；应避免多个实验室共用一个空调机组的情况，独立的空调机组可有效地避免交叉污染，节约运行成本；空调冷热源的设置应确保实验室全年正常运行，可采用集中或分散式空调冷热源，宜独立设置空调冷热源。如果春秋季节医院没有冷热源，可自备风冷式模块机组提供冷热源；实验室清洁区、半污染区、污染区的空调系统应各自独自设置，不应共用全空气空调系统。

HIV 实验室并没有严格的净化要求，可以根据用户的使用情况和资金的投入选择。但是为避免各个实验区域交叉污染的可能性，宜采用全新风系统，并采用变新风量或热回收等有效节能运行措施。

六、给排水系统、纯水系统

HIV 实验室应设洗手装置，并宜设置在靠近实验室的出口处。对于用水的洗手装置的供水应采用非手动开关。同时配置自动手消毒装置，室内给水管材宜采用 PPP 管、不锈钢管、铜管或无毒塑料管等，管道应可靠连接。

洁净实验室内不应设置地漏，实验室排水应与生活区排水分开，应确保实验室排水进入医院污水处理站。排水通常采用 UPVC 螺旋管。

七、电气自控

应保证用电的可靠性，用电负荷应按二级负荷供电。配电总功率为设计功率的 1.5～2 倍，以便增加仪器设备时保证供电。设置不间断电源（UPS）时，其工作时间不宜小于 30min，能实现在线切换。应设置独立的专用配电箱，应具备发生火灾时消防联动切断电源的功能。应设置足够数量的固定电源插座，重要的设备（微生物鉴定仪、质谱仪等）应单独回路配电，且应设置漏电保护装置。

实验室照度≥350lx，缓冲间照度≥200lx，办公区照度≥200lx。宜采用吸顶式防水洁净照明灯。实验室应配紫外线灭菌灯，可按 10～15m^2 配备一支紫外线灯（30W）。疏散指示灯、应急灯、出口指示灯的数量和位置应按消防相关规范设置。

在实验室内应设置足够多的电话网络终端，满足实验室信息化管理的要求。设置门禁系统，限制非授权人员的进入，保证实验室的安全。设置视频监控系统，可监控实验室人员的出入情况、日常工作情况、视频教学情况等。实验室内设置紧急呼叫分机，呼叫主机应设在值班室内。

八、消防系统

实验室的耐火等级不宜低于二级。所有疏散出口都应有消防疏散指示标志和消防应急照明措施。应设置火灾自动报警装置和合适的灭火器材。

九、标识系统

实验室标识主要包括：功能或区域标识（实验室的楼层标识）；房间标识；生物危险标志，应在有生物安全防护实验室的入口明显位置处粘贴有生物危险标志，并加以标明。应明确标示操作所接触的病原体的名称、危害等级、预防措施、负责人姓名、紧急联系方式等，同时应标示出国际通用生物危险符号、危险有毒警示标识、安全警告标识。

十、废弃物、废液、废气处置和消毒

从 HIV 实验室出来的所有废弃物，包括不再需要的样品、血液标本和其他物品，均应视为感染性废弃物，应置于专用的密封防漏容器中，安全运至消毒室，并在高压消毒后运送至指定垃圾场掩埋处理，或在指定地方焚烧后处理。

实验室的废液，须建立收集池，收集后将酸性废液和碱性废液在池中中和，调整废液 pH 值到微碱性，加入絮凝剂沉淀，上清废液可直接排放或进污水管网，沉淀物处理后按固体废弃物处理。

参考文献

[1] 机械工业仪器仪表综合技术经济研究所．检验检测实验室设计与建设技术要求 第 1 部分：通用要求：GB/T 32146.1—2015 [S]．北京：中国标准出版社，2016.

[2] 中国医学装备协会．医学实验室建筑技术规范：T/CAME 15—2020 [S]．北京：中国标准出版社，2020.

[3] 任宁，包海峰，赵奇侠，等．医学实验室建设与运营管理指南 [M]．北京：中国标准出版社，2019.

[4] 国家卫生和计划生育委员会规划与信息司．综合医院建筑设计规范：GB 51039—2014 [S]．北京：中国计划出版社，2015.

[5] 中国疾病预防控制中心病毒病预防控制所．病原微生物实验室生物安全通用准则：WS 233—2017 [S]．北京：中国标准出版社，2017.

[6] 卫健委．卫生部办公厅关于印发《医疗机构临床基因扩增管理办法》的通知：卫办医政发〔2010〕194 号．2010.

[7] 李艳，李山．临床实验室管理学 [M]．3 版．北京：人民卫生出版社，2012.

[8] 孙克江，周庭银，王华梁，等．医学实验室质量管理体系 [M]．上海：上海科学技术出版社，2020.

[9] 卫健委．临床输血技术规范（卫医发〔2000〕184 号），2000.

[10] 卫生部血液标准专业委员会．血液储存要求：WS 399—2012 [S]．北京：中国标准出版社，2013.

[11] 卫健委．医疗机构临床用血管理办法（卫生部令第 85 号）．2012.

[12] 杨九祥，谢景欣，陶刚．集中式 PCR 实验室设计与建造关键技术分析 [J]．暖通空调，2021，51（7）：31-36，25.

[13] 孙苗，刘鑫，王俊．基于调试数据对 PCR 实验室通风空调系统的思 [J]．暖通空调，2022，52（5）：112-116.

[14] 黄家声，谭锦春．实验室设计与建设指南 [M]．北京：中国水利水电出版社，2011.

[15] 余协桂，龙朴香，唐方洪．实验室建设手册 [M]．北京：中国建筑工业出版社，2017.

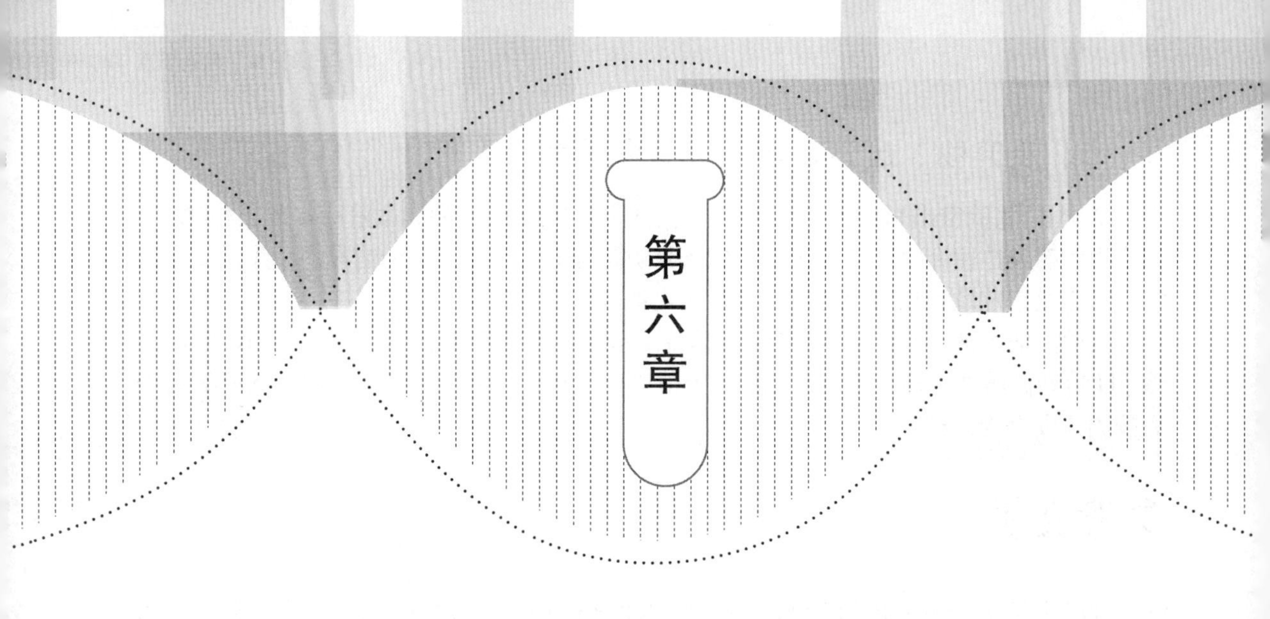

工程检测和验收

第一节 一般规定

一、概述

医学实验室工程项目的竣工仅是基本硬件的完成，其性能是否适用需通过检测活动来验证。医学实验室作为一种特殊受控环境，有别于其他建筑工程，其功能是否能够满足使用要求，需要通过调试、检测和综合评价等手段予以确认。

医学实验室作为分项工程，应与大楼主体工程验收分别实施。尤其是涉及洁净功能用房时，室内环境参数（如室内换气次数、新风量、静压差、洁净度、微生物浓度、噪声、照度、高效过滤器泄漏测试等）需委托有检测资质的单位进行工程检测，以验证实验室工程的综合性能。

二、室内环境限值要求

T/CAME 15—2020《医学实验室建筑技术规范》第 9 章“检测和验收”中提到了多个检测方法标准，明确要求参照 GB 50591、GB 50333 的有关规定。另外，在“通风与空气调节”“电气”两个章节中对新风量、换气次数、温度、相对湿度、照度分别进行了限值规定。其他参数则未进行规定。实际使用中可根据实验室性质参考相关标准对参数的限值要求。

三、检测条件

实验室工程检测应在所有功能用房门关闭、通风空调系统正常运行的状态下进行。涉及洁净功能用房测试时，检验人员应保持最低数量，应穿洁净工作服，测微生物浓度时穿无菌服、戴口罩。测定人员应位于下风向，尽量少走动。

检验之前，应对所测环境作彻底清洁，但不得使用一般吸尘机吸尘。擦拭人员应穿洁净工作服，清洗剂可根据场合选用纯化水、有机溶剂、中性洗涤剂或自来水。

四、检测状态

ISO 14644 标准遵循多年来对洁净室所处状态或占用情况（Occupancy states）分类的惯例，将洁净室状态分为空态、静态、动态三类。GB 50591—2010 指出洁净室的工程检测应以空态或静态为准，任何检测结果都应注明状态。医学实验室工程检测状态的要求可参照洁净室检测状态要求执行。GB 50591—2010 在借鉴 ISO 14644 定义的基础上，明确给出了三种检测状态的术语如下。

1. 动态

设施按规定方式运行，其内规定数量的人员按议定方式工作的状态。

2. 静态

设施已建厂，生产设备已安装好并按需方与供方议定的条件运行，但没有人员的状态。

3. 空态

已建成并运行，但没有生产设备、材料和人员的状态。

五、仪器准备

所有用于检测的仪器设备应按照标准要求，按周期进行检测或自检，并具备具有计量认证授权实验室出具的检测报告。同时根据相应标准要求对检测报告进行确认，以保证检定结果可满足相应检测要求。可参考 GB/T 36066—2018《洁净室及相关受控环境：检测技术分析与应用》中相关技术环境的检测要求对应的基本仪器配置和技术要求。

第二节　工程检测

一、概述

验收一般包括竣工验收和综合性能评定，其中后者则通过第三方性能检测来完成。按规定方法确定设施或其某部分的性能而实施的规程即检测。对于实验室的管理人员和使用人员，检测是验收最终完成的最核心的操作方式。

二、送风量

送风是空调系统达到净化要求的手段，风量、风速的检测是同一参数基于不同类型送风条件下的不同手段。对于单向流实验室或局部送风区域，一般使用风速为界定参数，非单向流实验室则测试送风量进而计算出换气次数为界定参数。

换气次数是指一小时内房间风量（体积流量）更换次数。实验室从使用状态到静止状态的恢复过程与其换气次数直接相关，换气次数越高，恢复过程越快。换气次数决定了抗污染能力、压力梯度等，也影响着自净时间的长短。

同时换气次数对系统成本有重大影响，送风量（体积/时间）确定稳态微粒水平。过高的换气次数会导致能耗的增加。

风量和风速的测定必须最先进行，净化空调的各项参数是否能够达到设计效果必须是在设计的风量、风速达到的前提条件下进行。

风量检测建议使用风量罩直接测量，尽量避免使用风速仪换算的方式，可一定程度上减少测量误差。

按照要求最小换气次数不宜小于 6 次/h。

三、新风量

按照要求，实验室主要功能房间的最小新风量不宜小于 2 次/h。

四、静压差

相邻房间的静压差反映了相邻空间之间气流的流动方向，控制房间压差（气流方向控制）可以对大多数生产操作的保护起关键作用。

通常采用两种测量方法，来实施实验室压力关系监测：实验室对实验室之间的相对压差；实验室对公共参考点的压差，一般会选择室外大气作为参考点，即绝对压差。

静压差测试时应关闭实验室内所有的门，并应从实验室区域最里面的房间开始向外依次检测。检测时应注意使测试管的管口不受气流影响，凡是可相通的两间邻室都要测，一直测到可与室外相通的房间，如一更间。

涉及洁净功能用房时，洁净室与非洁净室之间的静压差应大于 10Pa；相邻不同洁净度级别洁净室之间的静压差应大于 5Pa。实际上保持 1.5Pa 已可控制气流的方向，但由于传感器技术方面的局限性，设计最小控制值一般取 5Pa。

五、气流流向

气流流型没有定量的标准，测定得出的图形只供分析参考。

可用巴兰香或发烟器发烟观察法。常用去离子水为介质的烟雾发生器作为检测设备，选择检测面发烟并录像，观察气流走向，除了各个剖面，还应在回风处以及门口测试气流走向。

六、洁净度级别

洁净室洁净度级别一般根据悬浮粒子浓度进行评估，与悬浮粒子相关的被普遍接受的国际洁净室标准是 ISO 14644-1：2015《洁净室及相关受控环境　第 1 部分：按颗粒浓度分类的空气洁净度》。ISO 等级名称基于每立方米空气采样中大于指定尺寸（0.1～5μm）的颗粒数量，定义了从 1～9 级，ISO 1 是最干净的。医疗卫生机构医学实验室涉及的洁净度等级一般为 ISO 等级 5～8 级。

ISO 没有规定被分类区域的运行状态（静态或动态），同时未规定所有的粒子数限值。《医学实验室建筑技术规范》参照 GB 50591—2010 以及 GB 50333—2013 的内容要求，其分级方式采用 ISO 的以数字方式分级，如表 6-2-1 所示。

表 6-2-1 GB 50591—2010 以及 GB 50333—2013 规定的洁净度等级

GB 50591—2010			GB 50333—2013		
级别	粒径/μm		级别	粒径/μm	
	0.5	5.0		0.5	5.0
1 级	—	—	—	—	—
2 级	4	—	—	—	—
3 级	35	—	—	—	—
4 级	352	—	—	—	—
5 级	3520	29	5 级	3500	0
—	—	—	—	—	—
6 级	35200	293	6 级	35200	293
7 级	352000	2930	7 级	352000	2930
8 级	3520000	29300	8 级	3520000	29300
—	—	—	8.5 级	11120000	92500
9 级	35200000	293000	—	—	—

悬浮粒子的监测是洁净分级的基础，也是洁净控制的核心参数。医学实验室空气洁净度的等级检测一般对 0.5μm 和 5.0μm 两个粒径的浓度进行测试，空气洁净度等级应符合设计和建设方的要求。GB 50591—2010 给出了洁净度检测取样点的选择和数量、取样量和取样时间要求。

七、温湿度

温度测试应确认空气处理设施的温度控制能力。实验室的温度测试可分为一般温度测试和功能温度测试。一般温度测试应用于“空态”时的实验室温度测试，功能温度测试应用于实验室需严格控制温度精度时或建设方要求在“静态”或“动态”进行测试时。应在相关的净化空调系统连续、稳定运行后再进行实验室的温度、相对湿度检测，并应达到设计要求。

温度要求宜控制在 18～26℃，相对湿度宜控制在 30％～70％。

八、噪声

不含通风柜、生物安全柜等设备时，实验室的噪声级不应大于 60dB（A）；包括生物安全柜、通风柜等局部排风设备时，实验室的噪声级不应大于 68dB（A）。

九、照度

按照要求实验室实验区照度不宜低于 300lx，辅助区的照度不宜低于 200lx。

十、细菌浓度

微生物的检测对于医用实验室的环境控制非常必要，常用的监测方式分别有沉降菌、浮游菌以及物表菌。

沉降菌一般采用培养皿进行采集，浮游菌则常采用有源撞击采样器进行采样。

这两种方式采集的均为悬浮微生物，一般附着在悬浮粒子上，和悬浮粒子有着较为直接的相关性。

在检测前，应对空气洁净环境各类表面进行消毒，实验室常用紫外灯或臭氧进行消毒。

收皿后应倒置摆放，并应及时放入培养箱培养，其间时间不宜超过 2h。如无专业标准规定，对于检测细菌总数，培养温度采用 35～37℃，培养时间为 24～48h。对于培养真菌，培养温度为 27～29℃，培养时间为 3 天。

微生物检测规定：环境浮游菌、沉降及表面微生物监测用培养基一般采用胰酪大豆胨琼脂培养基（TSA），培养温度为 30～35℃，时间为 3～5 天。

十一、高效过滤器检漏

GB 50591—2010 记录了两种过滤器检漏方法，粒子法和光度计法。检漏测试可在“空态”或“静态”条件下进行，应在换气次数和压差检测合格后进行。

十二、洁净工作台

根据 JGJ/T 292—2012《建筑工程施工现场视频监控技术规范》要求，洁净台的现场检测仅要求外观、功能、扫描检漏、截面风速、非单向流洁净工作台风量、空气洁净度以及操作空间气流状态的检测。其中风量针对非单向流工作台，一般不涉及。

十三、生物安全柜

生物安全柜应按照 YY 0569—2011《Ⅱ级生物安全柜》的监督检测要求进行检测，日常维护检验内容包括外观、高效过滤器完整性、下降气流流速、流入气流流速、气流模式。根据实验室的工作特点，往往委托方还会选择噪声、照度、悬浮粒子和微生物检测等项目。

标准中未规定悬浮粒子以及微生物的检测方法，但出于洁净实验室的使用目的，建议增加相关项目。检测方法可将工作区域视为局部百级，按房间对应项目采样方法进行检测。

医用实验室一般常见配置 ⅡA2 型或 ⅡB2 型生物安全柜，由于构造的不同，也造成某些项目的检测会和常见情况有所不同。

生物安全柜的气流流速检测和单向流的风速检测原理一致，但上述标准对热式风速仪的精度要求更高：精度为±0.015 m/s 或示值的±3%（取较大值）。

流入气流流速的测试可用风量罩或风速仪的方法进行测试。风量罩法需要购置专门的安全柜检测罩体。风量罩测试法在精确性和重复性上具有较大优势，使用风速仪由于取点位置及角度等问题，较易产生测量偏差。

第三节　工程验收

一、概述

工程验收是指在工程竣工之后，根据相关行业标准，对工程建设质量和成果进行评定的过程。通常由建设方牵头，承包商、工程监理单位、设计单位等各方共同参与，进行工程质量的全面检查、系统调试和检测，为工程全面验收做铺垫。竣工验收应在各项工程经外观检查、单机试运行、系统联合试运转后进行。医学实验室的验收应按工程验收和使用验收两方面进行。

二、验收

验收一般包括竣工验收及综合性能评定两个阶段，竣工验收通过设计确认、安装确认、运行确认三个步骤，综合性能评定则通过性能确认来完成。

设计确认、安装确认通过系统性的检验、调整、测量和检测，保证设备的各个部分都与设计要求相符。运行确认通过一系列的测量与检测，以判定设施的各个部分同时运行时，是否达到“空态”或“静态”所要求的条件。性能确认通过一系列测量和检测，判定按规定的工艺或作业运行及按规定数目的人员以商定的方式工作时，整个设施达到所要求的“动态”性能。

根据验收对象的建设、使用阶段对其进行确认，在测试内容上有所不同，设计确认阶段一般在建设刚竣工时进行，测试状态往往为“空态”或者“静态”，侧重于验收各个参数与设计要求是否相符。运行确认是建设工程项目的最后一环，一般由建设方主导。

运行确认后应通过对实验室综合性能全面评定进行性能验收。综合性能全面评定检验进行之前，应对被测环境和风系统再次全面彻底清洁，系统应已连续运行 12h 以上。综合性能检验应由建设方委托有工程质检资质的第三方承担。

运行验收或使用验收在最后进行，侧重于动态监测，倾向于考察实际工作中实验室的表现。

三、设计确认

通过对实验的外观检查，确认设计要求是否达到。

（1）平面布置

功能划区原则必须遵守，是否做到洁污分流、人物分流；安全疏散也是重要原则，是否有玻璃安全门，以及是否配备有塑料槌；动线是否合理，是否可最大程度避免人、物带进洁净区的污染。

（2）建筑装饰

所用材料是否光滑、不产尘；接缝、转角是否不积尘、不积菌，是否有明显凸起；是否容易清洁等。

(3) 参数设计

是否能达到使用功能需要的洁净级别。

四、安装确认

(1) 文件

净化空调系统施工安装文件必须齐全；应有开工、竣工报告和竣工验收单；应有主要材料、设备、仪表的出厂合格证书或检验文件；应有竣工图纸，设计变更文件要齐全，会签要齐备。

(2) 外观

净化空调系统施工安装项目应无目测可见的缺陷、遗漏和非规范做法；各种管道、设备等安装正确、牢固；各类调节装置严密、灵活、方便操作；各种穿越实验室墙壁和贴墙安装的管道、装置与墙体的密封性良好。

(3) 试运转

单机必须试运转，尤其要注意电源线是否接反；单机试运转合格后，必须进行带冷(热)源的系统正常联合试运转，并不少于 8h 无异常。

五、运行确认

系统运行起来以后性能如何？这要通过调整测试最后实现，完全不经过调整实现设计性能几乎不可能。所以，运行确认必须有施工部门的调整测试记录。该记录应有以下内容：

(1) 风机的送风量检测；

(2) 各室、各分支系统风量的测定；

(3) 室内静压的检测调整；

(4) 高效过滤器的检漏；

(5) 室内洁净度级别检测。

六、性能确认

在进行性能确认之前，应具备的条件包括但不限于：已经通过了安装确认和运行确认；必须进行足够的清洁，性能检验前连续运行 24h 以上；性能确认的检验应由第三方质检机构完成；所有检验仪表必须在法定计量机构标定的有效期之内。

性能确认过程中必测项目包括但不限于：

(1) 换气次数；

(2) 工作区(全室或局部百级区)工作面高度截面平均风速(单向流洁净室或洁净区)；

(3) 静压差；

(4) 温度、相对湿度；

(5) 噪声；

(6) 照度；

(7) 新风量；

(8) 洁净度级别；

(9) 细菌浓度(沉降菌或浮游菌)。

除必测项目外，在必要时还可选测气流流向。

在没有特殊原因时，应按上述项目次序逐项测定。

七、报告内容

医学实验室的每项测试均应编写测试报告，并应包括下列内容：

（1）测试单位的名称、地址，测试人和测试日期；

（2）所测设施名称及毗邻区域的名称和测试的位置；

（3）设施类型及相关参数；

（4）测试项目的性能参数、标准，包括状态等；

（5）所采用的测试方法、测试仪器及其相关的说明文件；

（6）测试结果，包括测试记录、数据分析；

（7）结论。

参考文献

[1] 中石化上海工程有限公司．医药工业洁净厂房设计标准：GB 50457—2019 [S]．北京：中国计划出版社，2019.

[2] 中国建筑科学研究院．洁净室施工及验收规范：GB 50591—2010 [S]．北京：中国建筑工业出版社，2011.

[3] 中国电子工程设计院．洁净厂房施工及质量验收规范：GB 51110—2015 [S]．北京：中国计划出版社，2016.

[4] ISO 14644-1：2015 (E)　Cleanrooms and associated controlled environments — Part 1：Classification of air cleanliness by particle concentration.

[5] ISO 14644-3：2019 (E)　Cleanrooms and associated controlled environments —Part 3：Test methods.

[6] 全国洁净室及相关受控环境标准化技术委员会．洁净室及相关受控环境　第 3 部分：检测方法 GB/T 25915.3—2010 / ISO 14644-3：2005 [S]．北京：中国标准出版社，2011.

[7] 全国洁净室及相关受控环境标准化技术委员会．洁净室及相关受控环境　检测技术分析与应用：GB/T 36066—2018 [S]．北京：中国计划出版社，2018.

[8] 上海市食品药品包装材料测试所．医药工业洁净室（区）沉降菌的测试方法：GB/T 16294—2010 [S]．北京：中国标准出版社，2011.

[9] 全国实验室仪器及设备标准化技术委员会．检验检测实验室技术要求验收规范：GB/T 37140—2018 [S]．北京：中国标准出版社，2018.

[10] 中国建筑科学研究院．医院洁净手术部建筑技术规范：GB 50333—2013 [S]．北京：中国建筑工业出版社，2014.

[11] 中国建筑科学研究院．生物安全实验室建筑技术规范：GB 50346—2011 [S]．北京：中国建筑工业出版社，2012.

[12] 北京市医疗器械检验所．Ⅱ级生物安全柜：YY 0569—2011 [S]．北京：中国标准出版社，2013.

[13] 许钟麟．药厂洁净室设计、运行与 GMP 认证 [M]．上海：同济大学出版社，2002.

[14] 曹国庆，张彦国，翟培军，等．生物安全实验室关键防护设备性能现场检测与评价 [M]．北京：中国建筑工业出版社，2017.

[15] 全国洁净室及相关受控环境标准化技术委员会．洁净室及相关受控环境　性能及合理性评价：GB/T 29469—2012 [S]．北京：中国标准出版社，2013.

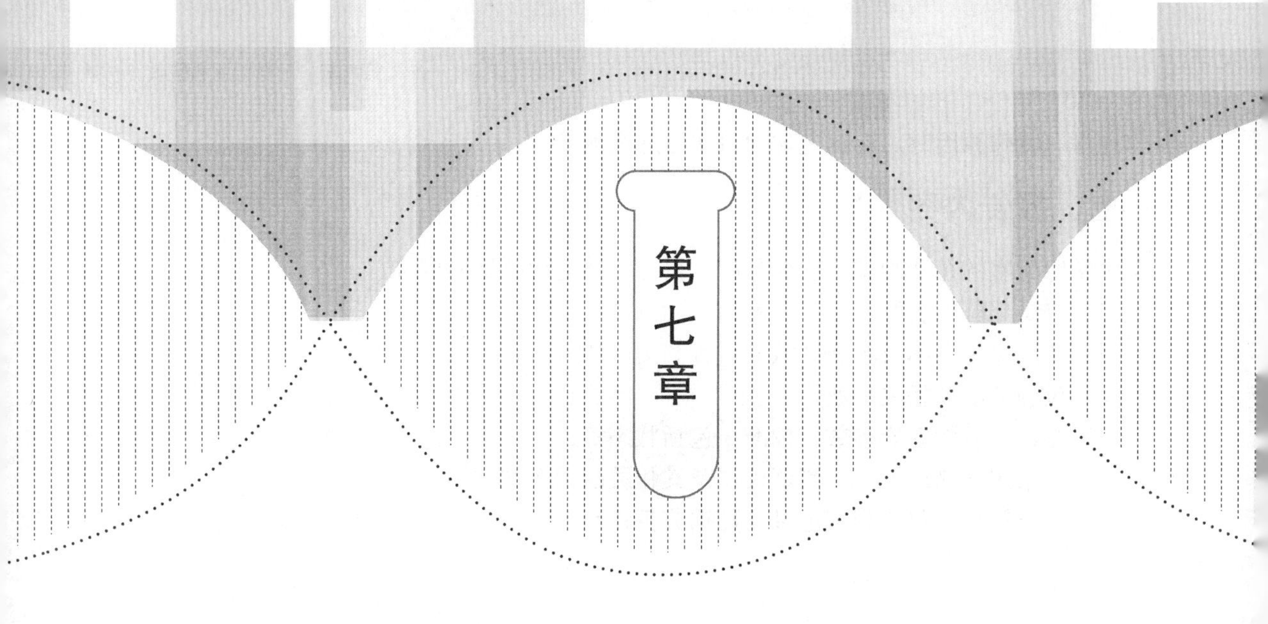

实验室低碳发展路径

第一节 概述

一、背景

我国建筑领域的能源消耗约占社会总能耗的 40%，其中 40%～60%的建筑能耗为空调能耗，我国建筑空调系统在运行阶段的年碳排放量约为 9.9 亿吨二氧化碳，而能源消耗是造成温室气体排放的重要因素之一。实验室类型的建筑空调能耗所占比例更甚，最高达到了一般公共建筑空调能耗的 5～10 倍。医学检验操作大都必须在通风良好的环境下进行，为了控制室内空气污染，提升医疗人员工作环境，实验室往往需要大量的通风换气，致使能耗偏高。因此医学实验室普遍存在通风效果、室内舒适性以及能耗三者之间的矛盾。

气候变化是当前人类社会面临的重大全球性挑战，积极应对气候变化已成为全球共识。为应对全球气候变化，我国已经提出了力争 2030 年前实现碳达峰、2060 年前实现碳中和的目标。低碳发展是一种以低耗能、低污染、低排放为特征的可持续发展模式，对经济和社会的可持续发展具有重要意义。

党的二十大报告明确指出："必须牢固树立和践行绿水青山就是金山银山的理念，站在人与自然和谐共生的高度谋划发展。"我们要推进美丽中国建设，需要协同推进降碳、减污、扩绿、增长，推进生态优先、节约集约、绿色低碳发展。

医学实验室作为医疗服务机构的重要组成部分，在促进行业发展，满足患者需求，提升服务质量等方面具有突出作用。推动医学实验室低碳发展，将有利于放大实验室低碳发展的规模效应、辐射效应和示范效应，以点带面推动国家层面碳达峰、碳中和、科技强国工作。医学实验室低碳发展是医学实验室发展的必由之路。

二、可持续发展理念

可持续性是在不消耗未来所需资源的情况下满足当前需求的能力。“三重底线”（“人类—环境—利益”）一词通常与可持续性联系在一起。三重底线（Triple Bottom Line）就是指经济底线、环境底线和社会底线，意即必须履行最基本的经济责任、环境责任和社会责任。采用“三重底线”来平衡财政、环境和社会三方，从而制定出能够经受时间考验而又不损害人类健康的有效解决方案。

20 世纪 70 年代，可持续发展的概念在联合国人类环境研讨会上首次被正式讨论。1987 年，“既能满足当代人的需要，又不对后代人满足其需要的能力构成危害的发展”作为可持续发展的新定义出现在世界环境与发展委员会的《我们共同的未来》报告中。

当可持续理念被运用到建筑工程领域中，可持续发展便包含了多个层次的含义，如绿色、生态、环境保护、节约能源等。可持续建筑就是指在使用功能上既满足当代人当前的需要，又考虑能适应或不危害后代人对建筑功能的种种需要；同时在能源使用上既考虑当前利益与经济关系，又考虑后代利益与经济关系，能使资源得到尽可能高效利用的建筑。

可持续建筑发展历程经历了从最早的减少能源使用，到降低能源损失，最后到现在的提高能源的利用率或者回收利用。据研究，目前普遍认为建筑节能是各种节能途径中潜力最大、最为直接有效的方式，是缓解能源紧张、解决社会经济发展与能源供应不足最有效的措施之一。可持续建筑确保了外围护结构的保温性和制冷采暖设备的节能效果，以及可再生能源和能源资源回收利用率。尽管安全在实验室的设计和运营中至关重要，但最大限度地减少能源浪费，以及通过保护环境从而保护人类的长期健康也尤为重要。

可持续医学实验室的设计、建设和运营应该秉承可持续建筑的核心基础——可持续发展观，并结合医学实验室特点，需要考虑医学实验室建筑与内外部复杂系统间的关联性，如建筑材料、建筑结构、建筑气候、资源需求和环境保护等多方面、多角度的因素。

可持续医学实验室，是指在综合考虑科学合理的材料使用、技术运用、功能组织、室内外空间设计、建造运营、内部布局等因素的基础上，通过设计方法的优化，以及实验室当前用途和未来用途相关的多学科评估，创造的一个高效能、低能耗、低污染、低排放的有机整体。

三、低碳发展总体思路

医学实验室低碳发展路径主要包括建筑本体低碳化、建筑设备低碳化、可再生能源应用、废气净化处理、标准政策引导等。

1. 建筑本体低碳化

医学实验室的低碳发展建议首先从实验室建筑本体着手，推进医学实验室的建筑本体低碳发展，优化设计方法与关键技术包括但不限于：降低围护结构负荷，优化内部布局，围护结构材料低碳化，施工工法低碳化。

2. 建筑设备低碳化

在通风空调、给水排水、电气自控等设备的配备选择上，以节材料、高能效、低能耗、减排放为原则，采取降低常规能源消耗技术推进医学实验室低碳发展。结合计算机应用技术，通过数据分析，发掘负荷变化规律，优化环境参数，实现高效且满足舒适性要求的控制计划，从而进一步提升自动控制优化能力，从管理使用方面推进医学实验室的智慧运维低碳发展。

3. 可再生能源应用

在资源消耗控制领域，可考虑采用可再生能源（如太阳能、地热能、风能等）替代技术，推进医学实验室的设备与系统低碳发展。

4. 废气净化处理

在污染排放控制领域，采取吸收法、吸附法、光催化氧化法、高效空气过滤法等关键技术，推进医学实验室的绿色发展。

5. 标准政策引导

为了促进和落实医学实验室的低碳发展，建立长效机制，保障并进一步提高医学实验室低碳发展的可操作性和可执行性，应辅以政策的引导、标准的保障，推动医学实验室低碳的长期发展。

第二节　建筑本体低碳化

医学实验室建筑本体低碳化，需从采用低碳围护结构材料、优化内部布局及提升施工工法等方面考虑。这里给出一些具体的技术措施，供参考。

一、采用低碳围护结构材料

一般情况下，建筑很大一部分的能耗损失是由于围护结构的热传导和冷风渗透造成的。围护结构是包括建筑物周围与室外空气相接触的围挡物，如墙体、门窗、屋面等。因此，合理采用低碳围护结构材料，可以达到医学实验室较好的建筑降碳效果。低碳材料是当今世界各国建筑行业共同关注的话题，低碳医学实验室发展使用轻质、高强、保温、隔热、节能、利废、无污染、可循环利用的低碳建筑材料是必然的趋势。

1. 高性能墙体

墙体占实验室全部围护结构面积的60%以上，是建筑能耗的重要损失部位。低碳墙体材料可以分为低碳基层墙体材料、低碳墙体保温材料两大部分。墙体材料应采用无放射、无污染的低碳产品。

实验室墙体采用高性能保温材料，有利于建筑保温，将大大减少冬季通过围护结构的传热能耗量。例如，气凝胶新型墙体保温材料、真空隔热板。SiO_2气凝胶可以制作出新型气凝胶墙板、气凝胶毡、气凝胶涂料和气凝胶砂浆混凝土等保温性能优异的新型建筑墙体保温材料，在建筑墙体保温隔热领域有着广阔的应用前景。气凝胶保温材料的导热系数可低至 0.004W/（m·K)。真空隔热板的导热系数只有 0.002～0.004W/（m·K)，仅用很薄的真空隔热板保温墙体就能达到低能耗的标准。

2. 保温隔热屋面

屋面是建筑能量散失的重点部位，因此对建筑屋面进行保温隔热设计也非常重要。建筑屋面的低碳设计一般是通过设置一层保温层以起到保温隔热的效果。目前，我国屋面工程采用的节能材料有松散材料保温层、板状材料保温层和整体现浇保温层，通常是先做防水层再做保温层，防止防水层过早老化。目前屋面应用比较广的材料有膨胀珍珠岩制品、水泥基聚苯颗粒和挤塑聚苯泡沫塑料板等。

3. 高质量门窗

门窗具有采光、通风和围护的作用，同时也是建筑物热交换、热传导最活跃、最敏感的部位。门窗框材料的选择不仅会对碳排放产生影响，还会对门窗的气密性和保温性造成重要影响。从节能门窗框材料的发展情况来看，近些年出现的 PVC 门窗、铝木复合门窗、铝塑复合门窗、玻璃钢门窗等技术含量较高的节能复合材料，已逐步代替木、钢、铝合金等单一的、耗能大的制造材料。UPVC 塑料型材是目前使用较广的节能复合材料，不仅生产过程中环保、能耗少，而且材料结构密封性好，导热系数小，保温隔热性能好。

玻璃可以增大建筑的采光面积，但同时也增加建筑能耗。经大量研究实验，为了降低玻璃传热造成的能量损失，可运用高新技术将普通玻璃加工成中空玻璃、真空玻璃和镀膜玻璃等。中空玻璃是目前应用比较广的一种玻璃材料。利用的是保温瓶原理，在两片玻璃间充灌氪、氩或者空气，可以最大限度地降低能量通过辐射形式的传递，从而降低能量的损失，起到良好的隔热、隔声效果，同时美观适用，可降低建筑物的自重。镀膜玻璃，俗称反射玻璃，一般是在玻璃表面涂镀一层或多层金属或金属化合物薄膜，改变玻璃的光学性能，按需要的比例控制太阳光的反射率、透过率和吸收率，并产生反射颜色。在保证室内能见度的同时，达到较好的保温节能效果。

二、提高空间利用率

医学实验室的能耗主要取决于通风空调系统，实验室平面布局设计时应充分考虑通风柜、工作台及其他仪器设备的型式和摆放方法，通过精细设计，以合理、紧凑的布局，最大限度地提高实验室空间利用率，从而最大限度地降低实验室通风空调系统负荷。不过，由于实验室内需要设置若干个功能区和作业空间，人员、物品又必须有各自的出入通道，片面追求空间使用率可能会给日后的使用与管理带来不便或困难，需要通过实验室建筑内部空间结构的不断优化设计，实现实验室内部有限空间的高效利用。

在保障医学实验室安全的基础上，通过内部功能与平面布局的优化完善，还可从结构方面降低建造成本，减少建筑专业的不合理布置带来的材料增加，还可使实验流程衔接紧密而顺畅，满足使用者期望的舒适与使用要求。实现医学实验室的安全、节省材料、实验流畅舒适的目的。

三、低碳施工工法

医学实验室工程建设中，在保证质量、安全等基本要求的前提下，通过科学管理和

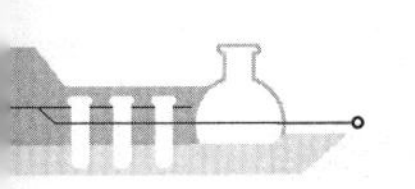

技术进步，最大限度地节约资源与减少对环境负面影响的施工活动，实现四节一环保（节能、节地、节水、节材和环境保护）低碳施工工法与管理，可以有效把控医学实验室施工建造阶段的低碳程度。包括组织管理、规划管理、操作管理、评价管理和人员安全与健康管理等方面。因此，在施工前应做到精心策划，施工中做到“合理组织、严格管理、规范施工”，狠抓现场管理，措施到位，确保工程安全、优质、高效的完成。例如，装配式建筑就是一种低碳施工工法。

第三节 建筑设备低碳化

医学实验室建筑设备低碳化，需以“节材料、高能效、低能耗、减排放”为原则，从机电系统低碳设计方法、关键设备能效提升、可再生能源应用、排风净化处理等方面考虑，这里给出一些具体的技术措施，供参考。

一、低碳设计方法

当前我国空调系统运行过程中的碳排放已达9.9亿吨二氧化碳，如果不能显著降低空调系统冷热需求并提高空调系统能效，则未来碳排放量还可能进一步增加，这将严重影响我国碳中和目标的实现。为实现医学实验室的低碳化发展，其机电系统低碳设计方法可以从降低负荷侧冷热需求、提高通风空调系统能效、利用自然冷源、全面电气化、提高用能系统电力柔性等方面着手。

1. 降低负荷侧冷热需求

（1）按需通风降低新风负荷

按需通风可以降低新风负荷。根据空间人流密度、实验物品的变化，对新风量进行实时调节，在保障操作人员安全的前提下，既保证室内空气品质，又预防过量通风，相对于传统的定新风量送风有着巨大的节能潜力。

（2）高效的气流组织降低空调负荷

高效的气流组织是营造医学实验室良好室内环境的重要保障。由于医学实验室的特性属性，其排风量往往是其他类型建筑的数倍甚至数十倍，如何保证室内有害气体的有效排出，维持安全的环境，并降低能耗，成为设计的重点。

医学实验室通常需要使用通风柜、万向排气罩、生物安全柜等来进行实验，其通风系统往往需要局部通风和全面通风相结合。很多学者对实验室气流组织、风速和风口位置等进行了研究。陈道俊等人通过研究分析表明，送风气流对通风柜运行时的安全性影响很大，而且可以通过控制罩面风速有效控制通风柜内污染物的排放；许钟麟对实验室采用上送下回、上送上回和下送上回这三种气流组织形式用风口的速度衰减进行分析，结果表明，这三种送风方式中上送下回方式能将实验室内产生的污染从呼吸带和发生点下方排除，减少操作者在实验室中的风险，而上送上回和下送上回这两种方式则有可能将实验室内产生的污染带到呼吸带，形成二次污染；张占莲基于数值模拟的方法分析了通风柜的工作面速度等参数对实验室气流组织的影响，结果表明，通风柜面速度大于0.3m/s时，通风柜操作口的平均污染物浓度明显降低，但当面速度从0.5m/s增加至

0.7m/s时，操作口的污染物浓度及通风柜的性能均无明显改善，反而增加了风机能耗，不利于节能。

传统空调系统基于均匀混合的方式营造室内环境，导致室内负荷较大。可采用高效气流组织营造非均匀的室内环境，将冷热量和新风重点用于人员工作区，从而减少空调负荷，如在工位处安装空调针对个人实现个性化送风。个性化空调系统主要分为地板个性化空调系统、桌面个性化空调系统、隔板式个性化空调系统及顶棚个性化空调系统，其能量基本全部用在实际需要的空间，比传统空调的效率可高出40%。为了更好地适应人员位置的变化，还可以通过辨识技术获得人员位置和运动方向，并在室内安装可实现多种送风模式的送风末端，基于人员位置实现面向人员的高效送风。

2. 提高通风空调系统能效

（1）采用高温供冷/低温供热

现有研究表明，不管是新风负荷还是回风负荷，一半以上的负荷均可以用更高温度的冷水或更低温度的热水进行处理。温湿度独立控制系统通过将显热负荷与潜热负荷分开处理，可以将冷水温度提高到16℃/20℃，从而大幅提高冷水机组能效。由于大量的冷热是用于处理新风负荷的，而新风负荷中有相当一部分可以用高/低于室温的水进行处理（冷却/加热），以此为基础就可以构建出显著高于16℃/20℃的冷水机组和温度低于30℃的热水机组，从而更大幅度提高冷热源效率。

（2）提高空调输配系统效率

通风空调系统的输配系统大多以空气或水为载体进行冷热输配，其中输配系统的动力装置——风机、水泵的耗电量占采暖空调系统总耗电量的20%～60%。目前主要依赖阀门实现冷热量的分配和调节，导致输配系统实际运行效率仅为30%～50%，有显著节能空间，应着力于提高空调输配系统效率。

实现输配系统节能，就是要在输配所需的冷热量时，降低管网中泵与风机所耗的功率，提高输配系统的能效比。冷热输配系统的节能途径主要有：减小泵或风机的工作流量，减小泵的工作扬程或风机的工作全压，提高泵或风机的工作效率。为实现上述节能途径，可采用的冷热输配系统节能技术主要有优选性能优良的泵或风机、水系统及风系统调适技术、一次泵变流量技术、变风量技术、“大温差”输配技术。

（3）提高空气处理设备效率

传统空气处理过程主要采用冷凝方式降温除湿，由表冷器将空气温度降到露点温度以下除湿后再热送入室内。不考虑被处理空气温度的差异，无论是新风还是循环风都采用同一温度的冷热源对空气进行处理，会导致能量品位错配。大量原本可以由更高温冷水和更低温热水处理的空气负荷均采用低温冷水和高温热水处理，导致能源浪费。在实际中，甚至还会出现除湿后加湿的现象，导致大量的冷热抵消。在加热和加湿过程中，也存在大量直接采用电或高品位热量处理空气的情况。可通过提高空气处理设备效率、二次回风等技术实现节能。

传统空气处理过程主要使用空调箱与风机盘管进行冷凝除湿，需要的冷热源品位较高且经常出现冷热抵消。辐射制冷/热可以采用更高/低温度的冷/热水，且舒适性更好。嵌管式围护结构可以采用非常高/低温度的冷/热水处理围护结构负荷。未来的室内环境控制应充分结合空气末端、对流辐射末端和嵌管围护结构（广义末端）的各自特点、优势合理搭配，从而利用不同温度的冷热源处理合适温度品位的负荷，以大幅降低空调负荷处理能耗。

传统空调系统通常统一处理送风，为满足较高的温度和湿度精度要求，往往不得不在冷凝除湿后再进行加热。新风与循环风独立处理可较好地解决这一问题。配合合理的温度和湿度独立控制系统，不仅能够杜绝冷热抵消，还可大幅提高热湿处理效率。同时，就近处理循环风也减少了长距离回风带来的初投资增加，并显著减少风机能耗。

3. 利用自然冷源

有一些场合可以利用自然冷源，如蒸发冷却和冷却塔免费供冷。直接蒸发冷却是使空气和水直接接触，通过水的蒸发实现空气的等焓加湿降温过程。间接蒸发冷却是将直接蒸发冷却得到的湿空气的冷量传递给建筑内的循环空气，实现空气等湿降温的过程。蒸发冷却技术利用环境空气未饱和这一特性，充分利用干空气能这一自热冷源，以水为冷却介质，无氟利昂等制冷剂，更加低碳环保，其运行费用仅为传统压缩式制冷的25%。直接/间接蒸发冷却器、蒸发冷却空调/冷水机组在厂房、机房中已有大量应用。冷却塔免费供冷也属于蒸发冷却技术的范畴，或与压缩式制冷机组联合使用，或单独运行满足过渡季的冷负荷需求。

部分实验室位于建筑内区且室内散热设备较多，全年供冷时间较长，甚至冬季都需要供冷，这类情况比较适合于蒸发冷却技术的应用。如何实现模块化/集成化的设计，减小设备尺寸，缩短建设周期，如何更好地将蒸发冷却技术与其他制冷技术、可再生能源技术结合以满足不同应用场景的需求，是未来发展的主要方向。

4. 全面电气化

推动全面电气化，将动力系统、空调系统的直接碳排放降低至零。在有条件的地区或实际工程中，以各种适宜的电驱动热泵技术替代燃煤、燃气、燃油锅炉等，将燃烧化石燃料和具有较大碳排放的直燃型吸收式制冷系统替换为高效电驱动冷水机组等。

二、关键技术及设备能效提升

1. 高效冷热站

近年来，高效制冷机房得到较快发展。高效制冷机房系统以实际运行性能作为评判依据和优化目标。但目前的制冷机房主要生产7℃/12℃冷水，而新风和循环风负荷中的大部分可以用高于7℃/12℃的冷水进行处理。现有研究表明，如果制冷站生产多种温度的冷热水，对新风和循环风进行分级处理，可以使制冷站的能效比超过10。当前采用两种温度冷水（中温水和低温水）的系统已在洁净空调系统中应用，未来应在更多建筑中推广使用，以全面提高制冷站能效水平。

随着热水生产方式逐渐由燃料燃烧转变为热泵制取，低温热水的优势越来越突出。在新风和循环风的热负荷中，绝大部分负荷可以采用30℃以下的热水处理，这为低温热水的应用提供了契机。未来的冷热站应提供多种温度的冷热水，根据所处理负荷需要的温度，合理选用冷热水温度，从而实现冷热站能效的大幅提升。

冷热站往往采用多台冷热源设备，对多台冷热源设备进行优化控制，在满足冷热需求的前提下最大限度地提高冷热站效率，是冷热源群控的重要任务。目前虽有各种类型的群控策略，但如何适应不同的冷热源系统、如何适应运行过程中的性能变化、如何更好地结合当地气象条件，是未来群控技术需要关注的问题。

冷热源的输配能耗在许多系统中占有相当大的比重，尤其是部分负荷下，最主要原因是空调水系统主要依赖阀门实现冷热量的分配和调节。随着直流电动机性能的提高，用水泵代替阀门进行冷热量的分配与调节，将显著降低水泵运行过程中的扬程，从而显著降低输配能耗。

2. 高性能热泵

在制取合理的冷热水温度条件下，可以通过提高冷热源设备在额定工况和部分负荷工况下的效率，实现热泵效率的显著提升。典型技术包括磁悬浮离心机、无霜空气源热泵、复合源热泵等。

（1）磁悬浮离心机

磁悬浮离心机采用磁悬浮轴承，无须润滑油，轴与轴承之间几乎零磨损，IPLV（综合部分负荷性能系数）可达11.5。目前，磁悬浮离心机市场容量每年的增速保持在50%以上，是未来高效冷源的重要发展方向。此外，磁悬浮离心机可以与水源、地源等热泵系统结合，利用双级压缩等技术克服制热工况下压比大的问题，从而大幅提升系统供热效率，实现冬夏两用，这是磁悬浮离心机的又一发展方向。

（2）无霜空气源热泵

无霜空气源热泵（热源塔热泵）以溶液、水分别作为冬夏季室外空气与热泵间热量交换的中间介质，采用直接接触式的全热交换过程代替常规空气源热泵间壁式的显热交换过程，实现系统冬季无霜与夏季水冷，是一种冬夏双高效热泵系统。无霜空气源热泵在未来一段时间内迫切需要解决的问题是：开发低腐蚀、低成本的新型循环溶液；开发更为高效的溶液再生方法，并充分回收再生过程的余热、余压；提高系统低温下的供热性能，拓展系统的应用范围。

（3）复合源热泵

鉴于单一源/汇难以做到全年高效，采用多种源联合工作的复合源热泵可以充分发挥各种源/汇的优势，从而实现全年高效运行。典型的复合源热泵包括：空气源与冷却塔联合工作的全年供冷型、夏季供冷冬季供热型，空气源（无霜空气源）与地源联合工作可以减少地埋管数量并实现土壤全年热平衡，空气源（无霜空气源）与太阳能集热装置联合工作可以实现充分利用不同辐射强度的太阳能，并实现空气源热泵除霜时供热能力不衰减。

3. 热回收关键技术

医学实验室往往排风量较大，需要进行补风，由于新风量大，新风负荷占空调负荷的比例也大。采用热回收装置可以把排风中的冷量（热量）回收，用来冷却（加热）新风，从而降低空调能耗。现在工程中常用的热回收装置主要有转轮热回收器、板式热回收器、板翅式热回收器、溶液吸收式热回收装置、热管式热回收器、液体循环式热回收器等。

转轮热回收器、板翅式热回收器和溶液吸收式热回收装置的效率高，但是它们都属于全热回收装置，对于高污染性排风而言，是不安全的，不应采用。板式热回收器虽然在设计上属于显热回收装置，但是并不是完全密闭的，正常状态的漏风量也在4%左右，更何况在长期使用中难免会出现换热板损坏的情况，更加剧了泄漏的危险性；热管

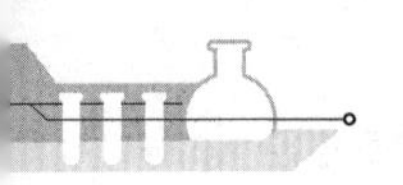

式热回收器可以做成完全隔离的显热换热器，但是由于其属于无动力的热回收器，不太适合空调新风机组与排风机组距离很远的情况。

液体循环式热回收装置是显热回收装置，分别在送风机箱和排风机箱安装一个盘管，依靠泵循环管道中的乙二醇溶液回收排风中的能量，这种系统完全隔离了送排风系统，而且由于该类功能用房空调系统送排风设备距离通常很远，采用乙二醇溶液泵可不受场地的限制。可见，液体循环式热回收装置是安全的，也是最适合医学实验室送风系统的热回收装置。液体循环式热回收装置的造价较高，在使用前应把经济性作为设计的重要指标之一，应进行技术经济分析后确定是否采用该技术。

三、智慧运维

1. 自控技术

研发和推广智能化技术有助于提高医学实验室运行维护的精细化管理程度，利于充分发挥空调系统运行数据价值，挖掘出实时运行中存在的异常、故障和能源浪费等问题，为智能化控制提供改进建议和实时运行参数优化建议，乃至直接接管系统调度运行。

（1）变频技术

随着智能建筑、自控技术的持续进步，变频技术在建筑节能中应用也越来越普遍。变频技术可以根据实际负荷需求对空调机组、循环水泵、风机等主要耗能设备进行无极调节。当室内环境变化后，可以追踪进行运行调整，精准改变空调机组的运行频率，同时调整系统冷冻水、冷却水量。

（2）自控技术

实验室通风空调系统的节能控制可分为底层控制和上层控制。底层控制主要是基于PID的传统控制方法，通过内置调控实现自动调控的过程。自动控制设备的启停和运行时间，避免设备超负荷运行，同时实时监测、及时报告设备的故障情况给管理人员，避免超前或延误维修，使得设备处于最佳状态，极大延长设备使用年限，在一定程度上节省了资金。以医学实验室风量控制为例，内容包括但不限于：通风柜移动滑窗的上、下移动控制；排风机变频控制；通风柜补风量、送风温差、送风量的控制等。在满足控制要求下实现节能，提高建筑运行管理水平。

上层控制则主要根据多个设备的运行目标进行调整和设备群控，从而达到系统层次节能的效果。上层控制系统通过底层控制系统对建筑设备的监测，结合建筑设备运行情况和实际需求进行调整，使得建筑设备处于合理的状态中，在不影响功能的情况下减少不必要的能源浪费，达到节约能源的目的。

目前大量医学实验室通风空调系统还未实现自控，即使实现了自动控制，其运行控制仍以基于PID的传统控制方法为主，虽可满足空调系统的调节需求，但并不能完全保证各设备的运行效率最优，也不能保证系统层面的负荷分配协调及系统控制最优化。即底层的PID方法经过长期研究已较为成熟，而上层控制的研究及工程实现目前发展潜力相对较大，也是空调智能化控制的主要研究方向。

2. 智能化技术

实验室设备的操作、维护、检修等需要大量的人力去完成，费时耗力还容易产生问题。通过智能化系统极大节省了人力资源，避免复杂的人事关系，同时还有监测人力容易忽略的盲点，降低人为操作失误，极大地提高了实验室安全和管理水平。

目前较成熟的智能控制，通常是基于专家知识制定的控制方案编写相应的控制算法，通过分配系统负荷、改变设备频率等方法实现系统的智能控制。但由于运行管理人员专业水平参差不齐，常存在管理人员难以落实运维策略的问题。

医学实验室通风空调系统形式多样，且运行过程中设备性能也会不断发展变化，未来需要在原有 PID 控制的基础上，通过对空调系统实际运行数据的分析，发掘负荷的变化规律，并挖掘设备及系统用能效率与设备运行频率、负荷分配计划、设定温度目标等设备运行设置的关系，制订高效且满足舒适性要求的控制计划，从而进一步提升空调系统的自动控制优化能力，建立更高效的智能化控制系统。

3. 智慧运维

在当前大数据、智能化时代，利用用户数据实现智能化的空调运维管理和控制优化方案已成为可能。利用空调系统中记录的温度、湿度、压力、功率等物理信息，以及控制信号、维护计划等运行方案信息，可以实现包括系统零部件优化、系统故障检测与诊断、能耗维护与预测、系统智能化优化控制等在内的功能，甚至也可能根据气候条件、用户行为预测的学习结果，为用户提供空调个性化定制、室内环境的个性化定制服务。

基于大数据的空调故障诊断与节能优化，可以提升运维方案智能化程度及实施效率，在初期阶段实现故障诊断乃至故障预警。在系统节能优化方面，以减少系统能耗，降低碳排放为目标，采用智能控制的上层控制优化，是一个有潜力的发展方向。目前，采用模型预测控制的原理实现智能化的设备调节和群控方案是可能的实现方法之一。

第四节 可再生能源应用

一、可再生能源类别

可再生能源（Renewable Energy）是指自然界中可以不断利用、循环再生的能源，例如太阳能、风能、水能、生物质能、海洋能、潮汐能、地热能等。可再生能源取之不尽、用之不竭，对环境无害或危害极小，而且资源分布广泛，适宜就地开发利用。

医学实验室的低碳发展，可以考虑采用可再生能源替代常规能源，但考虑医学实验室的特殊性，在能源系统设计时，必须以保障实验室安全为前提，匹配充足的常规能源。在能源利用时，优先考虑充分应用可再生能源。结合能源发展的技术现状、可靠性以及实验室建设条件等，建议优先选用太阳能与地热能。

二、太阳能利用技术

太阳能的利用技术分为光电利用、光热利用两类。

1. 太阳能光电利用

太阳能光电利用中的太阳能光伏发电（简称光伏）是一种利用太阳电池半导体材料

的光伏效应，将太阳光辐射能直接转换为电能的一种新型发电系统。它有独立运行和并网运行两种方式。同时，太阳能光伏发电系统分两种：一种是集中式，如大型西北地面光伏发电系统；另一种是分布式，如工商企业厂房屋顶光伏发电系统，民居屋顶光伏发电系统。

2. 太阳能光热利用

太阳能光热利用是太阳能利用的重要形式，主要包括太阳能热水器、太阳能热发电、太阳能海水淡化、太阳房、太阳灶、太阳能温室、太阳能干燥系统、太阳能制冷空调等。就当前的技术而言，比较成熟的是光热发电及太阳能热水器利用。

（1）光热发电

太阳能光热发电是指利用大规模阵列抛物或碟形镜面收集太阳热能，通过换热装置提供蒸汽，结合传统汽轮发电机的工艺，从而达到发电的目的。采用太阳能光热发电技术，避免了昂贵的硅晶光电转换工艺，可以大大降低太阳能发电的成本。太阳能所烧热的水可以储存在巨大的容器中，在太阳落山后几个小时仍然能够带动汽轮发电。

（2）太阳能热水器

太阳能热水器是将太阳光能转化为热能的加热装置，将水从低温加热到高温，以满足人们在生活、生产中的热水使用。太阳能热水器按结构形式分为真空管式太阳能热水器和平板式太阳能热水器，主要以真空管式太阳能热水器为主，占据国内95%的市场份额。真空管式家用太阳能热水器是由集热管、储水箱及支架等相关零配件组成，把太阳能转换成热能主要依靠真空集热管，真空集热管利用热水上浮冷水下沉的原理，使水产生微循环而得到所需热水。太阳能直接利用可以通过导光管将阳光引入室内用来照明。

三、地热能利用技术

地热能的利用可分为地热发电和直接利用两大类，而对于不同温度的地热流体可能利用的范围如下：

（1）200～400℃，直接发电及综合利用；

（2）150～200℃，双循环发电，制冷，工业干燥，工业热加工；

（3）100～150℃，双循环发电，供暖，制冷，工业干燥，脱水加工，回收盐类，罐头食品；

（4）50～100℃，供暖，温室，家庭用热水，工业干燥；

（5）20～50℃，沐浴，水产养殖，饲养牲畜，土壤加温，脱水加工。

现在许多国家为了提高地热利用率，而采用梯级开发和综合利用的办法，如热电联产联供，热电冷三联产，先供暖后养殖等。地热能供热，是以一个小区或多个小区为供热单位建立供热系统，提供供热服务。地热供热系统一般包含地热井、地热管网、地热供热站、供热管网和热用户，根据地热资源条件和供热负荷钻凿地热井，由地热井泵提取地热水，经地热管网输送至供热站，在地热站内进行热交换，将地热水热量传递给供暖循环水，温度升高的供暖循环水经供热管网输送至热用户，供热用户利用，温度降低的地热尾水经回灌井进行同层回灌。

第五节　废气净化处理排放

一、化学类污染废气处理方法

医学实验室化学类废气含量普遍较少，浓度较低，成分复杂且多变，基本没有回收价值。化学类废气可分为有机污染物和无机污染物。结合医学实验室的废气排放特点，综合考虑初投资、运行维护成本等因素，总的来看，吸附法、吸收法和光催化氧化法较为常见。

1. 吸附法

吸附法多用于有机污染物为主的排风处理，最常见的处理设备为活性炭过滤器，结构简单，初投资低，为医学实验室排风系统最常用的废气处理设备。

但是活性炭过滤器吸附饱和后需要更换，需要专业公司进行回收及统一处理，运行成本高。

2. 吸收法

吸收法多用于以无机污染物为主的排风处理，最常见的处理设备为喷淋塔，吸收、反应效率稳定，尤其对易燃易爆、有害气体特别适用，对于易溶解、易反应的成分清除效率高，更兼有一定除尘作用。喷淋塔在使用过程中也存在一定缺陷，北方地区使用需要防冻，产生的污水和污泥问题解决难度也较大，设备的能耗较大。

3. 光催化氧化法

随着纳米技术的发展，国内出现了光催化氧化废气处理设备，此类设备结构简单，形式多样，适用场景多，无耗材，不产生固废，设备阻力低，利于节能。光催化氧化设备也存在一定的局限性，其对风速高、浓度大、含苯系物成分的废气净化效率低，容易产生高浓度臭氧，会产生少量废水，可能产生氮氧化物、苯、烯等中间产物。

二、颗粒物或微生物类污染废气处理方法

存在生物气溶胶污染风险的医学实验室（如病原微生物实验室）应根据标准规范要求，在风险评估的基础上，确定其排风是否需要经过无害化处理，常用的无害化处理措施是高效空气过滤，国内外相关标准规范均对此进行了明确规定。

国家标准 GB 50346—2011《生物安全实验室建筑技术规范》第 5.3.2 条以强制性条文指出“三级和四级生物安全实验室防护区的排风必须经过高效过滤器过滤后排放”。卫生行业标准 WS 233—2017《病原微生物实验室生物安全通用准则》第 6.3.2.6 条规定排风系统应使用高效空气过滤器。使用高效空气过滤器是生物安全实验室空气污染防护的主要手段。尽管 HEPA 过滤器的滤菌效率接近 100%，但依然存在泄漏扩散和表面污染扩散的风险。

鉴于 HEPA 过滤器有泄漏和表面病原微生物存活、增殖的风险，世界卫生组织《实验室生物安全手册》要求高等级生物安全实验室所有的 HEPA 过滤器必须按照可以进行气体消毒和检测的方式安装。我国国家标准 GB 19489—2008《实验室　生物安全

通用要求》、GB 50346—2011《生物安全实验室建筑技术规范》都明确规定高等级生物安全实验室应可以在原位对排风 HEPA 过滤器进行消毒灭菌和检漏。

具备了原位消毒灭菌和检漏功能的排风高效过滤器一般为专用的生物安全型排风高效过滤装置，应符合我国行业标准 JG/T 497—2016《排风高效过滤装置》的相关规定。

从使用特点上看，应用于高级别生物安全实验室的排风高效过滤装置根据其安装位置，分为风口式（安装于实验室围护结构上）和管道式（也称单元式，安装于实验室防护区外，通过密闭排风管道与实验室相连），如图 7-5-1 所示。有关排风高效过滤装置的性能介绍、风险评估及设计安装中应关注的问题，可参阅专著《生物安全实验室设计与建设》，这里不再赘述。

(a) 风口式排风高效过滤装置

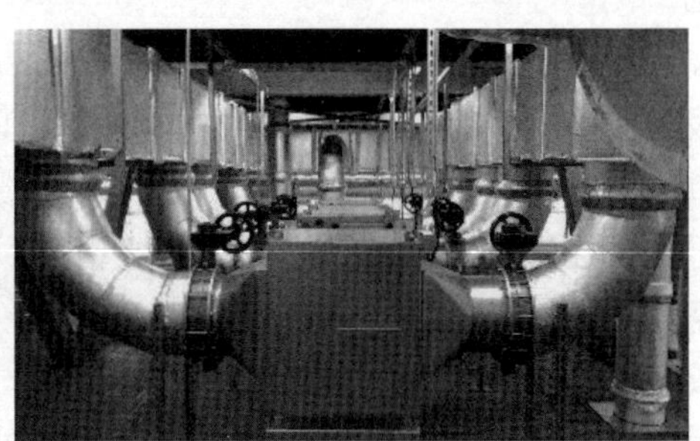
(b) 管道式排风高效过滤装置

图 7-5-1　排风高效过滤装置实物图

第六节　标准政策引导

一、政策引导

结合 2030 年碳中和的目标，建立合理的医学实验室低碳设计、低碳运行维护与管理、碳排放量核算与评价标准，并逐渐完善标准与政策体系，从而指导医学实验室的低碳化建设与使用，尤其是注重实际使用效果下的碳排放计算与评价，乃至评级，对医学实验室低碳设计、建设与使用都将具有极其重要的意义。

推广低碳医学实验室建设工作单靠建筑设计技术标准的手段远远不够，标准规划对使用者和建设者没有强制规范的作用。低碳医学实验室的实现需要资金投入，由于资金的短缺和激励政策的缺失，仅依靠立法的强制实施推行，难以从根源上转变使用者和建设者的主动行为。

在法律法规方面，1997 年通过的《建筑法》和《节约能源法》是国家法律，涉及能源的合理使用和节约能源，但缺乏强制性的规定。在《建筑法》中，仅提到国家支持建筑科学技术研究，鼓励节约能源和保护环境，提倡采用先进设备、新型建筑材料、先进技术和现代化管理，不具备强制执行性，对低碳实验室建筑也没有提及。2007 年修订后的《中华人民共和国节约能源法》第三章特别提出合理使用与节约能源，但大多也是鼓励和提倡的原则性规定，过于笼统，缺乏可操作性。由于配套法律法规体系的相对滞后，在建筑建设程序中，从规划设计、施工、监理，再到质量监督等环节，难以对低碳实验室严格监管，导致开发推广受限。此外，为避免低碳医学实验室推广过程中存在漏洞，使不合格实验室逃过监管和责任，进而使低碳医学实验室的推广工作进展受阻，需要建立保障与推动低碳医学实验室建设与发展的相关制度，如绩效考核体系、运行管理统计制度、监管制度、激励制度等。

二、标准保障

我国低碳标准化体系的发展正处于起步阶段，成长过程需要一步一脚印的沉积，以及碳排放链条上各环节的积极贡献。标准是保证低碳医学实验室建设工作推广与持续发展的必要保障。对于医学实验室的低碳发展，需要探索出一条适合自身特点的可持续发展低碳标准化之路。

要在一段时间内坚持和加快推进低碳医学实验室标准体系的构建。搭建具有指导性和标杆性的低碳标准体系，例如，可以通过建立医学实验室低碳设计标准、低碳运行维护与管理标准、碳排放量核算标准、低碳评价标准等手段可靠而有效地推进医学实验室低碳发展。通过标准推动实现“实验室建设低碳化—实验过程低碳化—运行管理低碳化—安全低碳生态化”的发展思路。

为加快实现碳达峰、碳中和，应积极构建全方位、多层次的低碳建筑体系，推进城市绿色低碳发展。医学实验室作为城市绿色低碳发展的重要一环，应建立相关低碳设计、运行维护标准。通过标准的规范化指导新建或改建一批低碳医学实验室，形成起到积极引领作用的示范，对推进低碳实验室建筑高质量发展具有重要意义。通过标准规范指引医学实验室的低碳规划与设计，推动其低碳建设步伐，全面指导医学实验室低碳设计工作，为医学实验室实现低碳目标提供科学指导，发挥标准的技术支撑与指导价值。

低碳医学实验室设计与建设应立足于未来，结合当前国内外医学实验室建设前沿，同时能够与当前的实验室建设能力相契合。在安全的基础上，坚持简约高效、可持续发展原则，能体现低碳医学实验室对使用者的体贴和关心，增强人与自然的直接沟通，让使用者在健康舒适的、有保障的环境下工作。主要表现在低碳医学实验室空间以及建筑物的使用功能上，实现空间上的包容性和综合性、功能上的适应性和拓展性，保证低碳医学实验室在投入运转时能够供人们灵活使用。尽可能利用可再生能源，增加智能化技术投入，引领计算机技术、无线通信技术等。

参考文献

[1] 程思远．夏热冬冷地区住宅建筑新风热回收系统节能效果研究［D］．南京：南京大学，2018.

[2] Johnson，Gregory R. HVAC Design for Sustainable Lab［J］．ASHRAE Journal，2008，50（9）：24-34.

[3] 李娟，尹奎超，宋孝春，等．北京某高校实验楼通风空调设计［J］．暖通空调，2015，45（9）：38-41.

[4] 李斌．浅谈实验室通风与系统控制［J］．内蒙古石油化工，2015，41（15）：73-75.

[5] 毛会敏．某实验室变风量通风空调系统的设计及控制原理［J］．福建建筑，2013（8）：112-114.

[6] 李先庭，赵阳，魏庆芃，等．碳中和背景下我国空调系统发展趋势［J］．暖通空调，2022，52

(10)：75-83，61

[7] 赵侠，李顺，陈婷．生物医学实验室通风策略 [J]．暖通空调，2013，43 (5)：18-21+37.

[8] 张伟伟．医学实验室通风设计相关问题分析 [J]．建筑热能通风空调，2010，29 (1)：97-100.

[9] 中国建筑科学研究院．民用建筑供暖通风与空气调节设计规范：GB 50736—2012 [S]．北京：中国建筑工业出版社，2012.

[10] IPCC. Climate change and land：an IPCC special report on climate change，desertification，land degradation，sustainable land management，food security，and greenhouse gas fluxes in terrestrial ecosystems [R/OL]．Geneva：IPCC，(2019-08-08) [2021-10-29]．https：// www. ipcc. ch/srccl.

[11] IPCC. Climate change 2013：the physical science basis，IPCC [M]．Cambridge：Cambridge University Press，2013.

[12] 南学平．可持续发展建筑的理论与实践 [J]．山西建筑，2006，32 (17)：29-30.

[13] 方翠兰．浅析建筑节能问题 [J]．科技创新导报，2010 (36)：43.

[14] 李兆坚，江亿．我国广义建筑能耗状况的现状与思考 [J]．建筑学报，2006 (7)：30-33.

[15] 刘庆开．浅谈空调冷热输配系统节能技术 [J]．建材与装饰，2020 (13)：9，11.

[16] 乔振勇，张展豪，张红，等．某卷烟厂生产车间环控和动力系统节能潜力分析 [J]．建筑节能，2020，48 (7)：150-155.

[17] 李斌斌．SiO_2 气凝胶材料在建筑墙体保温中的应用研究 [J]．广东建材，2021，37 (3)：72-75.

[18] 虞光洁．绿色建筑墙体的节能技术探讨 [J]．现代经济信息，2009 (1)：138-139.

[19] 姜凯迪．磁悬浮冷水机组在公共项目中的应用及研究 [D]．青岛：青岛理工大学，2019：15-21.

[20] HUANG S F，ZUO W D，LU H X，et al. Performance comparison of a heating tower heat pump and an air-source heat pump：a comprehensive modeling and simulation study [J]．Energy conversion and management，2019，180：1039-1054.

[21] 陈道俊，李强民．送风对实验室排风柜气流控制的影响 [J]．发电与空调，2004，25 (6)：22-4.

[22] 许钟麟，张益昭，张彦国，等．关于生物安全实验室送、回风口上下位置问题的探讨 [J]．洁净与空调技术，2005 (4)：6.

[23] 张占莲．实验室气流组织形式对污染物分布影响的研究 [D]．广州：广州大学，2015.

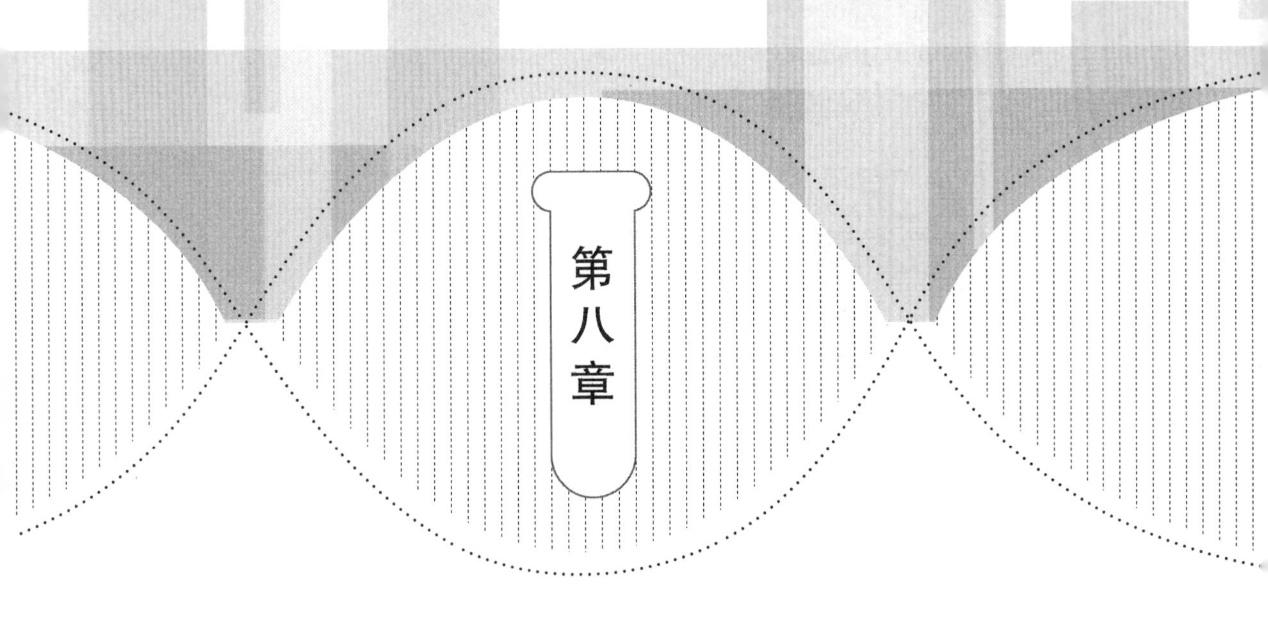

工程案例

第一节 湖北某市医院检验中心（科）项目

一、项目概况

湖北省某市医院检验中心（科），气象条件为夏热冬暖，所在医院为三级甲等综合型医院（床位数 1000 张），该检验中心所属项目总建筑面积约 $160000m^2$（其中：地上面积约 $140000m^2$，地下面积约 $20000m^2$），地上建筑为门急诊楼、医技楼、病房综合楼、感染楼与其他附属用房等，地下建筑的功能为机电设备用房、厨房、汽车库等。病房综合楼地上 20 层，地下 1 层，建筑高度 69.5m；医技楼地上 3 层，地下 1 层。

检验中心（科）在医技楼二层，建筑面积约 $1500m^2$，建筑层高 4.5m。建有临检、生化、免疫实验室及 PCR 实验室、微生物实验室、HIV 等专用实验室。

二、建筑平面设计

按照检验中心（科）检验需求量及医疗流程确定建筑平面布局，该检验中心（科）平面医疗流程按三区多通道设计，清洁区、半污染区和污染区布置如图 8-1-1 所示，各区之间均设置了缓冲间或传递窗。清洁区包括办公区（办公室、会议室、示教室、资料室等）、生活区（休息室、值班室、更衣室等）；半污染区包括冷库、标本库、纯水间、不间断电源（UPS）等；污染区包括通用实验室（临床检验、临床生化、临床免疫等）、专用实验室（微生物、PCR、HIV、TB 等）、洗消间及医疗废弃物等。

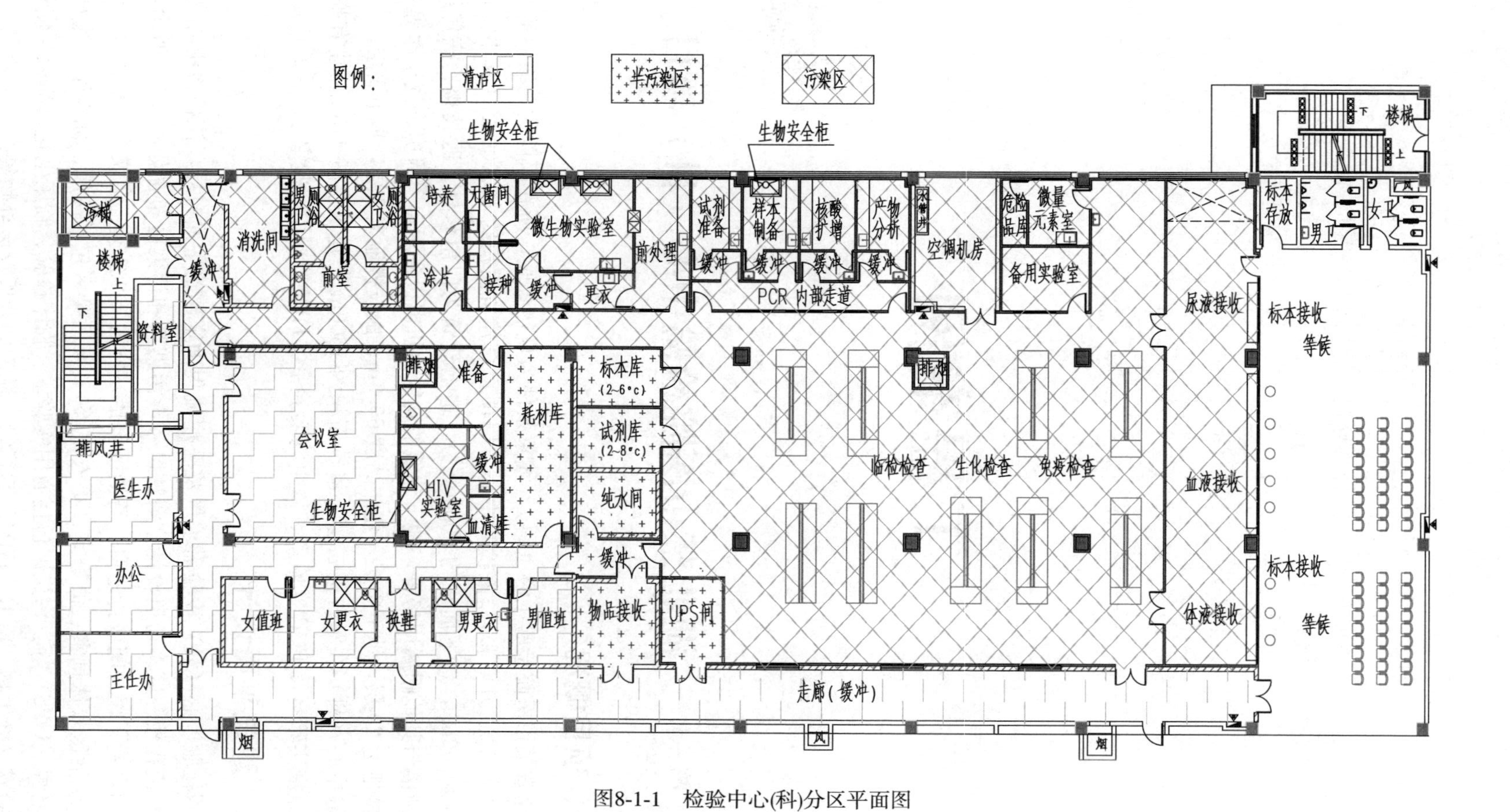

图8-1-1　检验中心(科)分区平面图

该检验中心（科）建筑平面布局设计了三类流线：人员流线、洁物流线、污物流线（图 8-1-2）。做到人员流线和物品流线分开，尤其是洁物入口、污物出口和人员进出口均分开设置，做到人患分明、洁污分离。

检验中心（科）实验室建筑面积约 1500m²，其中清洁区面积约占实验室总面积的 30%，半污染区、污染区合计占 70%。专用 PCR 实验室面积约 68m²，微生物实验室约 90m²，HIV 实验室约 45m²，预留了发展实验室。

三、通风空调设计

（一）设计原则

鉴于检验中心（科）有不同类型和不同压力要求的实验室，通风系统可采用集中送排风和局部排风相结合的方案，按使用要求设计多套送排风系统。有毒、有害或可能产生严重气溶胶污染物的实验室，应设计单独的通风系统。有局部通风的设备，应按照生物污染或化学污染分类分别设置独立排风系统。当实验室内多台排风设备共用一套排风系统时，按照排风设备不同的类型和运行要求，进行风量平衡计算。二级以上生物安全实验室必须在实验室内设计房间排风口，不能利用生物安全柜或其他负压装置作为实验室排风口。

（二）冷热源方案

该检验中心通风空调系统的使用具有特殊性和连续性，实验室需要 24 小时连续使用，不建议与其他冷热源合用，宜采用单独风冷热泵机组作为检验中心（科）冷热源，或采用热泵型直接蒸发空调机组作为冷热源。

（三）通风空调方案

该检验中心（科）通风空调系统压力控制具有复杂性和特殊性。首先要控制临检、生化、免疫大空间开放式实验室微负压，其次是控制微生物实验室等小空间实验室负压，最后是生活区、办公区常压控制。各区域压力梯度为清洁区（+5Pa）—半污染区（−5Pa）—污染区（−10Pa），通风空调系统应实现的气流流向为：从清洁区向半污染区流动，从半污染区向污染区流动（图 8-1-2）。

对于中、大型检验中心，清洁区、半污染区、污染区各区域新风排风系统宜独立设置，如果受建筑通风（新风）机房面积条件的限制，半污染区、污染区可合用一套通风（新风）系统，对于小型检验科，新风各区域可采用自取式，排风系统应相对独立。

1. 清洁区

办公室、会议室设置在清洁区内，通风系统无特殊要求，新风换气次数按 3 次/h 计算，而排风换气次数按 2 次/h 计算，送风量大于排风量，保持该区域正压。

2. 半污染区

该区域主要为设备用房，发热量大但工作时基本无人员，排除设备用房发热量是通风系统的主要问题。新风换气次数按 2 次/h 计算，由于设备用房发热、发湿量大，排风换气次数按 4 次/h 计算，需要注意的是该区域应对清洁区保持负压，对污染区保持正压（相对）。

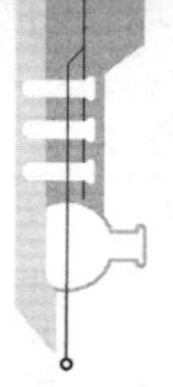

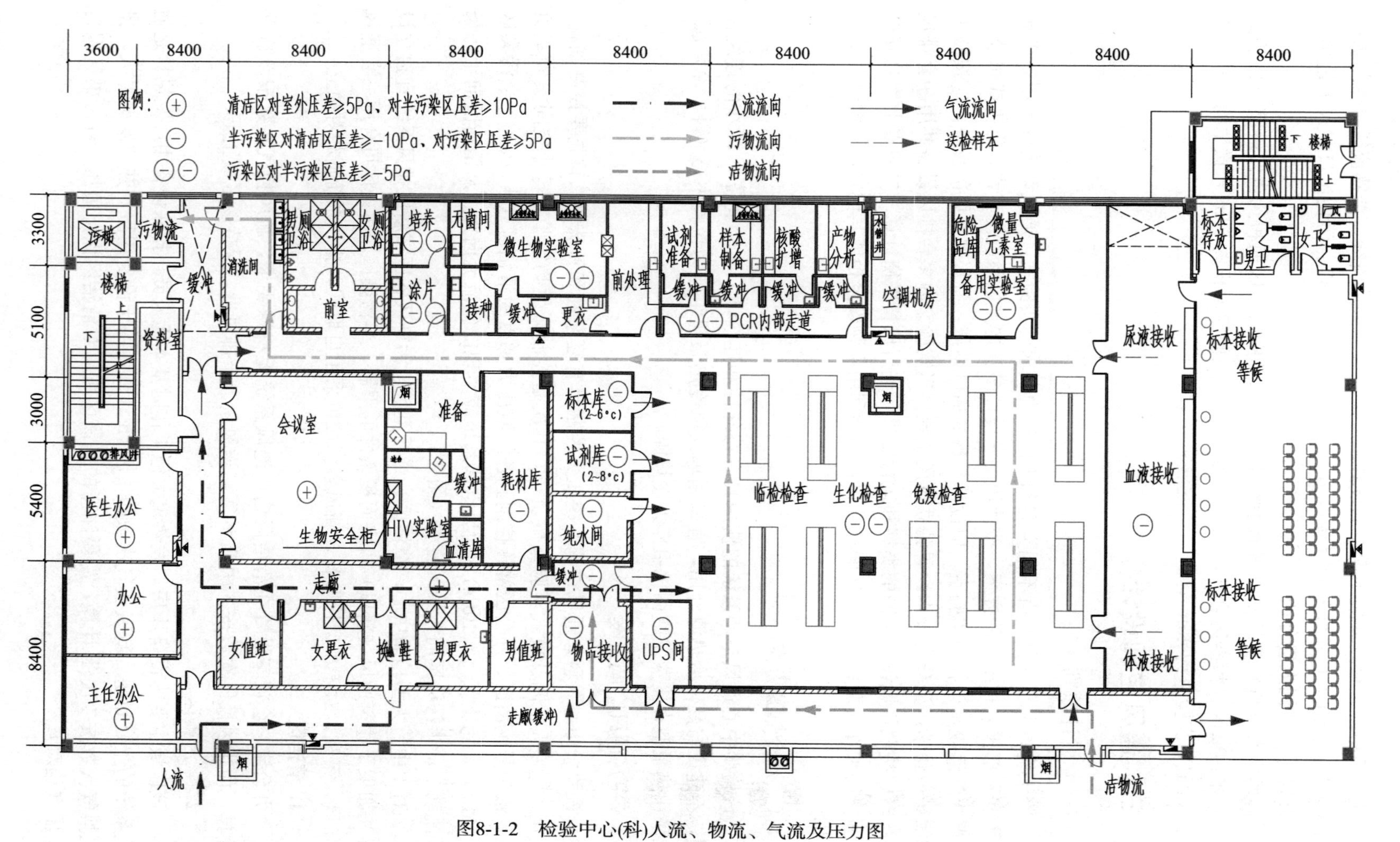

图8-1-2　检验中心(科)人流、物流、气流及压力图

3. 污染区开放实验室

对于临检、生化、免疫等开放实验室，由于实验室内挥发性气体多，产生的异味大，采用全空气系统为首选，新风比应大于15%，排风量大于新风量减渗透风量之和，排风系统独立设置。该大空间区域门、洞口多，渗透风量较多，应进行风量平衡计算，合理确定新风量，维持该区域最大的负压值。

4. 污染区封闭实验室

主要是非净化实验室，如HIV实验室等自成一区的实验室，通风空调系统包括新风系统、排风系统和局部排风系统，均应独立自成系统。按新风换气次数≥3次/h，排风换气次数≥6次/h设计，采用变新风定排风方案。新风送风管上安装变风量阀（VAV）、全面排风管设置定风量阀（CAV）、生物安全柜排风安装变风量阀（VAV），组合成一套复合式送排风系统（图8-1-3、图8-1-4）。

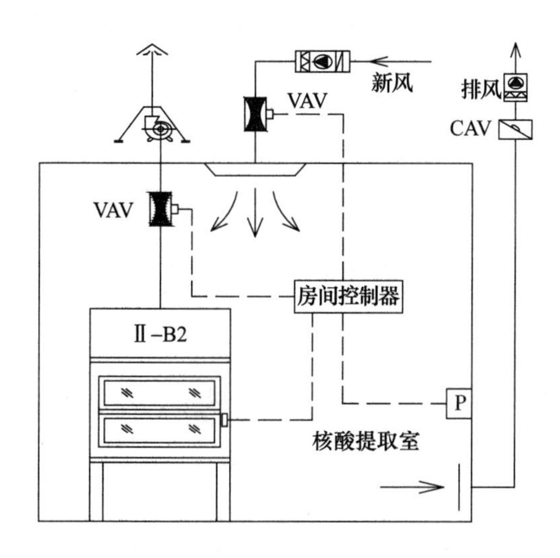

图8-1-3　变风量实验室控制原理图

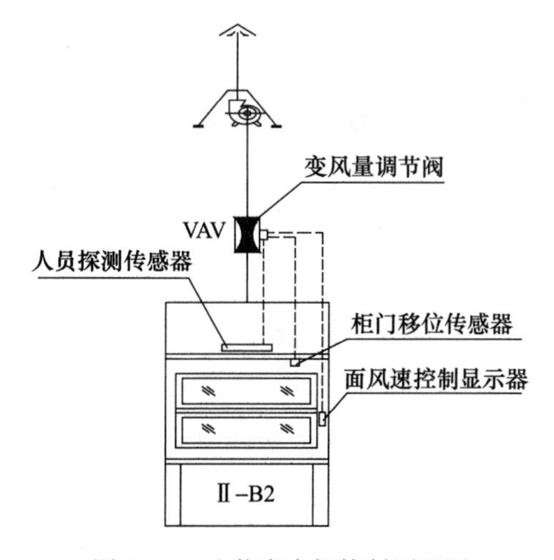

图8-1-4　生物安全柜控制原理图

5. 污染区洁净实验室

检验中心（科）有洁净度要求的实验室，其洁净度要求不宜太高，过高会造成投资增大，运行成本增加，设定在8级至8.5级之间比较合适。相对湿度控制在65%以下，适用于消除静电，防止医疗检测设备受潮，控制细菌繁殖速度。设有局部排风的正压8级实验室换气次数宜为10～15次/h；并应根据局部排风量进行风量平衡计算。正压洁净室对外的静压差值应大于或等于10Pa，不同级别之间的相邻相通房间之间静压差值应大于或等于5Pa。负压洁净室不同级别之间的相邻相通房间之间静压差值应大于或等于−10Pa。

6. 污染区PCR实验室

PCR实验室检测非空气传播的生物因子（A类、低致病微生物），通风系统为负压二级生物安全实验室，当检测空气传播的生物因子（B1类、高致病微生物）时，通风系统为加强型负压二级洁净生物安全实验室，而且通风系统为负压全新风系统。由于PCR各实验房间功能要求不一致，各房间正压或负压也不一致，根据实验样本性质和实验人员保护需要，合理、合适采用各实验室压力及梯度（图8-1-5、图8-1-6），严格控制各实验室房间的压力梯度，防止样本污染和人员被感染。

<table>
<tr><td>试剂准备室
(–25Pa)</td><td>核酸提取室
(–30Pa)</td><td>产物扩增室
(–25Pa)</td><td>产物分析室
(–25Pa)</td></tr>
<tr><td>缓冲
(–15Pa)</td><td>缓冲
(–15Pa)</td><td>缓冲
(–15Pa)</td><td>缓冲
(–15Pa)</td></tr>
<tr><td colspan="4">内走廊
(–5Pa)</td></tr>
</table>

图8-1-5　PCR实验室压力梯度1

<table>
<tr><td>试剂准备室
(+10Pa)</td><td>核酸提取室
(–25Pa)</td><td>产物扩增室
(–20Pa)</td><td>产物分析室
(–20Pa)</td></tr>
<tr><td>缓冲
(+5Pa)</td><td>缓冲
(–10Pa)</td><td>缓冲
(–10Pa)</td><td>缓冲
(–10Pa)</td></tr>
<tr><td colspan="4">内走廊
(0Pa)</td></tr>
</table>

图8-1-6　PCR实验室压力梯度2

对于检测新冠肺炎的PCR实验室，通风空调方案应采用全新风全排风系统，设计参数见表8-1-1及通风空调系统图（图8-1-7）。对于是否设计净化空调系统、实验室及缓冲室压力设定，根据建设单位需要和监管部门要求确定。

表 8-1-1　PCR 实验室设计参数

房间名称	洁净度级别	换气次数 /（次/h）	与室外方向相通房间压差/Pa	温度/℃	相对湿度/%	噪声/dB（A）
内走廊	/	/	−5	22～26	60～65	≤60
缓冲	8.5 级	10	−15	22～24	60～65	≤55
试剂准备室★	8 级	15	−25	22～24	50～60	≤55
缓冲	8.5 级	10	−15	22～24	60～65	≤55
核酸提取室★	8 级	15	−30	22～24	50～60	≤55
缓冲	8.5 级	10	−15	22～24	60～65	≤55
产物制备室★	8 级	15	−25	22～24	50～60	≤55
缓冲	8.5 级	10	−15	22～24	60～65	≤55
产物分析室★	8 级	15	−25	22～24	50～60	≤55

说明：（1）表中/表示不作要求；（2）★表示核心实验室。

一般对于检测接触感染的样本宜采用正压普通空调系统，非接触感染的样本应采用负压净化空调系统。

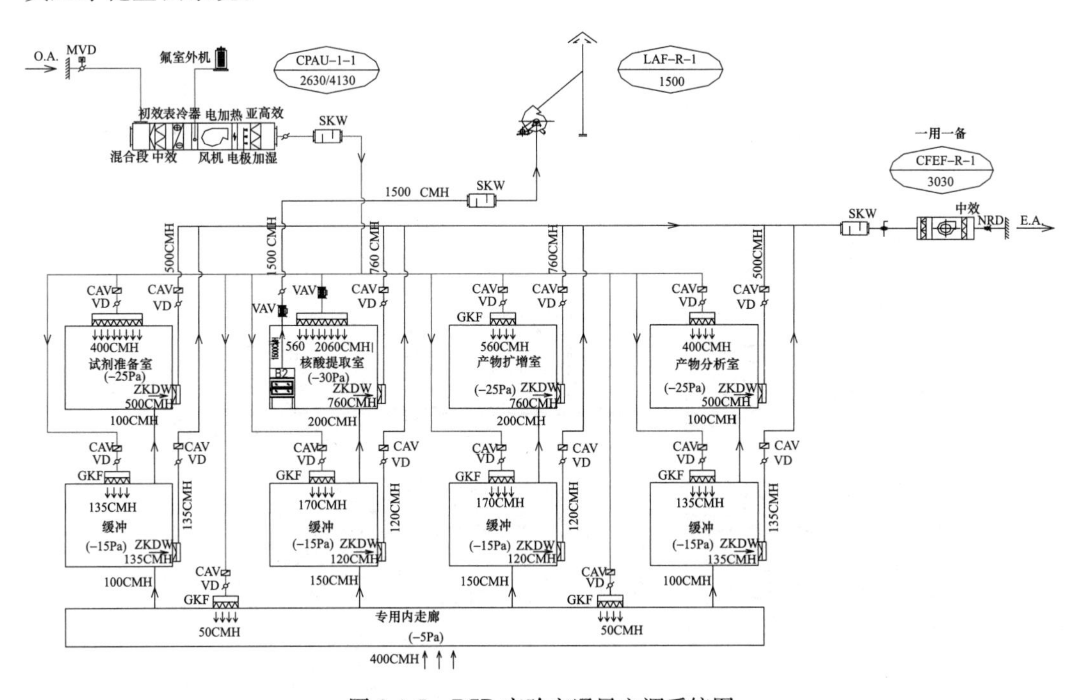

图 8-1-7　PCR 实验室通风空调系统图

（四）系统设计简介

该检验中心（科）清洁区通风方案：1 套新风系统和 1 套排风系统独立，空调方案采用风机盘管和多联机；半污染区和污染区：通风合用 1 套新风系统和 2 套排风系统（半污染区和污染区分开），空调方案为半污染区采用多联机，污染区大空间采用全空气系统，小空间采用风机盘管和多联机；污染区封闭独立实验室采用 2 套净化空调系统（新风自取）和 2 套排风系统。案例中各区新风系统、排风系统及生物安全柜排风系统间均能独立运行和控制（图 8-1-8、图 8-1-9）。

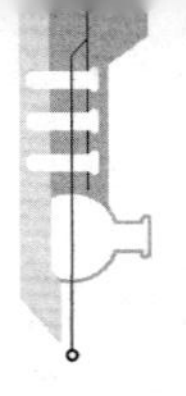

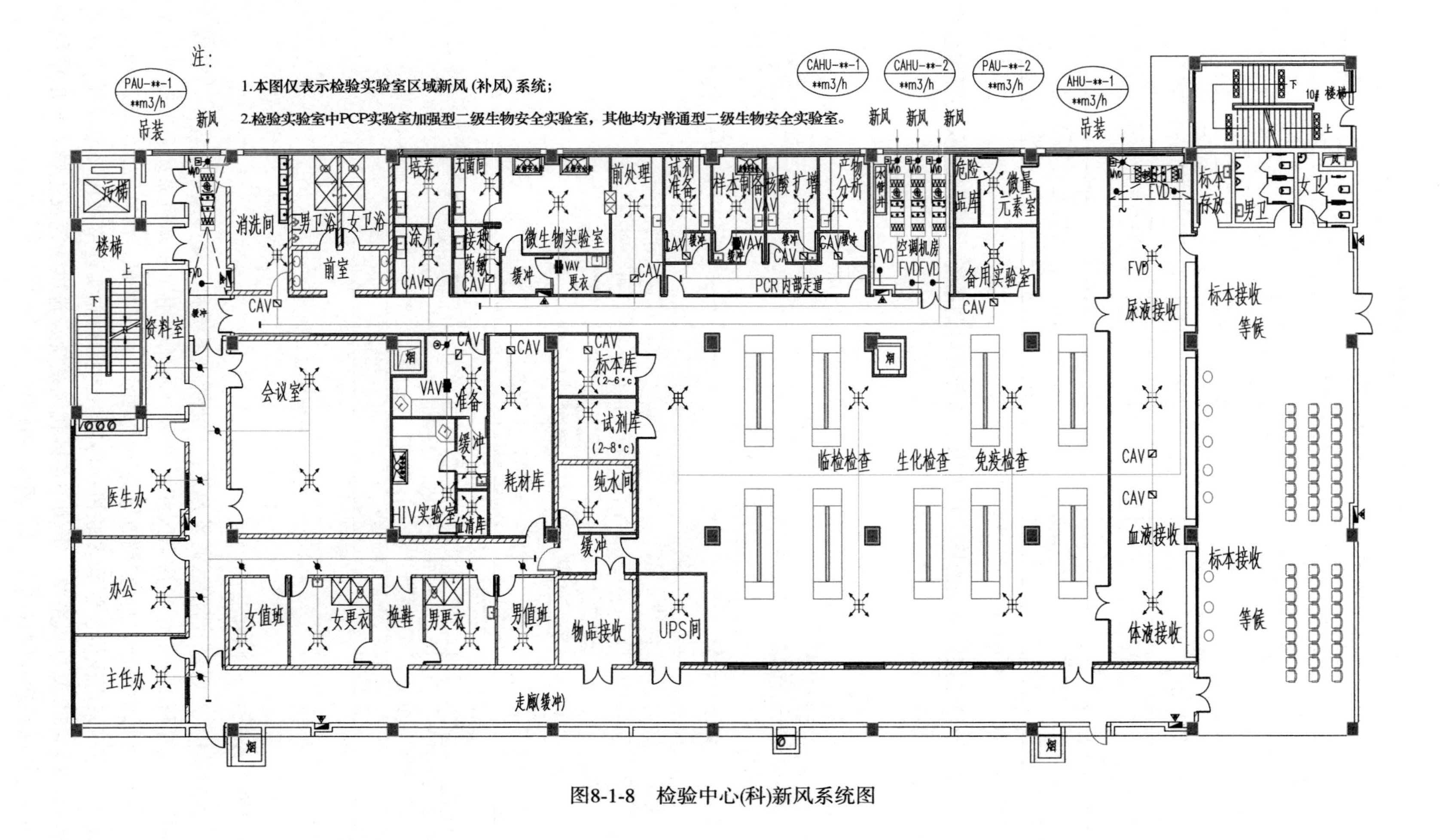

图8-1-8　检验中心(科)新风系统图

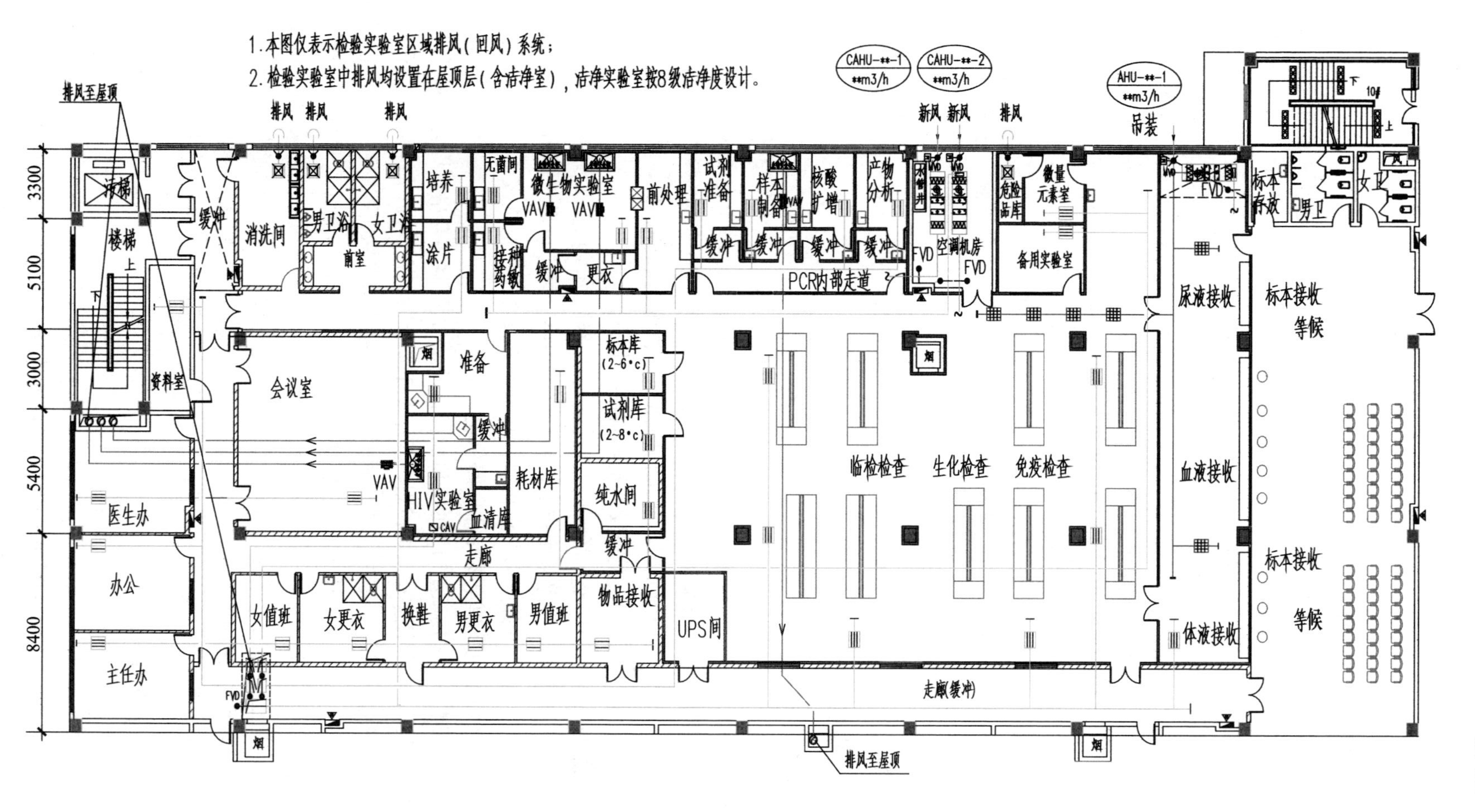

图8-1-9　检验中心(科)排风(回风)空调平面图

四、电气设计

（一）供电电源及其选择

三级甲等综合性医院检验中心，根据其医院性质和检验中心建筑平面图所表示的各功能用途，可以确定该检验中心具有一、二、三级用电负荷，一级负荷中还有特别重要负荷，所以该检验中心供电电源必须由双重电源供电，对一级负荷中特别重要负荷需配置应急电源，对检验中心不能断电的负荷，需配置 UPS 不间断电源，由此确定，检验中心的供电电源要求为双重电源加应急电源，另配置 UPS 不间断电源。

为保证检验中心供电电源达标并实施，首先对医院电源作如下分析：本设计实例为三级甲等综合性医院的检验中心，其供电由医院变电所提供；作为三级甲等综合性医院其供电电源必然是双重电源供电，而三级甲等综合性医院因包含手术部、重症监护病房、血液透析、产科、DSA 等医疗科室，均属一级负荷中特别重要负荷，只要具备其中一项，应急电源就不可或缺，一般采用柴油发电机，柴油发电机输出电源与医院双重电源之一的市电经切换开关后形成第三段应急电源母线；检验中心的应急电源由该应急母线提供，双重电源加应急电源的供电要求医院完全具备并能提供，对于 UPS 电源只需在检验中心选择一个机房（图 8-1-1），确保结构承重能满足电池安放的要求即可。

（二）设备配电及其处理

首先引入消防电源，采用矿物绝缘电缆，双电源供电，消防双电源中一路是否取自柴油发电机电源，这应根据医院消防设备配电要求保持一致。本实例设计在消防双电源供电的条件下根据防火分区设置末端切换的消防配电箱，分别输出支线回路接各消防设备，支线导线采用矿物绝缘电缆或阻燃耐火电缆（该电缆燃烧性能必须达到国家或地方规定的标准）。检验中心应急照明与建筑物应急照明供配电保持一致，必须采用智能应急照明，所有应急照明运行情况需反馈至消防控制中心。

电力设备配电主要对应使用场所的负荷性质，二级负荷及以上采用双电源供电，一级负荷中特别重要负荷，一路采用市电，另一路采用第三段应急母线输出的电源组成双电源。空调电源与电力电源配电要求相似，对于容量较大单台空调设备，其性质为二级负荷时，可以采取变电所单电源专用回路供电。

检验中心照明设计采用新型节能型 LED 光源，嵌入式灯具结合吊顶均匀布置，对大空间和玻璃隔断照明控制采用集中智能控制。紫外线灯选用专用灯具，每单位面积按 2W 布置，紫外线灯开关控制一般设在实验室门外 1.8m 高度，并接入智能照明控制和 BA 系统。除人工控制外还可通过 BA 系统定时设置（一般设在无人工作时段，如凌晨 1～2 时），对于缓冲的实验室出入口，在缓冲门的每一侧设置双控照明开关，靠墙实验台插座距桌面 0.2m 以上。岛式实验台插座已附设在实验台上，岛式实验台插座总电源一般采用地面引上或吊顶线槽、金属管垂直引下供电，其电源功率应根据插座数量充分满足。对储存标本的冰箱或低温冰箱需根据冰箱功率配置足够电源，带有 UPS 电源的插座，其面板应区别于其他插座面板。

五、给排水设计

（一）给水系统方案

清洁区更衣、洗浴给水由所在医技楼加压给水系统接入，需要确保冷热水压力平衡。

医生办公室、缓冲、洗消等洗手、洗涤用水，利用市政自来水管网压力直接供给，给水系统采用水平供水，应设计计量器。更衣洗浴生活热水从所在医技楼热水系统接入，机械循环。洗手盆、公共卫生间蹲便器、小便斗、洗脸盆配设感应龙头或冲洗阀。洁具均采用节水型，且不低于2级用水效率的洁具；给水、热水、纯水管材选用薄壁不锈钢管。

临检、生化、免疫实验室等集中供应纯水，就近设置纯水处理机房，加压供水，定时循环。

（二）排水系统

医院检验中心（科）仅对尿液、血液、体液进行常规化验，所排放废水水质成分主要分为无机物类、有机物类及生物类等，来源于药品、试剂、试液、废液、残留试剂、容器洗涤、仪器清洗等。无机物主要为重金属离子、卤素离子、非金属离子及pH值超标酸碱等。有机物主要为有机溶剂、洗涤剂、表面活性剂、苯、甲苯、酚类、酮类、甲醛、乙醛等。病原体主要为细菌、病毒、衣原体、支原体、螺旋体、真菌、炭疽杆菌等。

实验室排水与辅助用房区域排水应分开排放，实验区废水经智能化成套处理设备（设于地下室或一层专用设备间）预处理后排至室外，汇合其他污水一并接至院区污水处理站集中处理，消毒达标后排入市政污水管网。生化实验室最高日废水排放量暂估为2.5m^3/d，智能化成套处理设备（图8-1-10）处理量为150L/h、3000L/d（每天运行20h）。

图8-1-10　智能化成套处理设备

实验室水处理间产生的尾水通过专用管道排至室外，接入院区雨水回用系统，供院区绿化浇洒用水。对送检的剩余尿液、血液、体液标本，以及检验中使用的剩余试剂，收集、打包集中外运。

六、案例分析

该检验中心（科）建筑平面功能分区（清洁区、半污染区、污染区）合理，基本符合T/CAME 15—2020《医学实验室建筑技术规范》的要求。

实验室通风空调采用变新风定排风方案，该方案虽然运行、维护成本相对较高，但控制精度高、新风可调节，有助于提高实验室医护人员工作效率，利于实现节能减排的目标。该案例有以下几个特点。

（1）普通实验室：通风系统采用集中送排风和局部排风相结合的方案，清洁区、半污染区、污染区均设置独立的送风（新风）、排风系统。

（2）专用实验室：新风（补风）入口安装变风量阀（VAV），全面排风设置定风量阀

(CAV)，连锁，生物安全柜排风，采用变风量阀（VAV）变频控制，实现无缝自动连接。

(3) 检验中心（科）内均设计有效排风口，不利用生物安全柜或其他负压装置作为实验室排风口。

(4) 设计案例基本合规、合理，兼有前瞻性和创新性。

七、总结

早期的检验中心（科）实验室采用定风量送排风系统，实际运行时送排风量始终维持不变，存在安全性差、能耗高、负压不能有效保证等缺点。

随着实验室通风空调技术的进步，采用负压通风空调设计方案已逐步被人们接受，虽然采用变风量控制通风技术，运行、维护成本相对较高，但控制精度高、能耗小，在初投资条件允许的情况下，应体现医学实验室通风空调技术的进步，建议在新建三级综合性医院中推广使用。

（本案例由南京华夏天成建设有限公司提供）

第二节　武汉市某医院检验科和病理科项目

一、工程概况

武汉市某医院检验科和病理科，所属项目总建筑面积约156000m²，其中地上建筑面积约87000m²，地下建筑面积为69000m²。主要建设内容为门诊楼、医技楼、住院楼、后勤保障楼，同时配套建设大型医疗设备用房、锅炉房、污水处理站、液氧站、地下停车场等配套用房。本工程项目设有检验中心（科）实验室、病理科实验室。

二、建筑平面设计

医学实验室需要考虑实验室的定位和整体规划，合理进行建筑工艺平面布置和配套专业的设计。检验科是医院重要医技科室，承担医院临床标本的常规检测，以及临床药物验证检测工作。主要开展肝炎（甲、乙、丙、丁、戊型）、艾滋病、麻疹、风疹、流行性乙型脑炎、流行性脑脊髓膜炎、菌痢、梅毒、疟疾、伤寒（和副伤寒）、霍乱等传染性疾病的病原学检测。

（一）检验科实验室

1. 总体布置

医院门诊楼一、二层均设有检验中心（科）实验室，一层检验科（包含急诊检验）实验室面积约500m²，包含临检、生化、免疫实验室和微生物实验室、真菌实验室、细菌实验室等；二层检验科实验室面积约920m²，包含临检、生化、免疫、血液实验室和HIV实验室等。

根据检验中心（科）需求量及实验流程确定建筑平面布局，该检验中心（科）实验流程布局按三区多通道设计，清洁区、半污染区和污染区分区清晰合理（图8-2-1、图8-2-3），各区之间均设置了缓冲间或传递窗。平面布局设计了三类流线：人员流线、洁物流线、污物流线（图8-2-2、图8-2-4）。做到人员流线和物品流线分开，尤其是洁物入口、污物出口和人员进出口进行分开设置，做到人患分明、洁污分离。

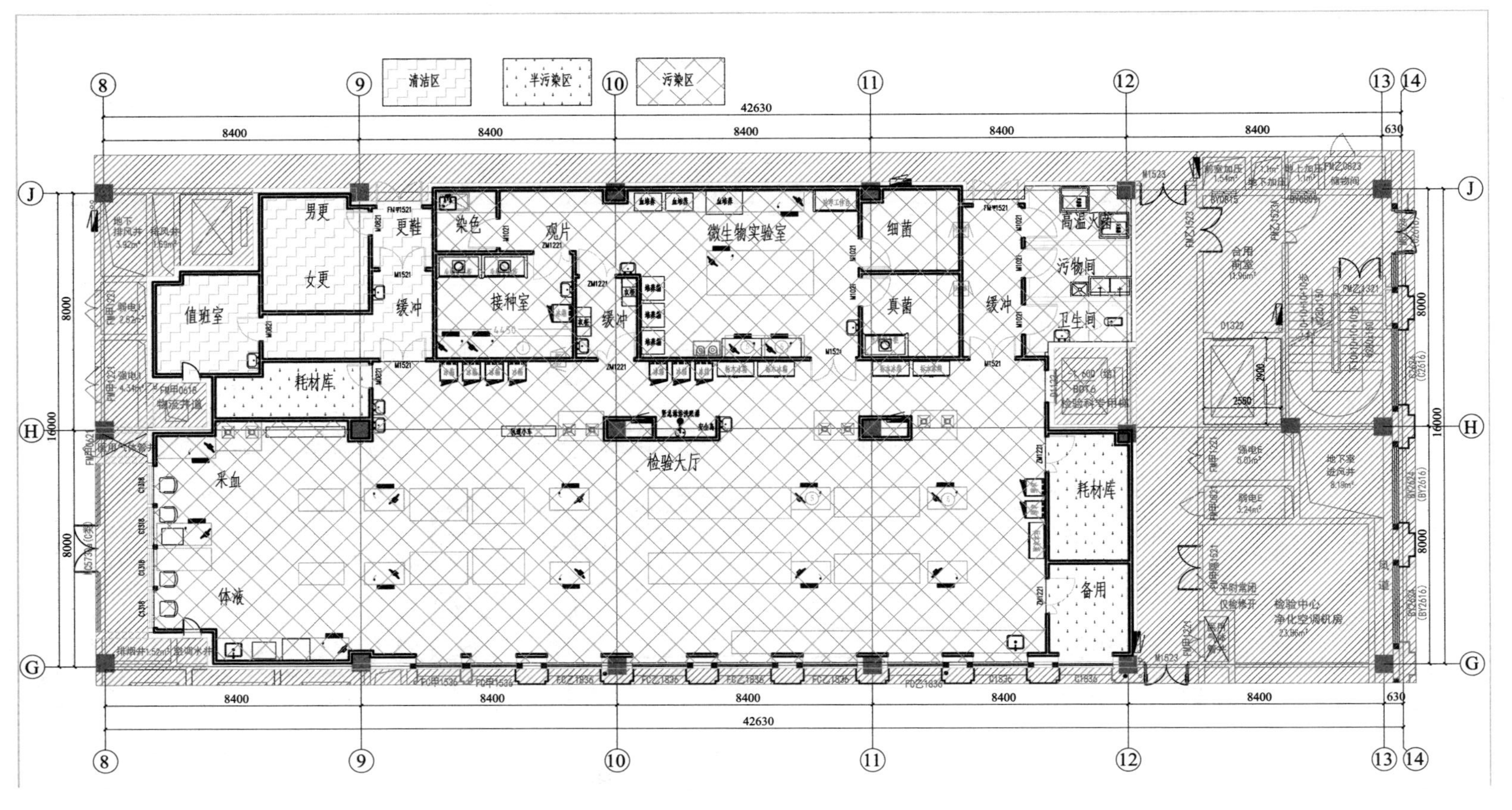

图8-2-1　检验中心(科)一层平面图

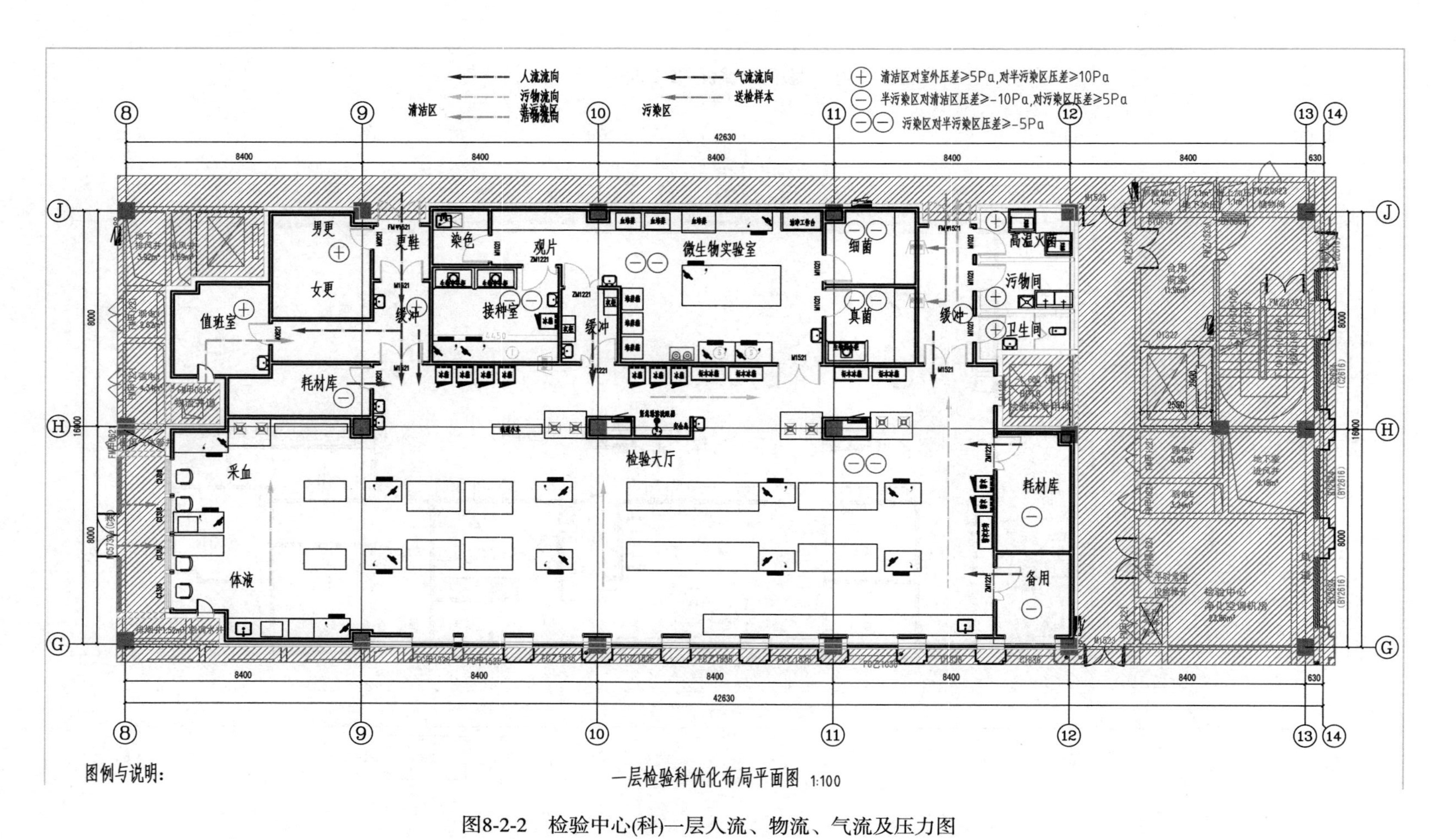

一层检验科优化布局平面图 1:100

图8-2-2 检验中心(科)一层人流、物流、气流及压力图

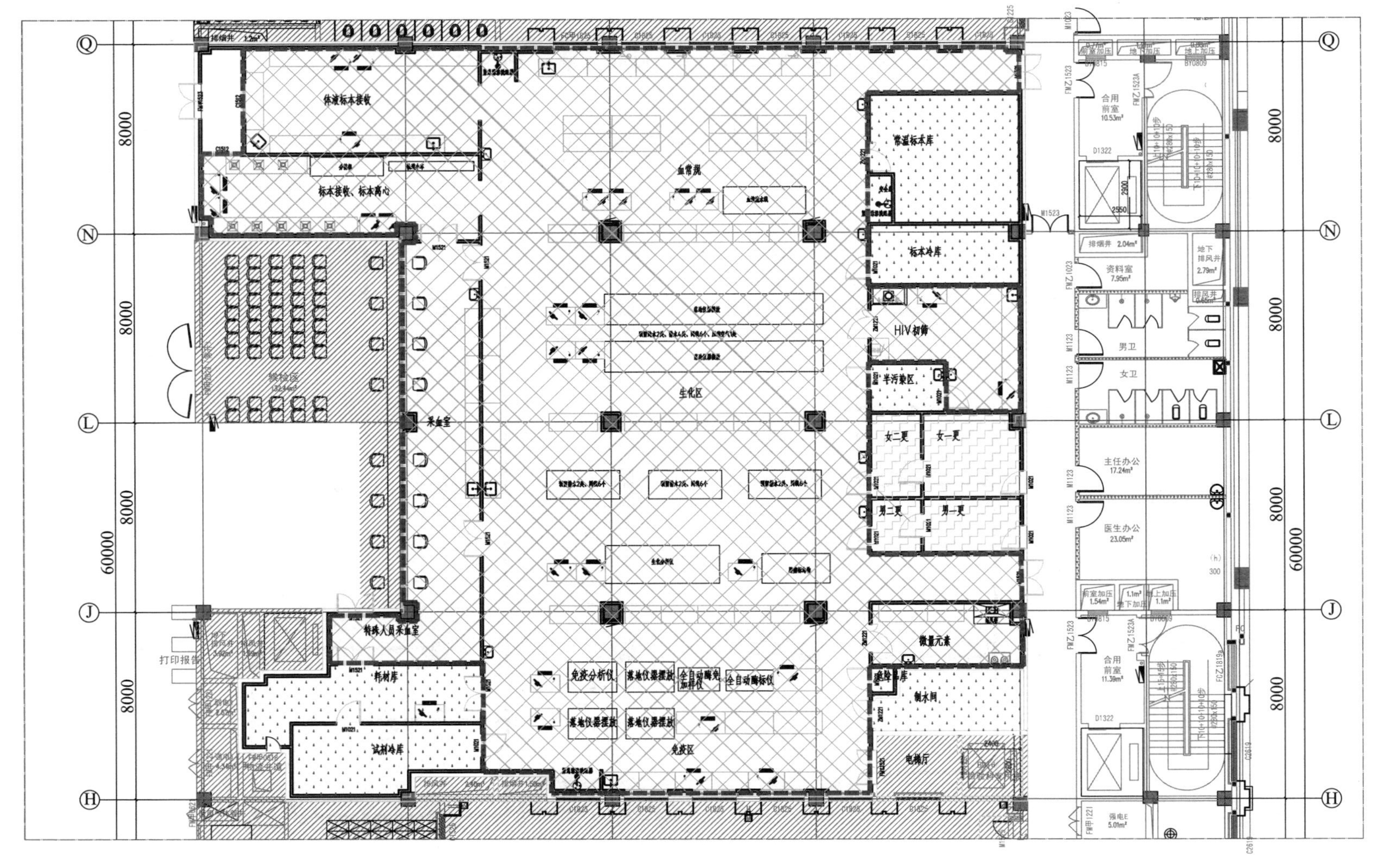

图8-2-3 检验中心(科)二层平面图

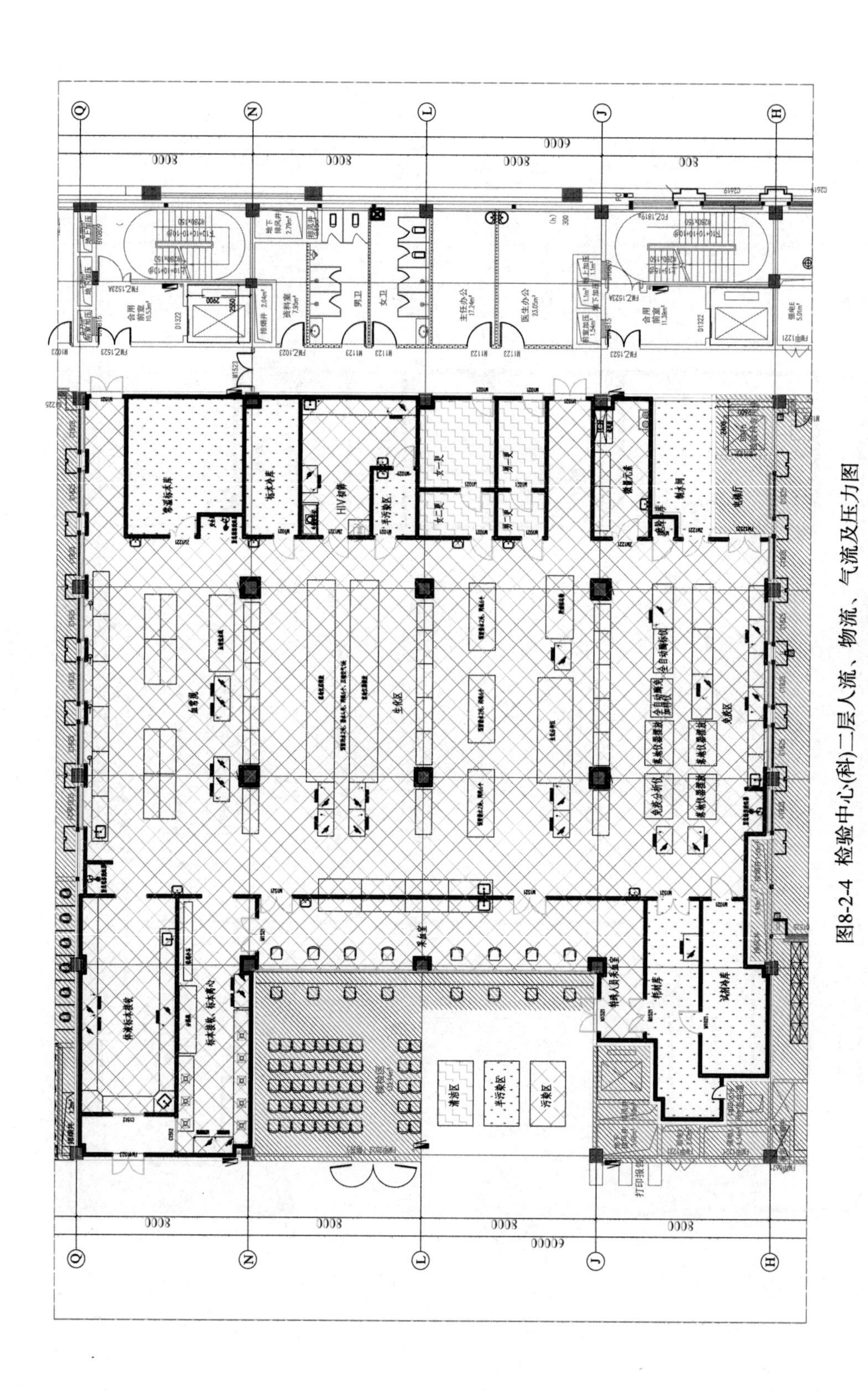

图8-2-4 检验中心(科)二层人流、物流、气流及压力图

检验科实验室将有限的空间划分为清洁区（更衣室、值班室）、半污染区（储存区、供给区）和污染区（工作区、洗涤区、标本储存区、高压消毒区）。这种工作区域的严格划分，很大程度上避免了病原体的交叉污染，同时为保护工作人员的安全和实验室周围环境的安全提供了有力的保证。

检验科实验室一般为生物安全二级实验室，按照生物安全二级实验室的设施要求配备Ⅱ级生物安全柜、高压灭菌容器等设备，并按期检查和验证，以确保符合要求。另外，实验室应安装洗眼器和紧急喷淋装置。

2. PCR 实验室

医技楼一层设有 PCR 实验室，面积约 150m²，包含试剂准备区、标本制备区、扩增反应混合物配制区、扩增产物分析区。

PCR 实验室按照卫生部《临床扩增检验实验室管理暂行办法》的要求划分为试剂准备区、标本制备区、基因扩增区、产物分析区。这种工作区域的严格划分，很大程度上避免了病原体的交叉污染，同时为保护工作人员的安全和实验室周围环境的安全提供了技术保证。

PCR 实验室进入各个工作区域必须严格遵循单一方向进行，即只能从试剂贮存和准备区→标本制备区→扩增反应混合物配制区→扩增产物分析区。

各实验区之间的试剂及样品传递应通过传递窗进行。PCR 实验室平面见图（图 8-2-5）。

（二）病理科实验室

病理科实验室面积约 530m²，包含取材、脱水、包埋、切片、染色、免疫组化、细胞室等实验室。

病理科工作人员对送检的标本进行固定、取材、脱水、浸蜡、包埋、切片、染色、封片等一系列处理时，需要使用甲醛水溶液（福尔马林）作固定剂，使用二甲苯作为透明剂。由于频繁使用这些试剂，导致这些区域空气中甲醛和二甲苯的浓度远远超出了 GB/T 18883《室内空气质量标准》中规定的允许值，对从事病理检验工作的人员和环境造成很大的危害。因此，通常也将取材室、冷冻室、染色包埋室、综合切片室等空气污染比较严重的区域划为污染区。

病理科建筑平面也应符合医疗建筑实验室的“三区”划分原则，即划分为污染区、半污染区、清洁区（图 8-2-6）。涉及标本和组织的为污染区，办公生活区为清洁区，其余部分为半污染区。病理科人流、物流、气流及压力，如图 8-2-7 所示。

三、通风空调设计

（一）设计原则

鉴于医学实验室有不同类型和不同压力要求的实验室，通风系统可采用集中送、排风和局部排风相结合的方案，按使用要求设计多套送、排风系统。有毒、有害或可能产生严重气溶胶污染物的实验室，应设计单独的通风系统。有局部排风的设备，应按照生物污染或化学污染分类分别设置独立排风系统。当实验室内多台局部排风设备共用一套排风系统时，按照局部排风设备不同的类型和运行要求，进行风量平衡计算。二级以上生物安全实验室必须在实验室内设计有效排风口，不能利用生物安全柜或其他负压装置作为实验室排风口。

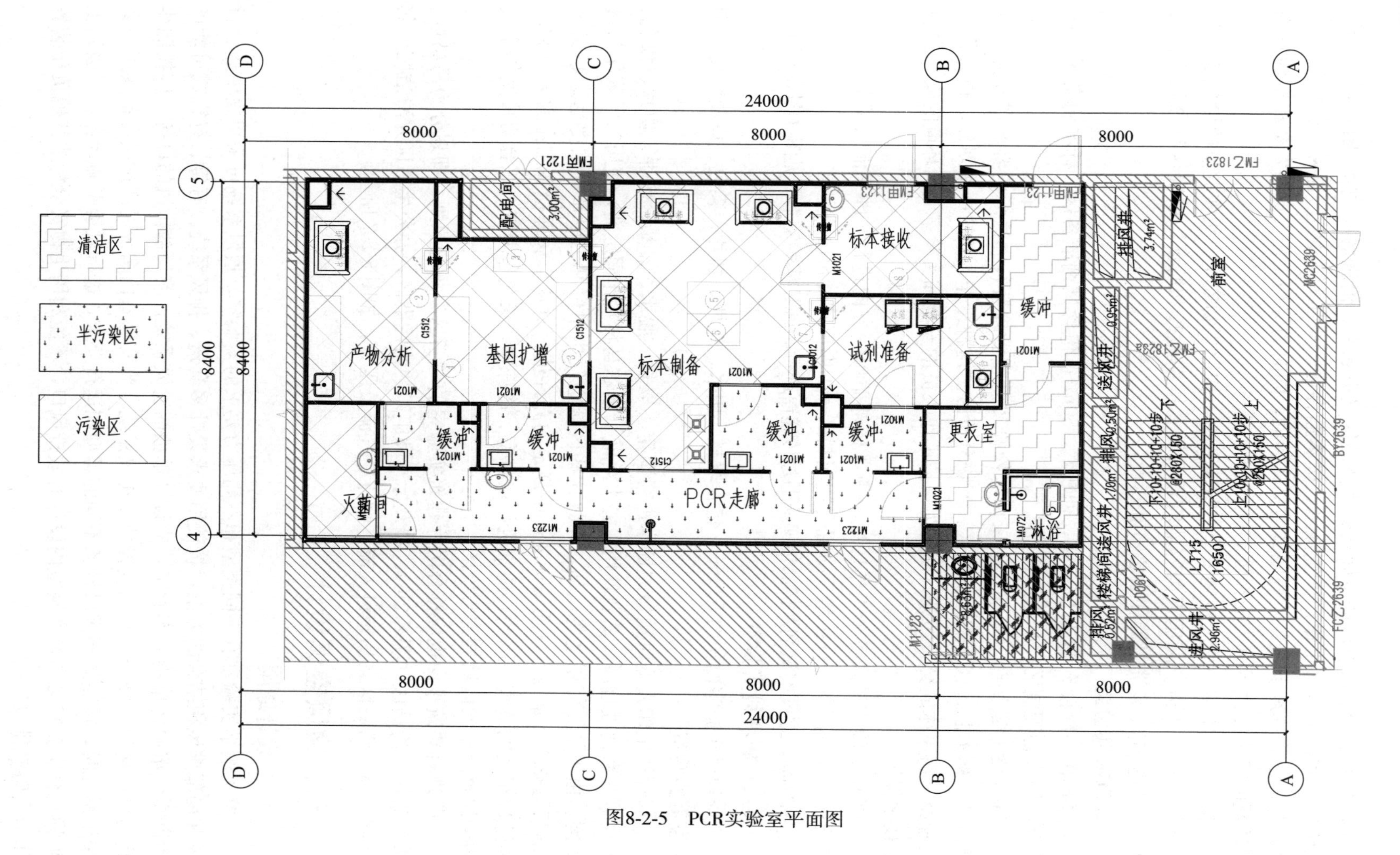

图8-2-5 PCR实验室平面图

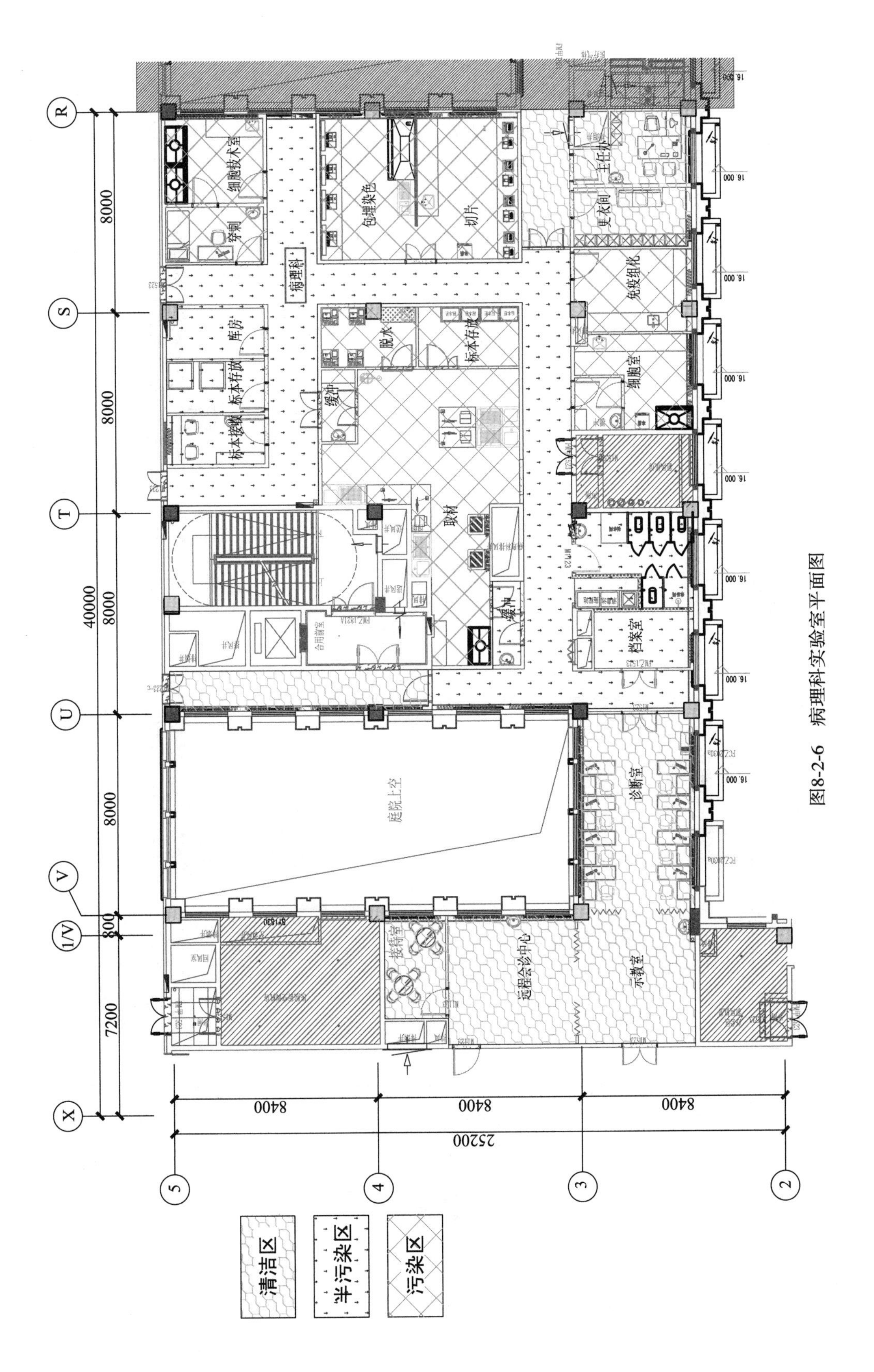

图8-2-6 病理科实验室平面图

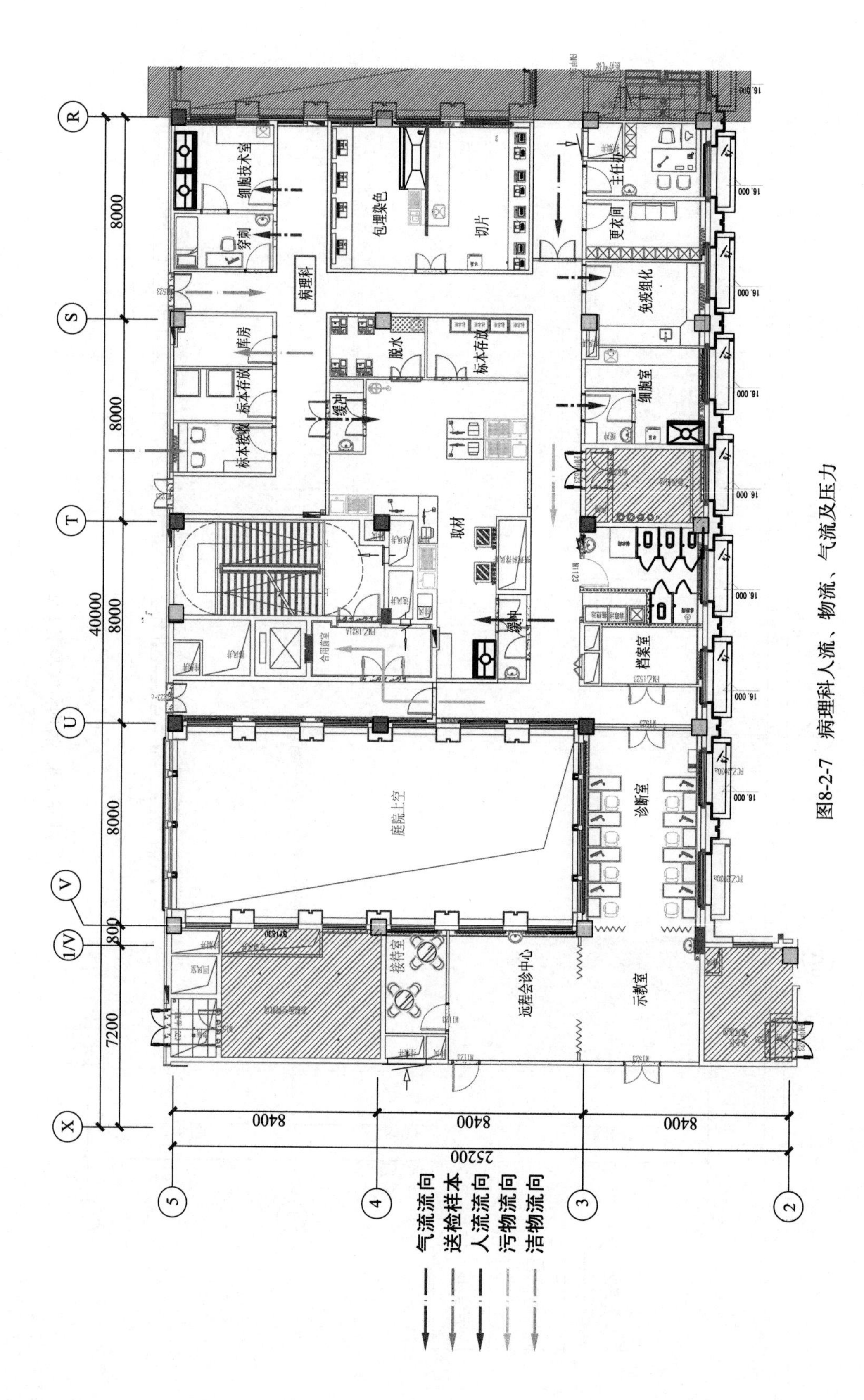

图8-2-7　病理科人流、物流、气流及压力

（二）冷热源方案

医学实验室通风空调使用具有特殊性和连续性，实验室需要24h连续使用，采用单独风冷热泵机组作为医学实验室的冷热源（或采用热泵型直接蒸发空调机组作为冷热源）。设备发热量大的区域需提供全年的冷源。

（三）通风空调方案

实验室通风系统压力控制具有复杂性和特殊性，各区域压力梯度为清洁区（+5Pa）—半污染区（−5Pa）—污染区（−10Pa），通风空调系统应实现的气流流向为：从清洁区向半污染区流动，半污染区向污染区流动。

1. 清洁区

办公室、会议室设置在清洁区内，通风系统无特殊要求，新风量可按照人员数量及每人30～50m^3/h计算，当清洁区人数不能确定时，可按照1～2次/h换气次数计算新风量，保持清洁区正压。

2. 半污染区

半污染区主要为走廊或库房等实验室辅助用房。通风换气次数宜按4～6次/h计算，需要注意的是该区域应对清洁区保持负压，对污染区保持正压（相对）。

3. 污染区实验室

对于临检、生化、免疫等开放实验室，由于实验室内挥发性气体多，产生的异味大，且中心实验室设备较多、设备发热量较大，对于设置在建筑内区的中心实验室全年需要制冷，因此空调系统建议设置四管制空调水系统或采用VRV独立空调系统。

污染区实验室除了设置必要的通风柜或生物安全柜等局部排风设备外，污染区实验室换气次数宜按6～12次/h计算。该大空间区域门、洞口多，渗透风量较多应进行风量平衡计算，合理确定新风量，维持该区域最大的负压值。

微生物实验室、真菌实验室、细菌实验室、HIV实验室为防止交叉污染，须设置独立的实验室通风系统。

4. 有局部排风设备的实验室

医学实验室（包含检验科实验室、病理科实验室等）通风空调系统（包括新风系统、排风系统和局部排风系统）均应独立自成系统。尤其对于有通风柜、标本柜等局部排风设备的实验室需要考虑实验室全面通风方案，考虑局部排风设备的风量，房间的换气次数通常都应大于或等于12次/h。

新风送风管上安装变风量阀（VAV）、全面排风管设置变风量阀（VAV）、通风柜排风安装变风量阀（VAV），组合成一套有局部排风设备的实验室通风系统（图8-2-8）。变风量风阀自带控制器，采用通信传递风量信号，RD控制器实时计算分析房间内所有变风量排风柜及抽气罩等定排风设施的排风量总和，调节房间补入新风量和通风柜内补风量，通风柜的内补风量为通风柜排风量的70%，使排风量与补入新风量（空调新风量和通风柜内补风量）的差值恒定（保持从房间外渗入房间内的风量恒定），使房间保持为负压状态，并维持房间的换气次数。

5. 污染区洁净实验室

有洁净度要求的医学实验室，洁净度要求不宜太高，一般设计为8级或7级；相对

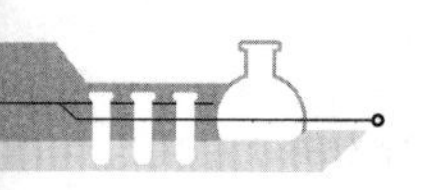

湿度控制在70%以下，有利于消除静电，防止实验室受潮，控制细菌繁殖速度。设有局部排风的正压8级实验室换气次数宜为10～15次/h；并应根据局部排风量进行风量平衡计算。正压洁净室对外的静压差值应大于或等于10Pa，不同级别之间的相邻相通房间之间静压差值应大于或等于5Pa，负压洁净室不同级别之间的相邻相通房间之间静压差值应大于或等于−10Pa。

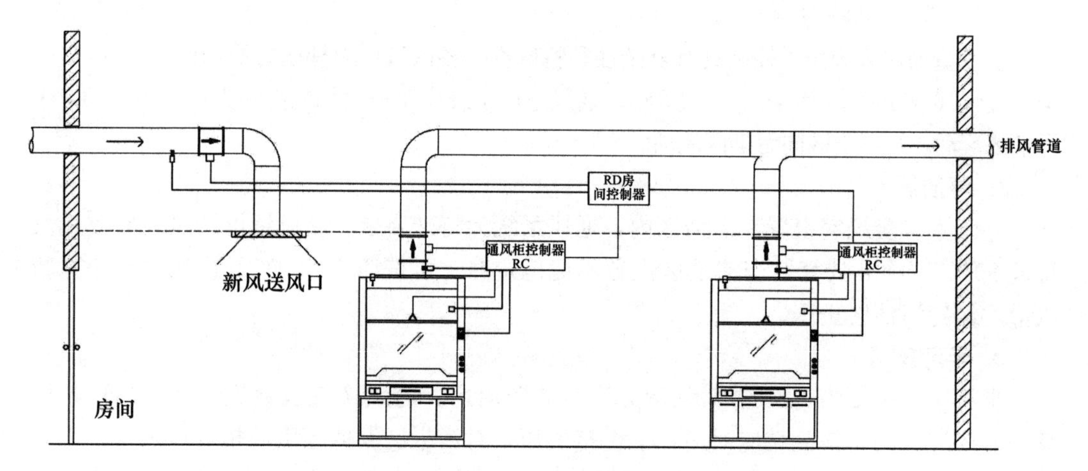

图 8-2-8　有局部排风设备的实验室通风控制原理图

6. PCR 实验室

PCR实验室主要检测非接触感染的高致病微生物，通风系统为负压全新风系统，由于PCR各实验房间功能要求不一致，各房间正压或负压也不一致，平面布局应进行合理分区，各实验室压力梯度应合理，严格控制各实验室房间的压力梯度，防止样本污染和人员感染。医技楼PCR实验室设1台洁净空气处理机组，洁净空气处理机组放在机房内，内设G4＋F8过滤器，以维持室内洁净度。

（四）压力控制方案示例

1. PCR 实验室

为避免各个实验区域间交叉污染，PCR实验室宜采用全送全排的气流组织形式。同时，要严格控制送、排风的比例，以保证各实验区的压力要求。

（1）PCR试剂贮存和准备区

该实验区主要进行的操作为贮存试剂的制备、试剂的分装和主反应混合液的制备。试剂和用于样品制作的材料应直接运送至该区，不得经过其他区域。试剂原材料必须贮存在本区内，并在本区内制备成所需的贮存试剂。对于气流压力的控制，本区并没有严格的要求。

（2）PCR标本制备区

该区域主要进行的操作为样本的保存、核酸（RNA、DNA）提取、贮存及其加入至扩增反应管和测定DNA的合成。本区的压力梯度要求为：相对于邻近区域为正压，以避免从邻近区进入本区的气溶胶污染。另外，由于在加样操作中可能会发生气溶胶所致的污染，所以应避免在本区内不必要的走动。

涉及生物安全的病原微生物样本制备区（如新冠PCR），按照强制性卫生行业标准

《病原微生物核酸扩增实验室通用要求》（征求意见稿）的要求应为负压，负压值应与核酸扩增区持平。目前行业标准《病原微生物核酸扩增实验室通用要求》尚未正式发布实施，建议工程技术人员在后续项目实施过程中密切关注其进展，以更好地开展 PCR 实验室的设计与建设。

（3）扩增区

该区域主要进行的操作为 DNA 扩增。此外，已制备的 DNA 模板（来自样本制备区）的加入和主反应混合液（来自试剂贮存和制备区）制备成反应混合液等也可在本区内进行。本区的压力梯度要求为：相对于邻近区域为负压，以避免气溶胶从本区漏出。为避免气溶胶所致的污染，应尽量减少在本区内不必要的走动。个别操作如加样等应在超净台或生物安全柜内进行。

（4）扩增产物分析区

该区域主要进行的操作为扩增片段的测定，是最主要的扩增产物污染来源，因此对本区的压力梯度的要求为：相对于邻近区域为负压，以避免扩增产物从本区扩散至其他区域。

每个区域设置独立的排风系统，生物安全柜、通风柜等设置独立的排风系统。

2. 通风柜面风速控制系统工作原理

（1）面风速控制系统持续监测通风柜实际排风量，根据视窗高度计算出视窗开口面积的平均面风速，当排风管道压力变化或视窗高度发生变化时，系统在小于或等于 1S 的时间内做出反应，及时调整风阀开度保持视窗开口面积的平均面风速稳定（符合并优于国家标准 JG/T 222—2007）。

（2）不同实验状况时，可在面板上设置不同的参数。

（3）系统装有人体感应器，当通风柜前有操作人员工作时面风速控制在某一设定值（如 0.5m/s），当通风柜前无人操作时，系统自动转换到另一设定值（如 0.3m/s），延时后自动将视窗下降到最低位置，最大限度地节省运行费用（自适应控制）。

（4）当通风柜门关闭后，风量阀要维持通风柜的最小排风量，1500mm 通风柜为 $300m^3/h$。

（5）通风柜门位过高时声光报警。

（6）通风柜内温度超过设定值时声光报警。

（7）由于故障使面风速过高或过低时声光报警。

（8）当出现异常情况时，开启紧急排放模式控制，系统将排风阀开到最大，以最大风量排风，不受面风速值的控制。

（9）通风柜配有视窗自动升降功能。当通风柜前有人时，视窗自动升到设定的安全高度，可设定安全高度锁定功能，此功能生效时，当视窗被人为升高超过安全高度时，自动将视窗高度降到安全高度；当通风柜前无人时，视窗自动下降到最低位置，使能耗最低，并降低噪声。视窗自动下降时，如遇到阻碍，会自动停止，防止夹伤。视窗控制为自动时，视窗升降可设为随动状态。装卸大型设备需将视窗升至最上方时，应解除锁定方可执行。

四、案例分析

本工程医学实验室建筑平面分区（清洁区、半污染区、污染区）基本合理，基本符合 T/CAME 15—2020《医学实验室建筑技术规范》的要求。该工程案例有以下几个特点。

（1）普通实验室：通风空调风系统采用集中送、排风和局部排风相结合的方案。清洁区、半污染区、污染区均设置独立的送风（新风）、排风系统。

（2）医学实验室通风空调采用变风量通风系统方案，该方案控制精度高、效果好，系统运行节能，实验室工作效率提高，利于实现节能减排的目标。

（3）采用单独风冷热泵机组作为医学实验室的冷热源，设备发热量大的区域提供了全年的冷源。

（4）设计案例基本合规、合理，兼有前瞻性和创新性。

五、总结

医学实验室建设的核心问题是如何避免污染。在实际工作中，常见的污染类型有以下几种：扩增产物的污染、天然基因组 DNA 的污染、试剂的污染以及标本间的污染。一旦发生污染，实验就必须停止，直到找到污染源，而且实验结果必须作废，需重新进行实验。发生污染后再围绕实验室来寻找污染源不但耗时而且烦琐，浪费人力和物力。因此要避免污染，应在医学实验室全过程建设中考虑避免交叉污染，这就要求在建筑平面布局、通风空调系统划分、气流流向、压力梯度、自控系统等方面进行详细的设计。

（本案例由郑州瑞孚净化科技有限公司提供）

第三节 同济大学某附属医院病理科项目

一、项目概况

该医院是一所集预防、保健、医疗、急救、科研、教学、康复于一体的三级甲等综合性医院，占地面积 66100m²，总建筑面积达 169000m²，规划床位 1000 张。主要设有门诊部、急诊部、医技楼、住院部、保障系统楼、行政办公楼等。医疗综合楼共有 10 层，另设有半地下一层，建筑高度约 60m。

病理科位于综合楼三层，建筑面积 638m²，建筑层高 4.5m，设常规病理区、PCR 实验区及免疫组化实验区与办公区等。

二、建筑平面设计

该医院病理科项目设置常规病理区、分子病理区、办公区及辅助用房。其中，常规病理区设置标本接收及报告发放室、标本储存室、取材脱水区、包埋室、切片室、染色室、免疫组化实验室及辅房等区域；分子病理区设置 PCR 实验室、细胞实验室、FISH 实验室及辅房等区域；办公区设置诊断室、会议室、办公室、更衣室、卫浴间等空间。

平面布局按三区三通道设计：三区为清洁区、半污染区、污染区，各区分区明确；三通道为人员通道、标本通道和污物通道，做到人员流线和标本流线分开，尤其是人员入口和标本入口及污物出口分开设置，做到人患分明、洁污分离。

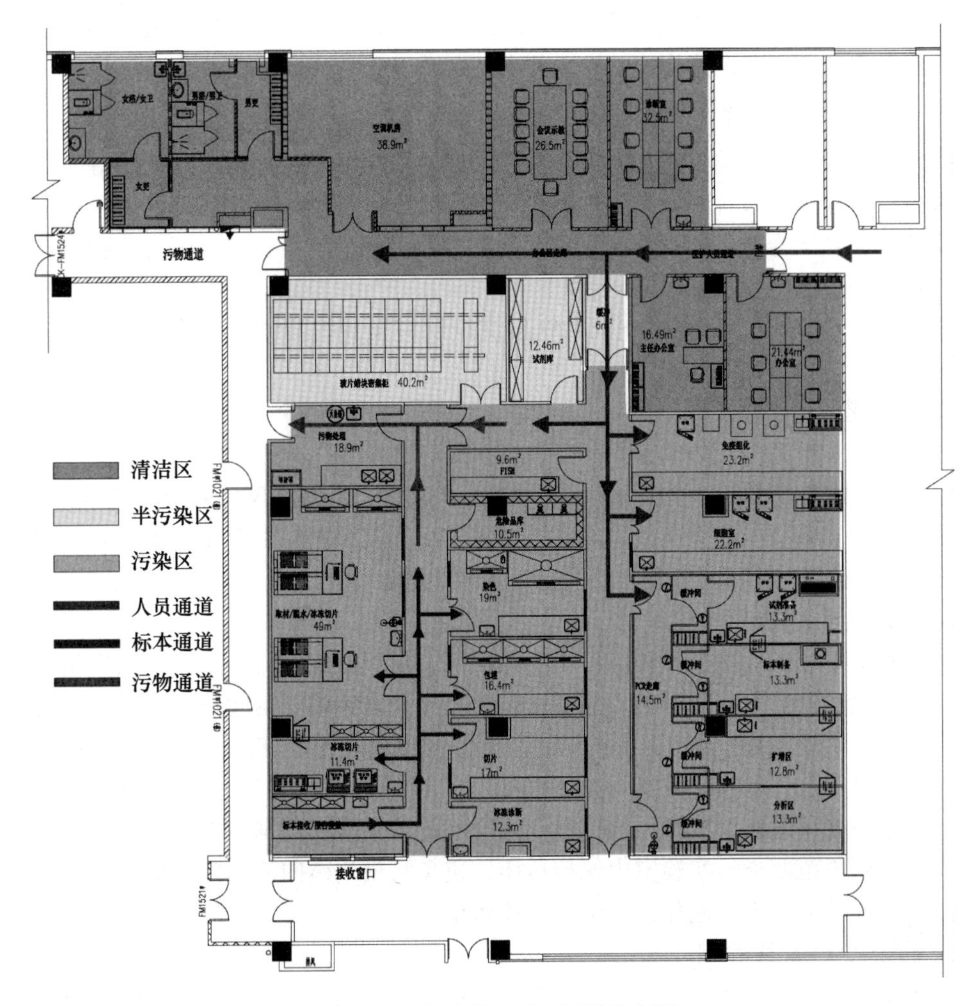

图 8-3-1　病理科三区三通道分布图

三、通风空调设计

（一）设计原则

病理科是一个专业性强、技术含量和业务水平要求极高的科室，为保证医院的整体医疗水平和质量，首先须集中设置，统一管理，并应在人员、房屋和设施诸方面全面考虑。特别要布局合理、分区（清洁区、半污染区、污染区）清晰，排风、排水、排污和消毒符合生物安全和防止院内感染的要求。

因此在设计中应重点考虑室内空气净化系统和外排风空气处理系统：室内空气净化系统能有效分解室内有机物、除味、杀灭有害生物因子；外排风空气处理系统可以将有效收集的室内污染空气进行无害化处理，以保证室内空气品质和排放安全，既要保障室内工作人员的安全健康，也要保护周边环境不被污染。

（二）冷热源方案

病理科对冷热源方案要求不高，如有条件可单独设置冷热源，也可采用大楼整体冷热源方案，保证室内工作温度即可，在病理科 PCR 实验室，因产生热量较多，宜单独设置冷热源或采用四管制集中冷热源，避免过渡季节影响工作人员工作。

（三）空调通风方案

病理科实验室在实验过程中易产生大量挥发性有机污染物，对工作人员健康产生较大危害，在设计通风系统时，首先应避免“重污染”的扩散，常规病理区域应独立，压力设置最低。其次为分子病理实验室负压控制，最后是生活区、办公区常压控制。各区域压力梯度为清洁区（5Pa）—半污染区（－5Pa）—分子病理污染区（－10Pa）—常规病理污染区（－20Pa），通风空调系统气流组织应实现气流流向从清洁区向半污染区流动，半污染区向污染区流动。

1. 清洁区

办公室、诊断室、会议示教室设于清洁区，新风机组采用舒适性送风机组，机组设置初、中效过滤器，有效阻挡空气中大颗粒物质进入室内，房间送风口采用散流器，新风次数按 6 次/h 计算，排风设铝合金单层百叶排风口，排风次数按 4 次/h 计算，送风量大于排风量，保持该区域正压，保证办公区空气质量，避免实验室内污染空气倒流造成污染。

2. 半污染区

病理档案室、试剂库、缓冲间设于半污染区，新风机组采用舒适性送风机组，机组设置初、中效过滤器，有效阻挡空气中大颗粒物质进入室内，房间送风口采用层流布气装置，新风布气过滤装置将新风持续以 0.1m/s 的速度送至工作人员的呼吸区域，保证工作人员呼吸安全。新风次数按 8～12 次/h 计算。排风次数按 12～15 次/h 计算，实验室换气次数根据病理科有机污染物扩散及浓度实验检测得出数据，在此换气次数时室内空气质量达到规范要求。实验室内保持负压，避免污染气体向清洁区扩散；相对于污染区，保持该区域为正压，避免被污染区气体污染。

3. 污染区 PCR 实验室

采用上送下排气流组织形式，PCR 实验室分为试剂准备区、标本制备区、扩增区、产物分析区四区设置，根据 T/CECS 662—2020《医学生物安全二级实验室建筑技术标准》要求，PCR 实验室设置独立的通风系统，新风机组采用全新风机组，新风段设置了初效过滤器，新风段后面增设了均流段，保证了新风通过过滤器的迎面风速均匀稳定，从而达到最优的过滤效果，均流段后面设置中效过滤器，确保中效过滤器处在空调箱的正压段，在 PCR 实验室出风口设置高效过滤器，保证实验室内部空气洁净度。气流设置为单向气流组织形式，PCR 实验室内各区之间设置不同压力梯度，保证气流由试剂准备区流向产物分析区。

4. 污染区病理技术室

收发室、标本储存室、取材/脱水/冰冻切片室、冰冻诊断室、切片室、包埋室、染色室、危险品库、污物处理间、FISH 实验室、免疫组化、细胞室设于污染区。新风机组采用舒适性送风机组，机组设置初、中效过滤器，有效阻挡空气中大颗粒物质进入室内，房间内风口采用层流布气装置，新风布气过滤装置将新风持续以 0.1m/s 的速度缓缓送至工作人员的呼吸区域，保证工作人员呼吸安全，新风次数按 10～20 次/h 计算。排风采用设备排风与房间排风相结合，定点排风与整体排风相结合，局部采用桌面导流和立式导流，定点捕捉污染源，及时把污染空气排出室内，整体排风次数按 20～30 次/h 计算，保持该区域为负压，避免污染气体扩散。层流布气装置与常规散流器气流组织对比分析如图 8-3-3 所示。

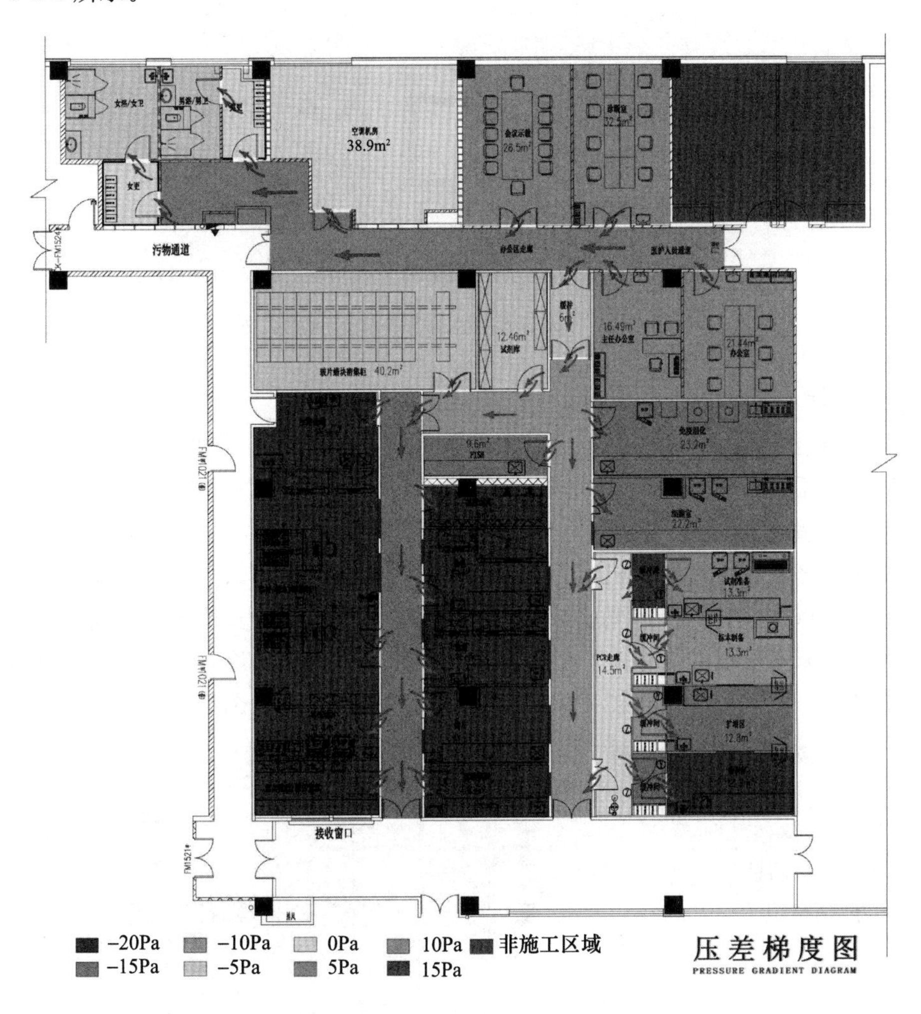

图 8-3-2 病理科压差梯度图

层流新风布气装置的气流形式

常规散流器的气流形式

图 8-3-3 层流布气装置与常规散流器气流组织对比

导流装置定点捕捉污染源应用实例如图 8-3-4 所示。

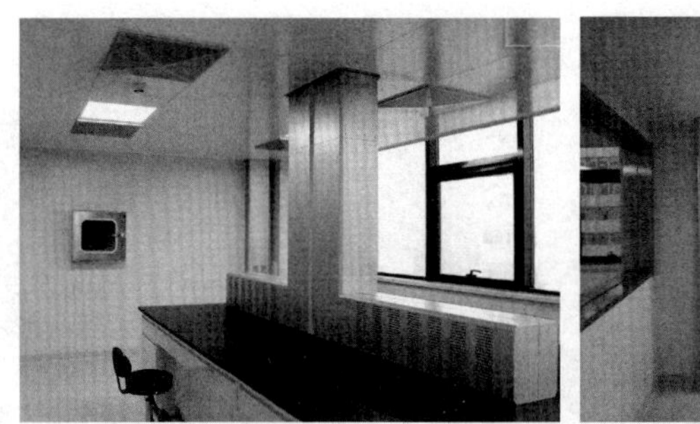
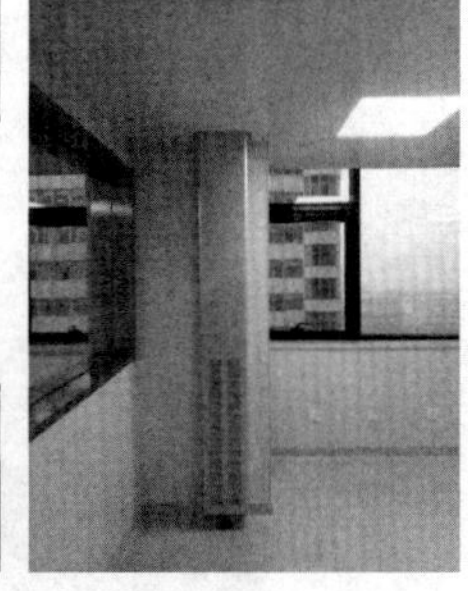

图 8-3-4　导流装置定点捕捉污染源应用实例

（四）系统设计简介

该病理科清洁区采用 1 套新风系统和 1 套独立排风系统，空调方案采用风机盘管；半污染区新风系统与污染区共用 1 套独立排风系统，空调方案采用风机盘管；污染区 PCR 实验室设置独立的通风系统，新风机组采用全新风机组，设置独立排风系统；污染区与半污染区共用 1 台新风机组，设置独立的排风机组，排风采用设备排风与房间排风相结合，定点排风与整体排风相结合，局部采用桌面导流和立式导流，定点捕捉污染源，通风控制采用智能控制系统，可实时监测实验室污染物浓度，根据室内空气质量自动调节排风量，及时把污染气体排出室内。该病理科通风平面图如图 8-3-5 所示。

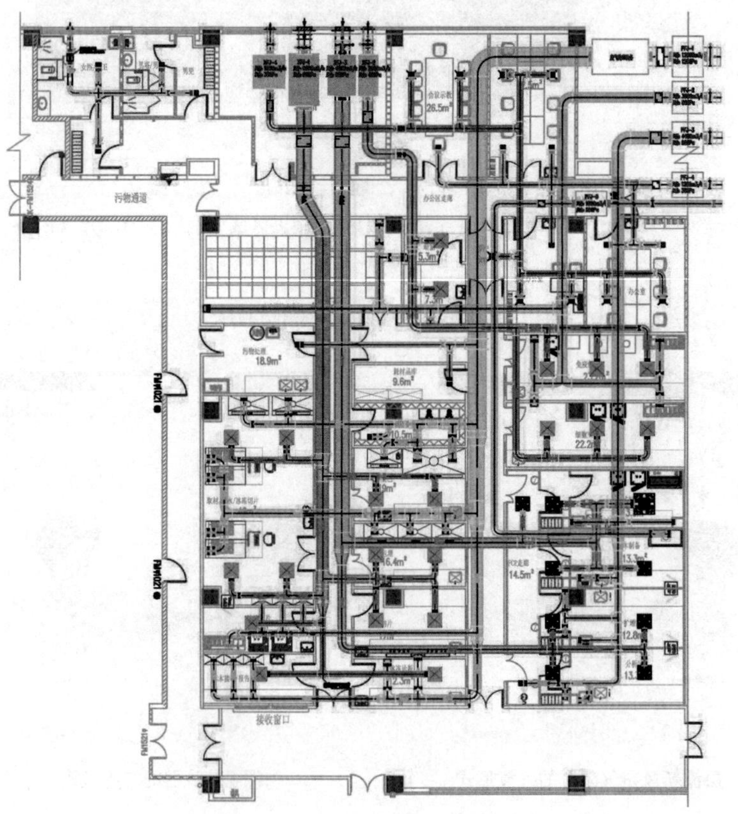

图 8-3-5　病理科通风平面图

（五）排风净化处理方案

由于病理实验室空气中含甲醛、二甲苯等有害气体，故在半污染区与污染区排风机组末端设置 1 台废气处理设备，确保向外的排风满足 DB31/933—2015《大气污染物综合排放标准》要求，避免污染外界环境。图 8-3-6 给出了 UV 催化废气除臭设备技术原理及应用实例，供参考。

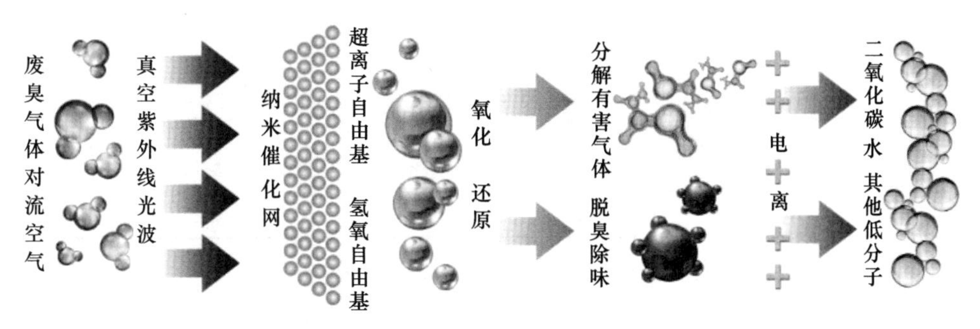

UV催化废气除臭设备技术原理图

图 8-3-6　UV 催化废气除臭设备技术原理及应用实例

四、给水排水设计

病理科实验室给水设计按照 GB 51039—2014《综合医院建筑设计规范》、GB 55020—2021《建筑给水排水与节水通用规范》、T/CAME 15—2020《医学实验室建筑技术规范》等标准规范执行，没有需要特别予以说明之处，这里不再赘述。

病理科实验室产生的废水应集中收集，采用专业设备对废水进行处理，达到国家标准后进行外排。病理科实验废水是高浓度有机废水［病理科产生的高浓度甲醛（福尔马林溶液）、硝酸、硫酸、染色剂等难处理的废液］，一般高浓度废水的 COD 都会大于 5000mg/L，一般生化处理和物化处理在高浓度有机废水前根本没有处理效果，必须改变其分子结构才能进一步做处理。通过特殊处理工艺打断废水分子链的结构后再进行氧化催化，使废水的理化指标达到排放标准。GB 18466—2005《医疗机构水污染物排放标准》预处理标准如表 8-3-1 所示。

表 8-3-1 GB 18466—2005《医疗机构水污染物排放标准》预处理标准

序号	项目	预处理标准
1	COD_{Cr}	250mg/L
2	甲醛	5mg/L
3	SS	60 mg/L
4	氨氮	—
5	粪大肠杆菌	5000MPN/L
6	pH	6～9
7	臭氧消毒	≥30min

五、案例分析

该病理科建筑平面设计合理，充分结合病理科产生污染的实际情况，把病理科产生甲醛、二甲苯等有机物污染较大的区域划分到污染区，独立设置封闭区域，避免了污染的扩散。把分子病理部分污染较轻的实验室划分至污染区独立区域，病理档案室、试剂库、缓冲间设于半污染区，与实验区相对正压，使整个病理科污染浓度有了明确界分。办公区域为清洁区，保证了医务人员的安全。符合 T/CAME 15—2020《医学实验室建筑技术规范》的要求。案例建设完成后的室内照片如图 8-3-7 所示，该项目归纳总结分析如下：

(1) 病理科三区划分充分结合了病理科实验室实际产生的污染情况，根据污染产生的浓度划分了各个区域，避免了实验室污染的扩散，对病理科实验室设计与发展提供了新思路；

(2) 病理科各区域独立设置通风系统，实验室设备排风与房间排风相结合，通过智能控制系统，各区域根据实验室产生的污染浓度，自行调节风量大小，使整个系统更加灵活，保证了室内空气品质和排放安全，既保障室内工作人员的安全健康，也要保护周边环境不被污染；

(3) 病理科实验室采用了“层流布气装置”，充分结合流体力学原理，把清洁空气直接送到工作人员呼吸区域，避免了因空气乱流造成的室内污染扩散；

(4) 设计方案思路清晰，充分与实验室实际情况相结合，真正做到了通盘考虑而又不失细节，对病理科室设计提出了更先进的思路。

六、总结

在病理科设计中，实验室产生的甲醛、二甲苯等污染物一直是污染的重中之重，污染超标对实验室人员产生了极大的危害。

在本方案中，对污染区域划分、通风机组设置、实验室气流组织等方面进行了深度考虑，充分结合病理科实际工作需求，有效避免了污染的扩散，保证了工作人员的健康。本方案打破了以往对病理科通风设计的僵化思路，为病理科通风设计提出了更先进、更合理、更切合实际的设计思路，建议在医疗病理实验室建设中推广使用。

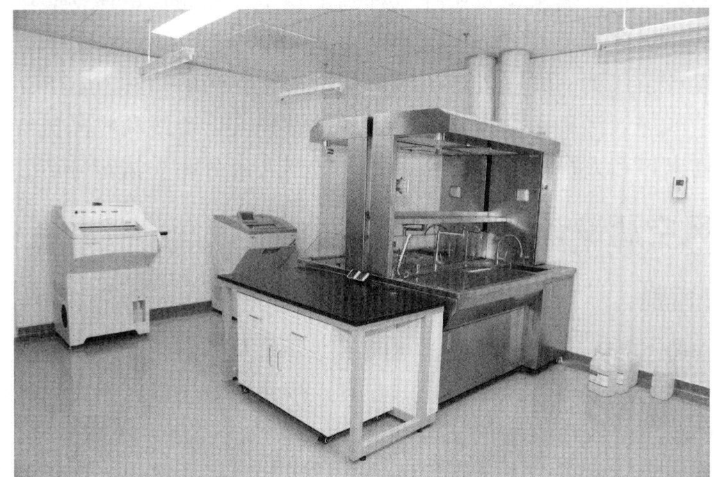

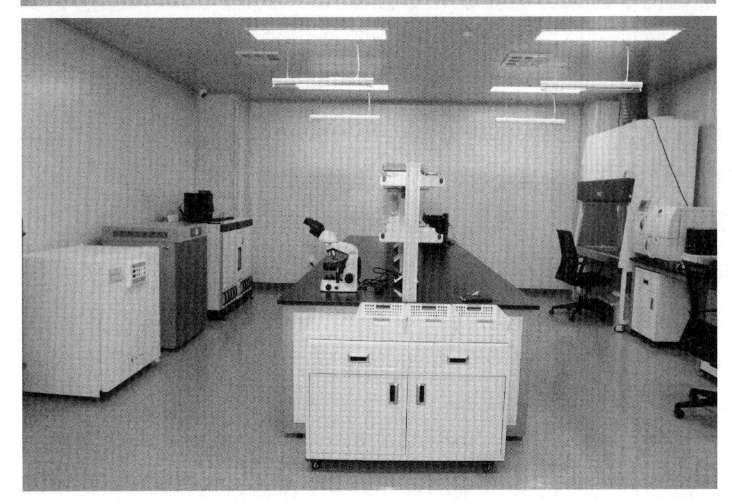

图 8-3-7　同济大学某附属医院病理科实验室

（本案例山东耘威医疗环境科技有限公司提供）

第四节 江苏省某市人民医院检验科新建工程

一、项目概况

江苏省某市人民医院为三级综合性医院，床位数1000张，气象条件为夏热冬冷。检验科新建工程位于医院门诊医技楼二层，建筑面积约1510m^2，建筑层高4.5m。建有临检、生化、免疫实验室，以及PCR实验室、微生物实验室、HIV等专用实验室。

二、建筑平面设计

根据检验中心（科）需求量及医疗流程确定建筑平面布局，该检验中心（科）平面医疗流程布置按四区多通道设计（图8-4-1），办公区进入其他区域之间均设置了缓冲间。平面布局设计了三类流线：人员流线、洁物流线、污物流线（图8-4-2）。本项目受条件限制，清洁区进入污染区合用缓冲间，尽量做到人员流线和物品流线分开，尤其是洁物入口、污物出口和人员进出口分开设置，做到人患分明、洁污分离。

三、通风空调设计

（一）设计原则

鉴于检验中心（科）有不同类型、不同压力要求及不同功能的实验室，通风系统采用集中送排风和生物安全柜排风相结合的方案，按使用要求设计送排风系统。有毒、有害或可能产生严重气溶胶污染物的实验室，设计单独的通风系统。有局部通风的设备，应按照生物污染或化学污染分类分别设置独立排风系统。二级以上生物安全实验室必须在实验室内设计有效排风口，不能利用生物安全柜或其他负压装置作为实验室排风口。

（二）冷热源方案

检验中心通风空调使用具有特殊性和连续性，部分实验室需要24h连续使用，净化机组接管采用四管制形式。本项目全年冷热源按过渡季节和冬夏季分开设计，冬夏季与大楼空调共用冷热源，过渡季节冷热源由单独的风冷热泵提供，冬季加湿采用蒸汽加湿。

（三）通风空调方案

根据实验种类不同，实验室房间气压也不相同，根据污染严重程度，设计相应排风，保证房间的压差。临检、生化、免疫实验室大空间开放式实验室次负压，其次是PCR实验室等小空间实验室负压，最后是生活区、办公区常压控制。各区域压力梯度为清洁区（5Pa）—半污染区（−5Pa）—污染区（−10Pa），通风空调系统气流组织应实现气流流向从清洁区向半污染区流动，半污染区向污染区流动。

清洁区、半污染区、污染区各区域设置新风排风系统，受建筑通风（新风）机房面积条件的限制，污染区中的各洁净区合用一套洁净空调（全新风形式）系统，其他区域新风合用一台新风机组，排风系统根据区域相对独立设计。

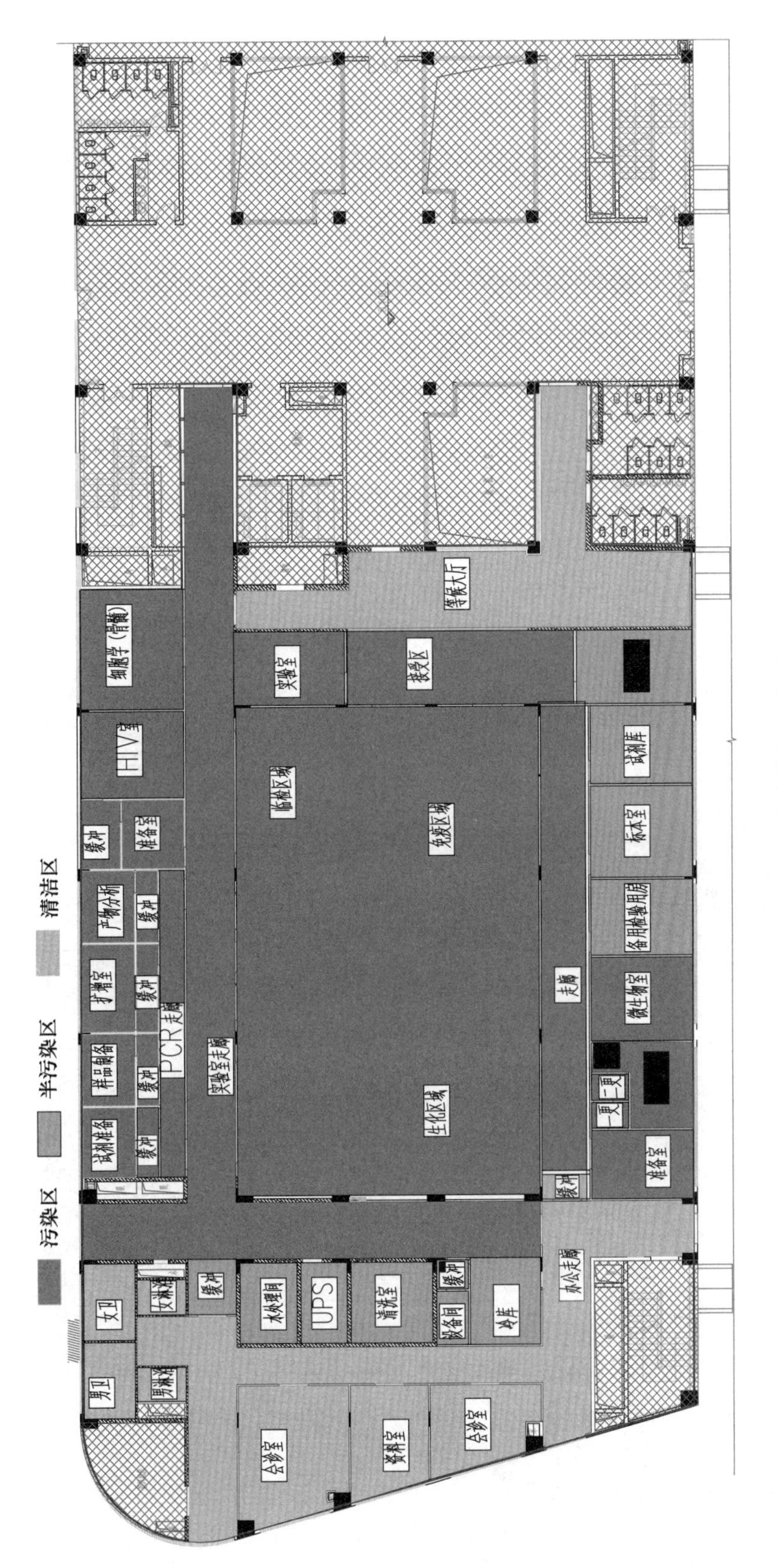

图8-4-1　检验科分区平面图

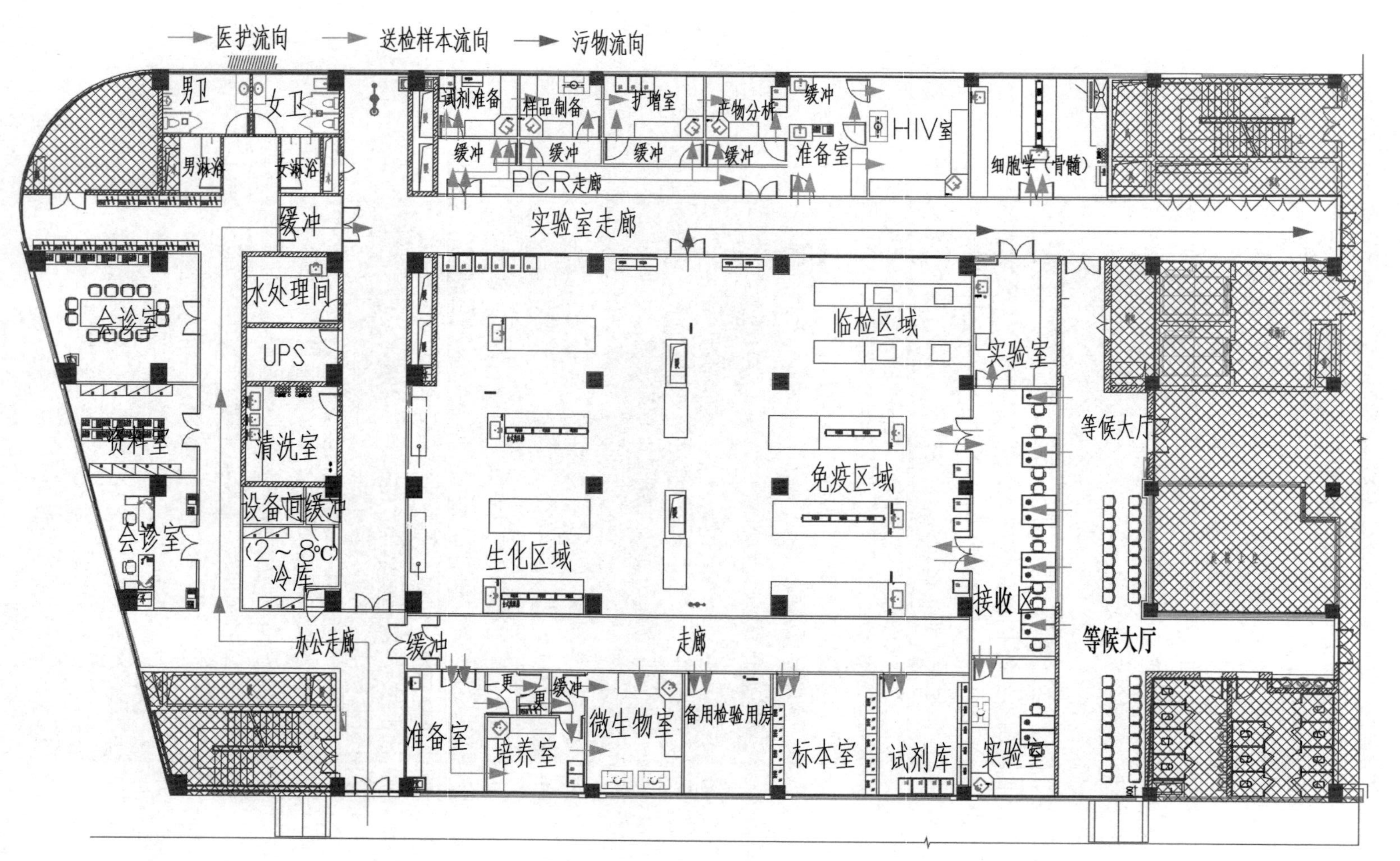

图8-4-2 检验科人流、物流、气流图

1. 办公清洁区

办公室、会议室设置在清洁区内，通风系统无特殊要求，根据 GB 51039—2014《综合医院建筑设计规范》第 7.1.14 条的要求，新风换气次数按 3 次/h 计算，保持该区域正压。

2. 半污染区（有关半污染区的区域划分有误，图 8-4-1 需要同步修改）

对于临检、生化、免疫等开放实验室，采用新风＋风机盘管空气系统，排风量大于新风量减渗透风量之和，排风系统独立设置。该大空间区域门、洞口多，渗透风量较多，排风设备多，合理确定新风量，维持该区域最大的负压值，防止污染周边环境。

3. 污染区封闭实验室

HIV 实验室通风空调系统包括新风系统、排风系统和局部排风系统，其排风系统受现场条件限制，与其他净化区实验室共用 1 套，采用直流式送排风系统。根据 GB 50346—2011《生物安全实验室建筑技术规范》第 3.3.5 条的要求，按新风换气次数大于或等于 12 次/h，排风换气次数大于或等于 13 次/h 设计，HIV 实验室设计 1 台 A2 自循环型生物安全柜，房间设排风系统，采用全新风和排风通风形式。

4. 污染区微生物洁净实验室

净化实验室（微生物、培养室）洁净等级设定在 7 级，相对湿度控制在 70%以下。该区域采用洁净新风的全空气送风系统，根据 GB 50346—2011《生物安全实验室建筑技术规范》第 3.3.5 条的要求，新风送风换气次数大于或等于 12 次/h，排风换气次数大于或等于 13 次/h 设计，微生物实验室设计 2 台 A2 自循环型生物安全柜，房间设全排风系统，采用全新风和全排风通风形式。

5. 污染区 PCR 实验室

PCR 实验室主要检测非接触感染的高致病微生物，洁净通风系统为全新风系统，由于 PCR 各实验房间功能要求不一致，各房间正压或负压也不一致，平面布局进行合理分区，各实验室压力梯度图（图 8-4-3）应合适，严格控制各实验室房间的压力梯度，防止样本污染和人员感染。

试剂准备室（＋10Pa）	样品制备室（－15Pa）	扩增室（－20Pa）	产物分析室（－20Pa）
缓冲室（＋5Pa）	缓冲室（－5Pa）	缓冲室（－5Pa）	缓冲室（－5Pa）
PCR 走廊（0Pa）			

图 8-4-3　PCR 实验室压力梯度

（四）系统设计简介

该检验中心（科）清洁区通风空调采用合用新风＋风机盘管＋独立排风系统；因半污染区现场受诸多条件限制，半污染区与清洁区合用 1 套新风系统＋风机盘管＋独立排风系统，实验室大厅、接收标本区、清洗间合用 1 套排风系统；污染区（净化区）采用独立 1 套净化空调机组送风＋独立排风系统；污染区（非净化区）采用独立的排风系统（图 8-4-4）。

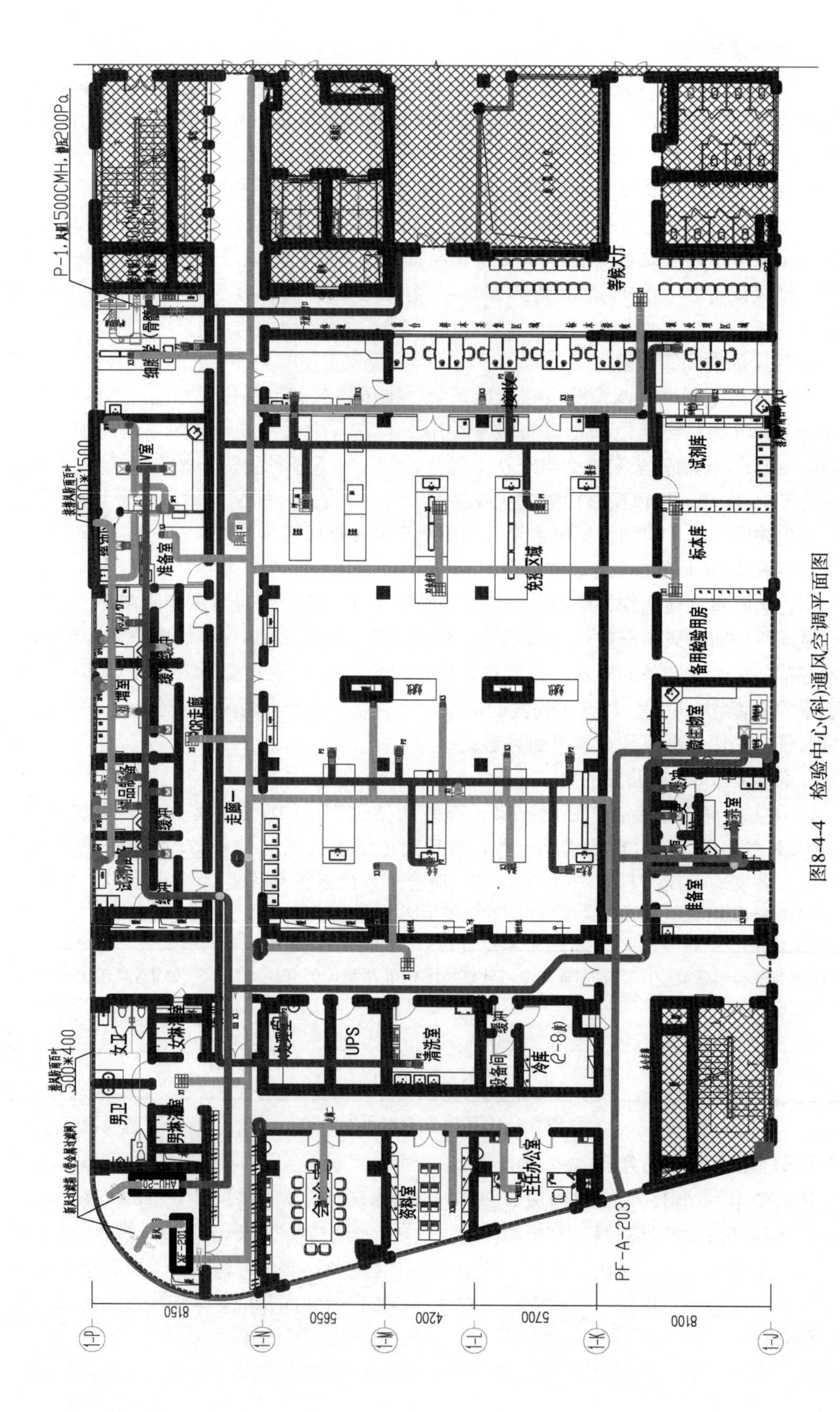

图8-4-4 检验中心(科)通风空调平面图

四、案例分析

该检验中心（科）建筑平面分区（清洁区、半污染区、污染区）基本合理，基本符合 T/CAME 15—2020《医学实验室建筑技术规范》的要求。该案例有以下几个特点。

（1）普通实验室：通风空调系统采用集中送排风的方案。清洁区、半污染区、污染区均设置送风（新风）、排风系统。

（2）设有 A2 型生物安全柜的房间无生物安全设备排风，全部采用房间夹道排风。保持排风恒定。

（3）检验中心实验室房间均设有排风口，保持房间空气舒适。

五、总结

检验中心（科）实验室由于承担全院的检测实验工作，其污染源较多，需设计大量排风，新风量也较大，整个区域能耗较高。

（本案例由上海风神环境科技有限公司提供）

第五节 苏州市某北区医院中心实验室

一、项目概况

（一）项目简介

该项目位于江苏省苏州市，气象条件为冬冷夏热。该项目属拆迁改建项目，中心实验室由原院区搬至另一院区。医院为三级甲等综合型医院，开放床位 3000 余张。

项目位于实验楼 3 楼，建筑面积约 $1000m^2$，建筑层高 3.8m。设有公共实验室、静电纺丝实验室、PCR 实验室、微生物实验室、细胞实验室、大型仪器室等专用实验室。

（二）中心实验室与检验科的区别

中心实验室与临床实验室不同，但是依然服务于临床实验室。中心实验室也做一些临床试验，相较于检验科，做得更深入。另外，中心实验室也承担着课题研究，有科研的工作任务，同时兼顾临床试验。

在中心实验室系统工程设计和施工时，要兼顾临床实验室和独立实验室的特点。

二、建筑平面设计

（一）中心实验室建筑平面布置

中心实验室设计建设是一个系统的工程，需要考虑工艺流程、人流物流污物流、强弱电、给排水、纯水、通信、通风空调、空气净化、气流组织、房间压差、安全消防、三废处理、实验室气路、UPS 电源等。需要根据实验室的需求和发展规划，结合实验室所在建筑设施特点，合理进行建筑工艺平面布置。该中心实验流程布局按三区多通道设计，清洁区、半污染区和污染区分区清晰合理（图 8-5-1）。平面布局设计了三类流

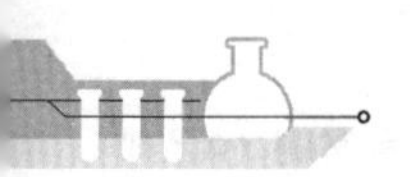

线：人员流线、标本流线、污物流线（图 8-5-2）。将洁物入口、污物出口和人员进出口进行分开设置，做到人患分明、洁污分离。

临床医疗机构的中心实验室为生物安全二级实验室，按照生物安全二级实验室的设施要求应配备经国家 FDA 批准的、符合国家标准的Ⅱ级生物安全柜和高压灭菌容器，并按期检查和验证以确保符合要求。另外，实验室应安装洗眼器。

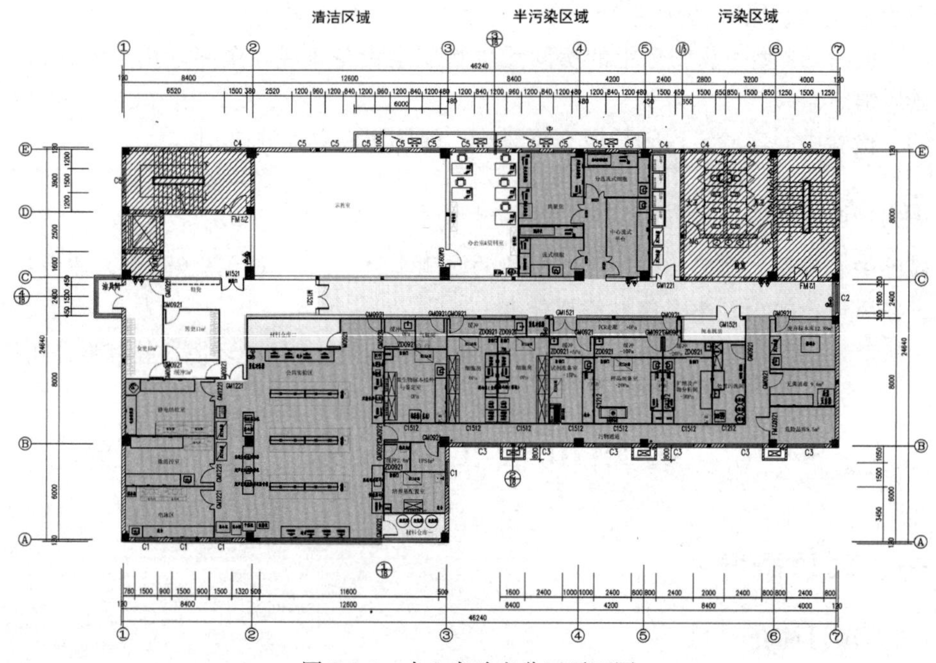

图 8-5-1　中心实验室分区平面图

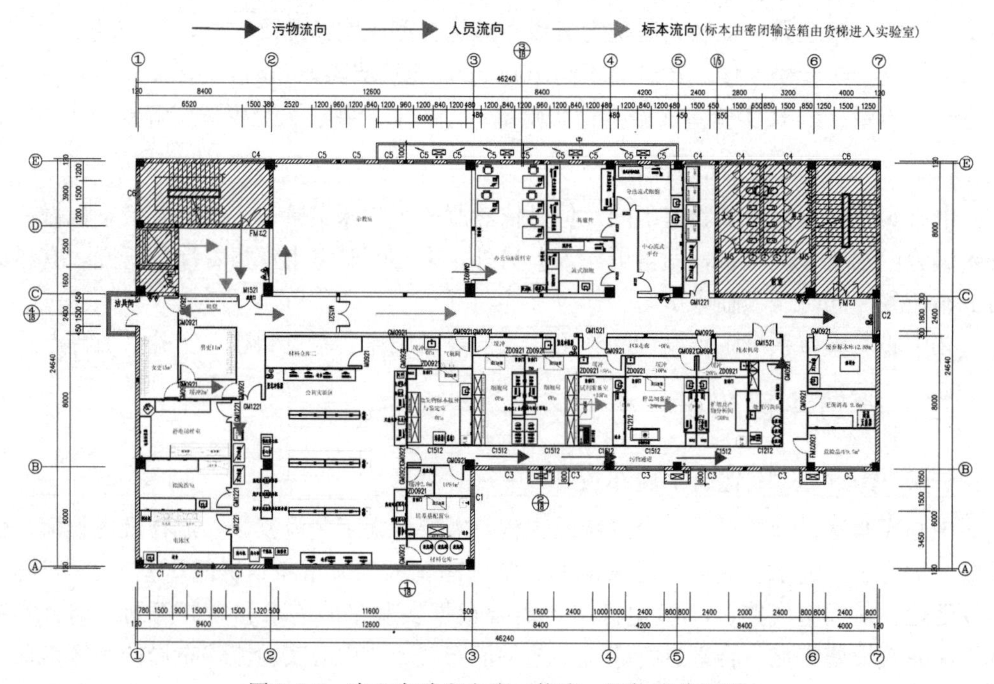

图 8-5-2　中心实验室人流、物流、污物流分区图

（二）PCR 实验室建筑平面布置

PCR 实验室面积约 70m²，按照卫生部《临床扩增检验实验室管理暂行办法》的要求划分为试剂准备室、样本制备室、扩增及产物分析间（图 8-5-3）。这种工作区域的严格划分，在很大程度上避免了病原体的交叉污染，同时为保护工作人员的安全和实验室周围环境的安全提供了有力的保证。

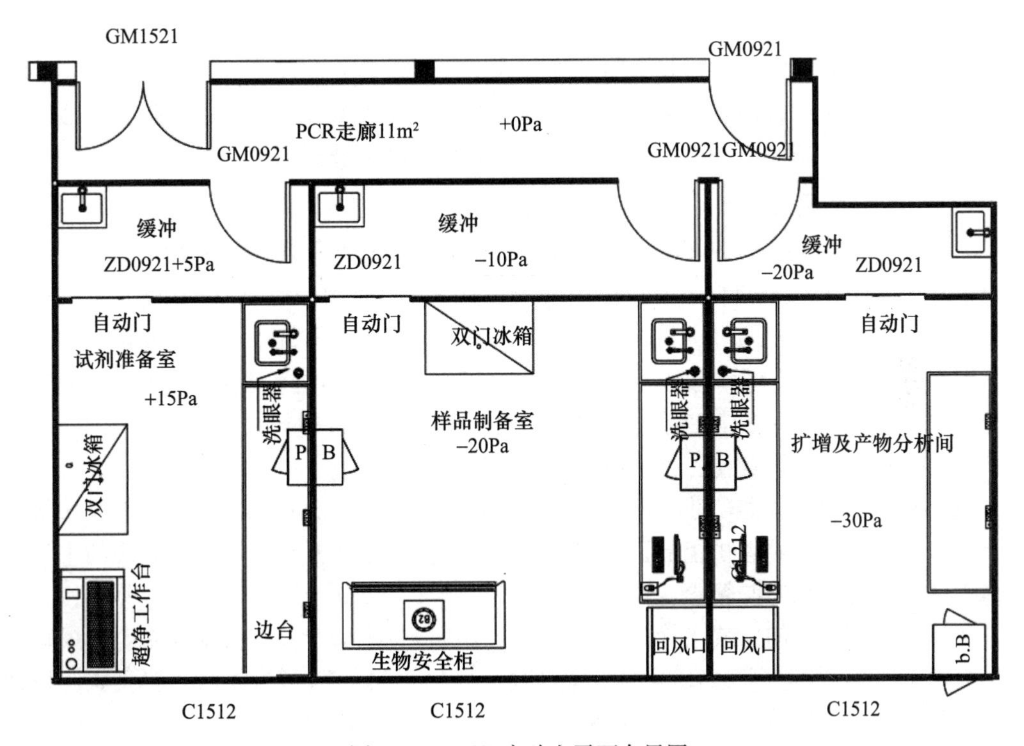

图 8-5-3　PCR 实验室平面布局图

PCR 实验室进入各个工作区域必须严格遵循单一方向进行，即只能从试剂准备室→样本制备室→扩增及产物分析间。

各功能房间均宜设置独立缓冲间。PCR 实验室面积要求：每个功能间至少要保证10m²以上；生物安全柜背面、侧面与墙的距离不宜小于 300mm，顶部与吊顶的距离不应小于 300mm；实验室内水池靠门设置。

三、通风空调设计

（一）设计原则

保证实验室安全、高效、节能、舒适、环保、智能，确保实验室符合现代检验标准，满足现代实验室功能要求。通过房间内设置相应的气体浓度探头检测，调整房间内的换气次数，使室内空气质量达到 GB/T 18883—2002《室内空气质量标准》验收标准要求，如表 8-5-1 所示。

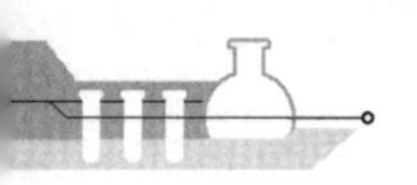

表 8-5-1 室内空气质量验收标准要求参考值

参数	单位	标准值	备注
TVOC	mg/m^3	0.5	1h 均值
甲醛	mg/m^3	0.1	1h 均值
二甲苯	mg/m^3	0.2	1h 均值

（二）冷热源方案

医学实验室通风空调使用具有特殊性和连续性，实验室需要 24h 连续使用，不建议与其他科室的冷热源合用，宜采用单独风冷热泵机组作为医学实验室的冷热源，或采用热泵型直接蒸发空调机组作为冷热源。设备发热量大的区域需提供全年的冷源。

（三）通风空调方案

实验室通风系统压力控制具有复杂性和特殊性，各区域压力梯度为清洁区（5Pa）—半污染区（−5Pa）—污染区（−15Pa），通风空调系统气流组织应实现气流流向从清洁区向半污染区流动，半污染区向污染区流动。实验室空调净化系统的划分应根据操作对象的危害程度、平面布置等情况确定，应采取有效措施避免污染和交叉污染。空气处理系统的划分应有利于实验室的消毒灭菌、自动控制系统的设置和节能运行。

空气净化系统应设置初、中、高三级空气过滤器。

第一级是初效过滤器，对于≥5μm 大气尘的计数效率不低于 50%。第二级是中效过滤器，宜设置在空气处理机组的正压段。第三级是高效过滤器，应设置在系统的末端或紧靠末端，不得设在空调箱内。

送风系统新风口的设置应符合下列要求：新风口应采取有效的防雨措施，新风口处应安装防鼠、防昆虫、阻挡绒毛等的保护网，且易于拆装，新风口应高于室外地面 2.5m 以上，同时应尽可能远离污染源。

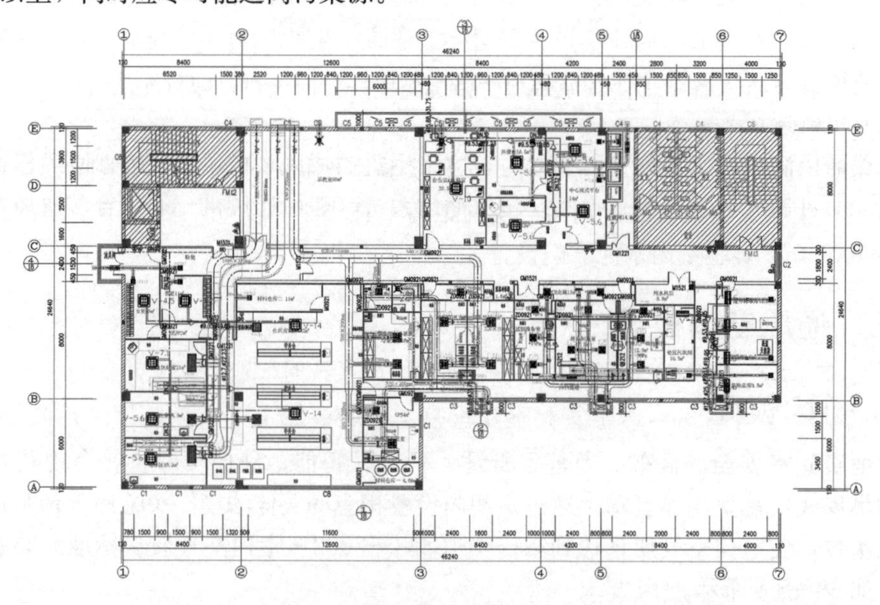

图 8-5-4 暖通综合管道平面图

1. 清洁区

办公室、会议室设置在清洁区内，通风系统无特殊要求，新风量可按照人员数量及每人 30～50m³/h 计算，当清洁区人数不能确定时，可按照 3 次/h 的换气次数计算新风量，保持清洁区正压。

2. 半污染区

半污染区区域主要为走廊或材料库房等实验室辅助用房。通风换气次数宜按 4～6 次/h 计算，需要注意的是，该区域应对清洁区保持负压，对污染区保持正压（相对）。

排风必须与送风连锁，排风先于送风开启，后于送风关闭。

3. 污染区公共实验室

对于静电纺丝室、微流控室、电泳区等公共实验室，由于实验室内挥发性气体多，产生的“异味”大，且中心实验室设备较多，设备发热量较大，对于设置在建筑内区的中心实验室全年需要制冷，因此空调系统建议设置四管制空调水系统或采用 VRV 独立空调系统。污染区实验室除了设置必要的通风柜或生物安全柜等局部排风设备外，污染区实验室换气次数宜按 6～8 次/h 计算。该大空间区域门、洞口多，渗透风量较多，应进行风量平衡计算，合理确定新风量，维持该区域最大的负压值。为防止交叉污染，微生物实验室、细胞房、核酸检测实验室须设置独立的实验室通风系统。

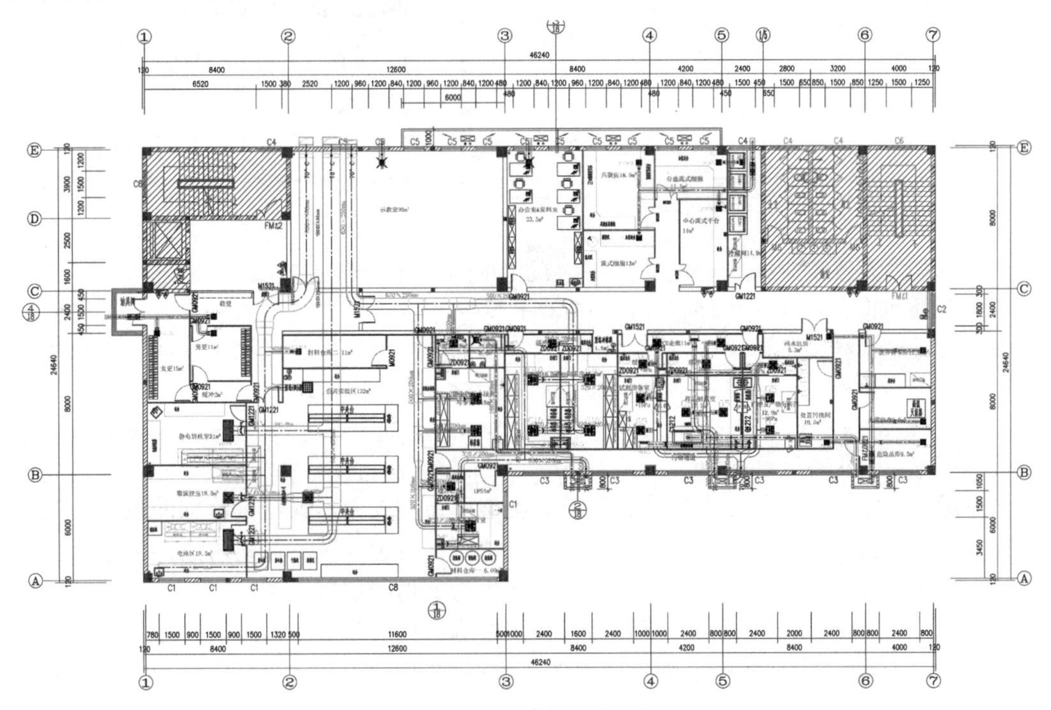

图 8-5-5　风管平面布局图

4. 污染区 PCR 实验室

实验室设计的核心控制目标如下。

(1) 控制病源污染，保证生物安全：防止病源污染操作人员及环境。

(2) 控制核酸污染，保证实验质量：防止核酸污染试剂、样本、操作过程。

区域空气流向：为避免交叉污染，PCR 实验室空气流向必须严格遵循单一方向进行，即只能从试剂贮存和准备区→标本制备区→扩增反应混合物配制和扩增区→扩增产物分析区。

通风空调：各个区域之间应具备单向的实验工艺流、物流、人流与气流，形成单向流程的保护屏障。为避免交叉污染，各功能用房的空气不能掺混，按照空气压力递减的方式进行。PCR 实验室宜采用全新风空调送风系统。对于病毒检测实验室，建议设置 10 万级净化。为了防范病原微生物外泄和污染人员，同时保护样本不被核酸污染，样本制备间的排风设置高效过滤。

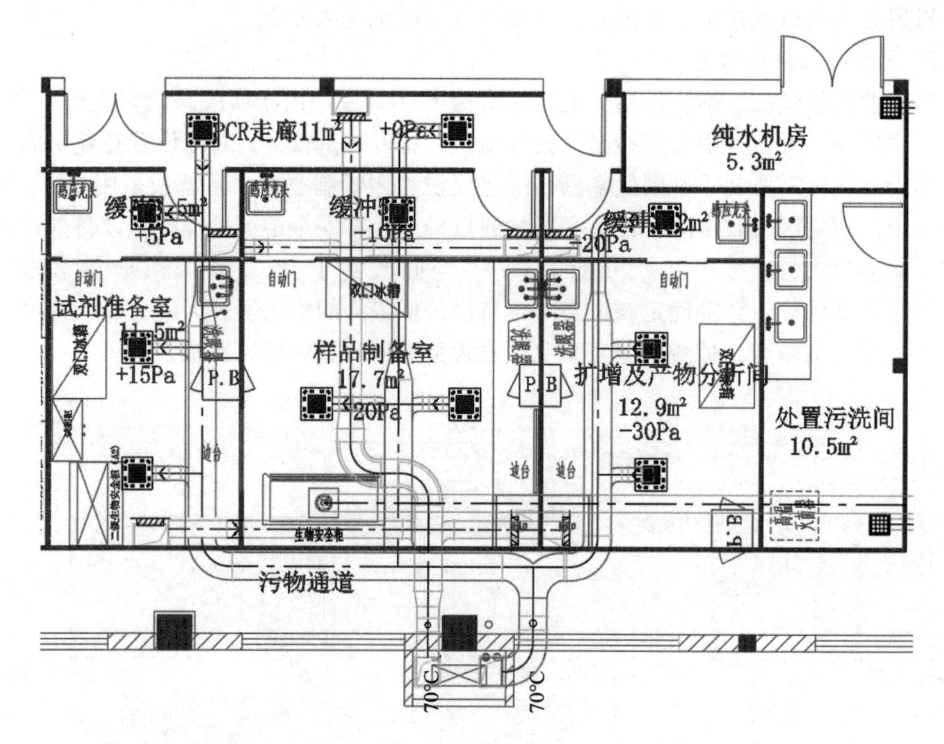

图 8-5-6　PCR 综合管道图

（四）空气质量监控系统

对通风、空调、空气参数检测、气流和温湿度智能控制形式进行特别的设计，辅以临检净化操作台等污染工位定点净化手段，以达到在各种工况下，室内始终稳定保持设定的压差梯度和气流路径，避免气流死角，减少污染物的扩散逃逸。

同时，对特定区域的生物气溶胶进行在线检测，气溶胶传感器和空气多参数传感器阵列的数据，每隔 1s 即传输给中央控制塔，中央控制塔根据设定的算法控制气流分配，并动态调节离子净化强度，有效灭活逃逸的微生物。

配置中央集成控制塔、空气品质监测阵列、压差报警传感器、新风空调机组、排风除味机组、特种离子净化、系列层流和导流装置及管道分配系统。

四、电气设计

中心实验室应按一级负荷供电，并应设置不间断电源系统 UPS，保证主要设备不小于 0.5h 的电力供应。

（一）中心实验室照明系统

1. 办公区照度≥200lx；缓冲间、准备间≥200lx；实验室照度≥300lx；采血台台面照度≥500lx。

2. 普通实验区可根据吊顶材料选用普通灯具，净化区应采用密闭灯具。

3. 实验室应配紫外灭菌灯，可按 10～15m² 配备一支 30W 紫外线灯。

4. 疏散指示灯、应急灯、出口指示灯的数量和位置应按相关消防法规规范设计。

（二）中心实验室动力配电系统

1. 在进行电气设计时应设置足够多的插座，并应提前了解实验室主要设备的用电功率，生物安全实验室应设置专用配电箱或配电柜。

2. 在设计不间断电源 UPS 前应与实验室负责人沟通，确定需要不间断电源供电的设备及最短供电时间，不间断电源放置的位置应确保通风条件良好。

（三）实验室弱电系统

1. 电话网络终端：在实验室内应设置足够多的电话网络终端接口，满足实验室信息化管理的通讯要求。

2. 门禁系统：可限制非授权人员的进入，保证实验室的安全，一般建议配置电子门禁系统。

3. 监控系统：可监控实验室人员的安全出入情况、日常工作情况以及异常情况等。

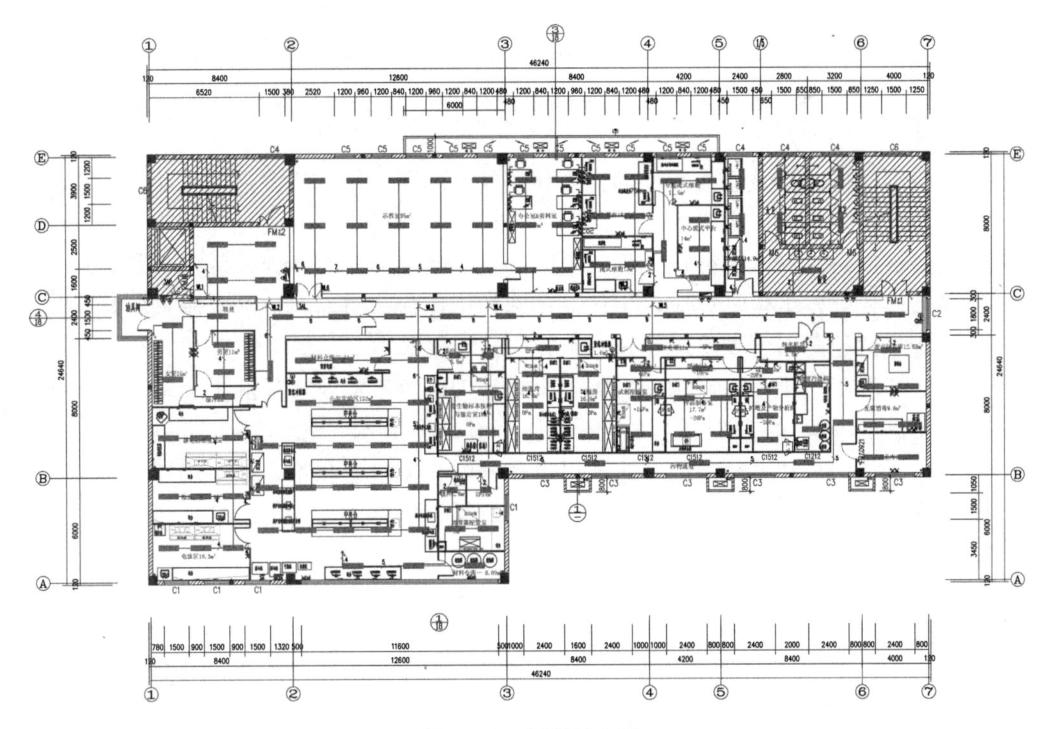

图 8-5-7　照明配电图

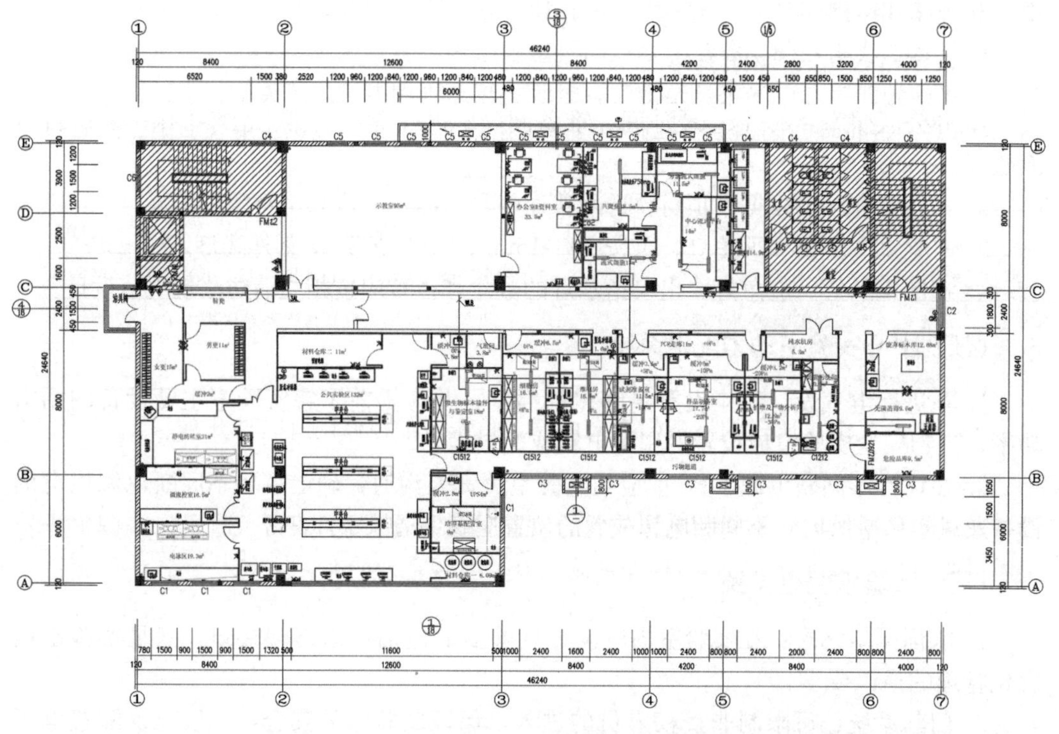

图 8-5-8　紫外灯配电图

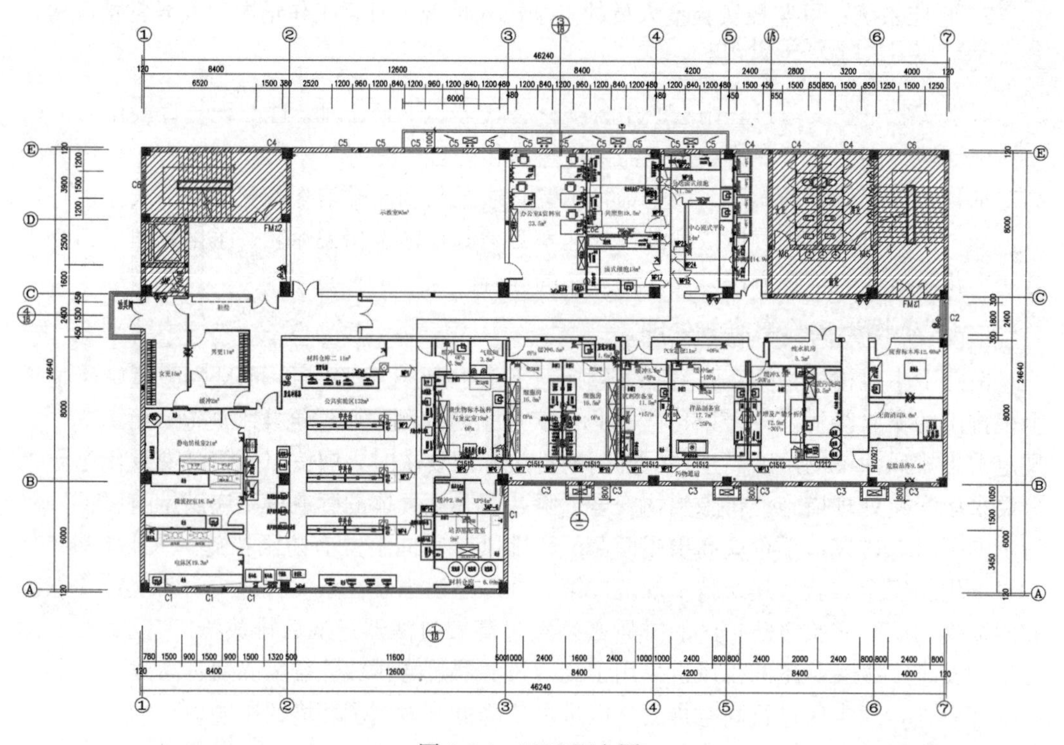

图 8-5-9　UPS 配电图

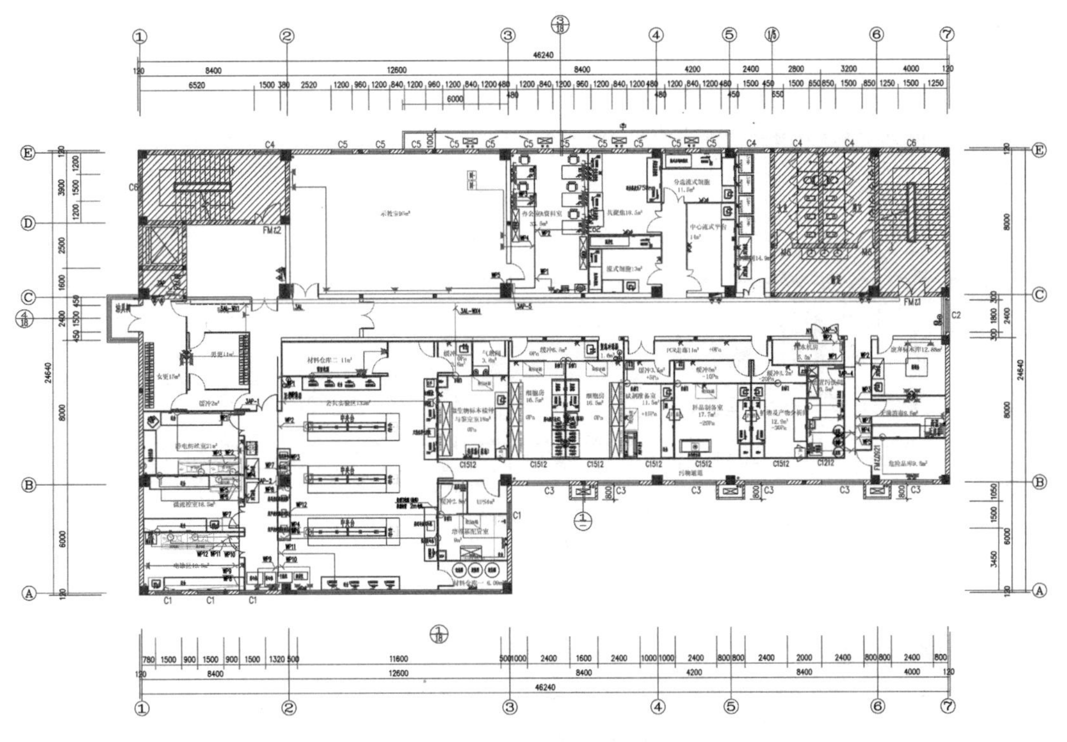

图 8-5-10　动力配电图

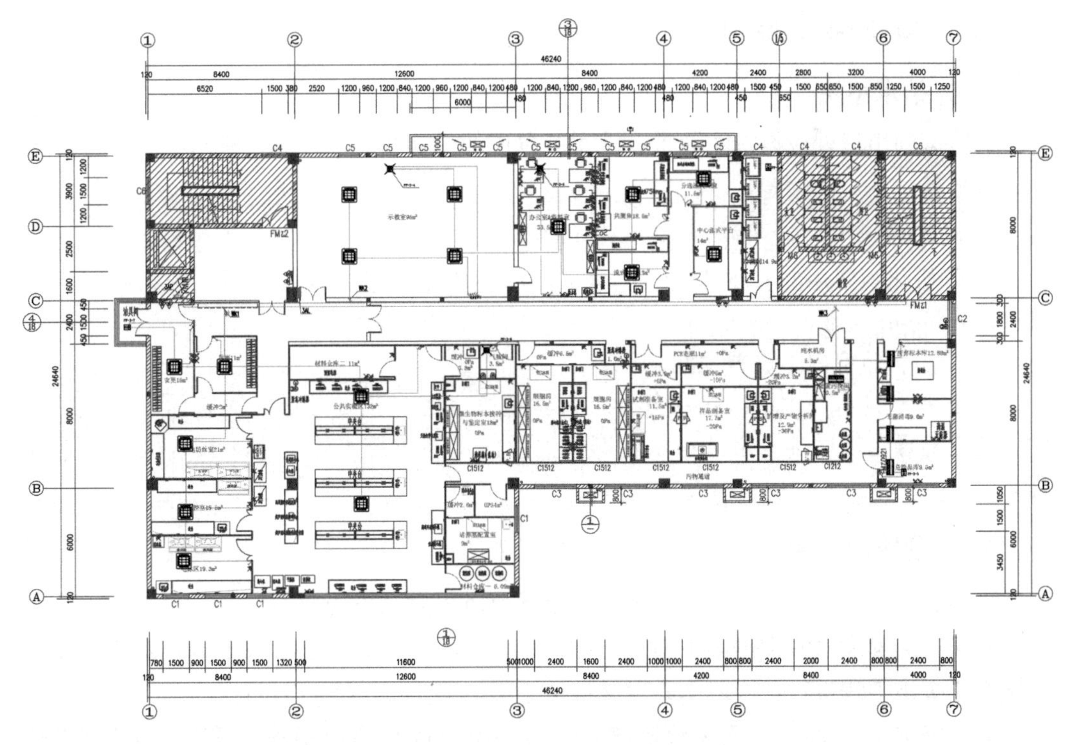

图 8-5-11　空调配电图

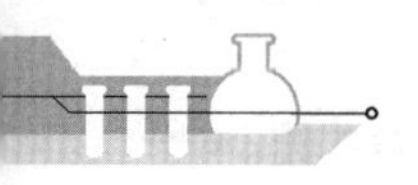

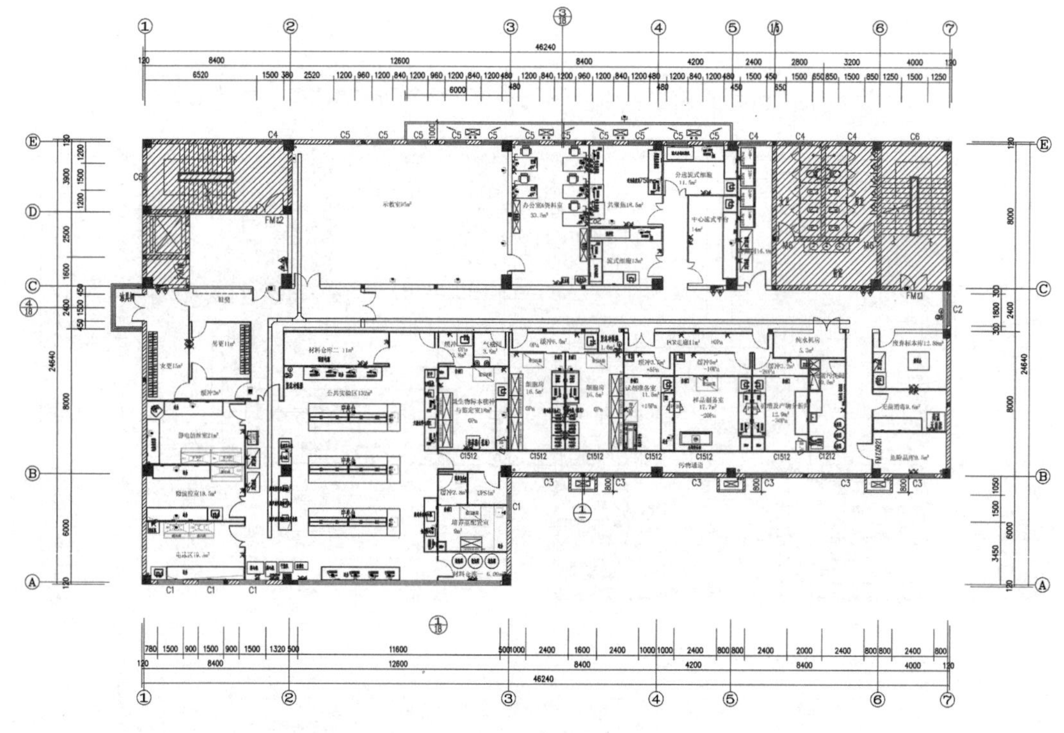

图 8-5-12　弱电配电图

五、给水排水设计

（一）给水系统

实验室的出口处应设洗手装置，洗手装置应使用非手动水龙头，给水材料符合国家相关要求。

（二）排水系统

1. 分析化验使用的有腐蚀性的化学试剂单独收集，经综合处理后，排入院区污水管道。

2. 洁净实验室内不设置地漏。

3. 实验室排水与生活区排水分开，实验室废水经过预处理进入医院污水处理站集中处理、消毒达标后排入市政污水管网。生活污水通过排水管道直接排入医院污水处理站。

六、案例分析

1. 通过科学的工艺布局设计，使实验室符合生物安全规范中洁污分流要求。

2. 对不同实验室区分净化形式，如 PCR 实验室、微生物实验室、细胞室，按照十万级净化等级进行设计；中心实验室区域按 P2 级生物实验室进行设计。

3. 对通风、空调、空气参数监测、气流和温湿度智能控制等，进行特别的设计，辅以临检净化操作台等污染工位定点净化手段，以达到在各种工况下，室内始终稳定保持设定的压差梯度和气流流向，避免气流死角，减少污染物的扩散逃逸。

4. 对特定区域的生物气溶胶进行在线监测，气溶胶传感器和空气多参数传感器阵列的数据，每隔1s即传输给中央集成终端，并根据设定的算法控制气流分配，并动态调节离子净化强度，有效灭活逃逸的微生物。

5. 配置中央集成终端、空气品质监测阵列、压差报警传感器、新风空调机组、排风除味机组、特种离子净化、系列层流和导流装置及管道分配系统。

七、总结

该中心实验室建筑平面分区（清洁区、半污染区、污染区）基本合理，基本符合T/CAME 15—2020《医学实验室建筑技术规范》的要求。该工程案例通风空调系统运行良好，采用的关键技术措施包括但不限于：污染区采用绝对负压，有效避免室内潜在污染外泄；通过高效的气流组织，实现实验室区域定向流，即从低污染风险区流向高污染风险区；对排向室外的排风采用了高效过滤、高空排放等无害化处理措施。

（本案例苏州格力美特实验科技发展有限公司提供）

参考文献

[1] 国家卫生和计划生育委员会规划与信息司．综合医院建筑设计规范：GB 51039—2014 [S]．北京：中国计划出版社，2015.

[2] 中国合格评定国家认可中心．实验室　生物安全通用要求：GB 19489—2008 [S]．北京：中国标准出版社，2009.

[3] 中国建筑科学研究院．生物安全实验室建筑技术规范：GB 50346—2011 [S]．北京：中国建筑工业出版社，2012.

[4] 中国建筑科学研究院．医院洁净手术部建筑技术规范：GB 50333—2013 [S]．北京：中国建筑工业出版社，2013.

[5] 中国建筑科学研究院．洁净室施工及验收规范：GB 50591—2010 [S]．北京：中国建筑工业出版社，2010.

[6] 中国医学装备协会．医学实验室建筑技术规范：T/CAME 15—2020 [S]．北京：中国标准出版社，2020.

[7] 中华人民共和国住房和城乡建设部．建筑节能与可再生能源利用通用规范：GB 55015—2021 [S]．北京：中国建筑工业出版社，2022.

[8] 中华人民共和国住房和城乡建设部．建筑环境通用规范：GB 55016—2021 [S]．北京：中国建筑工业出版社，2021.

[9] 中华人民共和国住房和城乡建设部．建筑给水排水与节水通用规范：GB 55020—2021 [S]．北京：中国建筑工业出版社，2021.

[10] 中国合格评定国家认可中心．实验室设备生物安全性能评价技术规范：RB/T 199—2015 [S]．北京：中国标准出版社，2016.

[11] 中国疾病预防控制中心病毒病预防控制所．病原微生物实验室生物安全通用准则：WS 233—2017 [S]．北京：中国标准出版社，2017.

[12] 曹国庆，张彦国，翟培军，等．生物安全实验室关键防护设备性能现场检测与评价 [M]．北京：中国建筑工业出版社，2017.

[13] 曹国庆，王君玮，翟培军，等．生物安全实验室设施设备风险评估技术指南 [M]．北京：中国

建筑工业出版社，2018.
[14] 曹国庆，唐江山，王栋，等．生物安全实验室设计与建设［M］．北京：中国建筑工业出版社，2019.
[15] 全国认证认可标准化技术委员会．GB 19489—2008《实验室　生物安全通用要求》理解与实施［M］．北京：中国标准出版社，2010.
[16] 任宁，包海峰，赵奇侠，等．医学实验室建设与运营管理指南［M］．北京：中国标准出版社，2019.